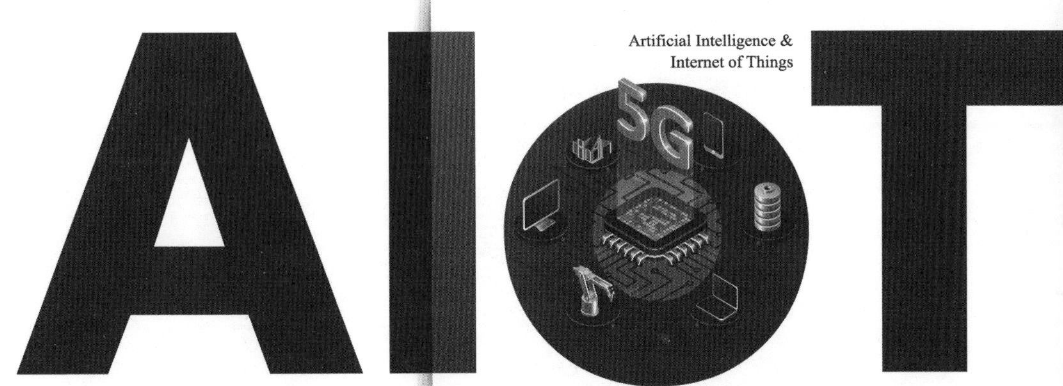

數位轉型策略與實務

從市場定位、產品開發到執行，升級企業順應潮流

中華亞太智慧物聯發展協會
裴有恆——著

第三部
組織、人才與合作夥伴

附錄

〈專文推薦〉

數位轉型的教戰手冊

張善政

中華亞太智慧物聯發展協會榮譽顧問

善科教育基金會董事長

前行政院院長

中華亞太智慧物聯發展協會是個很年輕的協會。今年初（2020 年）協會的裴有恆理事長來找我支持他們成立後第一次的研討會活動，我就體會到他們協會的雄心壯志，一點都不像才剛成立，已經把協助產業數位轉型深深的當作自己責無旁貸的責任。

然後，現在竟然裴理事長要出書了！我看了一下初稿，這本書跟坊間介紹數位轉型的書很不一樣。其他的許多書都著重於觀念的啟發，夾帶一些成功案例的介紹，算是「啟蒙」的性質。裴理事長的書，比較像是「教戰守則」，一步一步的帶你走入數位轉型的過程，並且還有非常詳細的案例剖析。若是要拿來當作學校的教科書，或是導入數位化的手冊，都很合適！我環視坊間類似主題的書，覺得裴理事長這本書的詳盡度應該是很少見！

要寫出這樣的書，背後需要有可觀的實務經驗。以數位轉型蔚為潮流才沒有幾年的時間，裴理事長就累積足夠經驗可以寫這樣的書，真是「後生可畏」，真不知道裴理事長是如何做到的。能夠把寶貴經驗無私的一饗讀者，無形中就替這本書確立了在數位轉型潮流中一定的地位。

國內產業以中小企業為主，企業數量龐大，故而現在很缺數位轉型的輔導人才。我相信這本書有助於讓企業降低導入智慧與數位科技的門檻，整體提升產業的數位水準。在此，我非常樂於與讀者一起分享這一本實用的好書！

〈專文推薦〉

數位轉型的最後一哩路，從 1 到 100 飛速前進！

林茂昌

中華亞太智慧物聯發展協會智慧製造首席顧問

新漢股份有限公司董事長

中華亞太智慧物聯協會理事長裴有恆君一向著作等身，這次最新力作《AIoT 數位轉型策略與實務》即將出版，希望我對新書的內容說幾句話。這真讓我惴惴不安。想裴理事長在物聯網、AIoT，以及數位轉型方面，鑽研甚深，而且熱情奔走，早已是台灣 AIoT 的風雲人物，尤其兼任教學工作超過十年，從事輔導顧問更是經歷豐富，這些 AIoT 相關的知識技能，與各界經過廣泛、深入，以及長時間的交流、交鋒、與錘鍊，早就爐火純青，無論理論或實務見解，都不須我這個在 ICT 實務界打滾數十年的「野生 CEO」多所置喙！私人企業啊，在叢林中要生存發展，想法做法不必然合乎理論或規範，有時候勉強發言，難免偏頗，甚至誤導。不過既然受命，只好勉力為之。

本書一開頭提到數位轉型的特性：「從零到一跟從一到一百花費的時間是一樣的，你如果沒做，但是競爭對手做了，你等到他成功再開始，之後你可能會遠遠落後。」意思是說，當同業先做了，你就可能永遠跟不上了！因為今天的數位轉型不只是 IT 層，已經包括了 IoT 與 AI 了，所以叫做 AIoT。一直以來依賴週報表或月報表的決策應變模式，數位轉型之後，將因為物聯網的實時（Real Time）特性，與人工智慧的預知以及不斷學習優化的特性，而大幅進化為即時的應變，甚至是預知的決策模式，企業的競爭力將因數位轉型而脫胎換骨！

書中從第一部「定策略」，第二部「置系統」，到第三部「搞定人力、團隊與夥伴」，體系完整，按部就班，每一章節，都不只坐而言，其實都歸結到起而行的行動論。尤其採用已經驗證有效的國內外知名步驟、方法與表格，非常合乎邏輯。照表操課、身體力行的話，定有成效。革新要先「革心」，革心來自體驗與練習，這樣每一步驟劍及履及，即知即行，讓企業的數位轉型步步為營，就能卓著成效。裴理事長豐富的顧問輔導經驗，使這本書成為 AIoT 數位轉型的最佳工具書了！

數位轉型雖說 2000 年起才被談論，其實自從 IBM 第一台大型主機在上世紀五〇年代進入企業就已開始，再來的迷你電腦、個人電腦、筆記型電腦、機台自動化、工廠自動化、ERP、區域網路、網際網路、CRM、無線網路，乃至於智慧手機所捲起的行動運算風潮，以及電子商務等，都是企業數位轉型的一環。到現在已經持續超過六十年了！只是之前的數位轉型都聚焦在人與人互動的運算，或者說是 IT 層的應用。在製造現場或作業現場，除了程度不一的自動化之外，幾十年來，進步有限。或許和這一時期先進國家的製造業大量外移或結束有關。在「世界工廠」善用低價勞工，甚至「無工廠才是蓋高尚」，所以工廠的升級轉型，就不再迫切，甚至不相干。以至於企業的 IT 發展良好，可是做為製造主體的工廠，卻是發育不良！就是所謂的「大腦發達，四肢麻痺」！而時移勢轉，工資暴漲，新冠肆虐，綠色生產，產能分流等因素，已經在催生少人化工廠，甚至無人化工廠了！也就是智慧工廠已成未來製造的主流。

此所以我常說智慧製造，是企業「數位轉型的最後一哩路，也是最重要的環節」。只有做到智慧製造，企業才有源源不絕的即時數據與大數據，企業也才能從「月報表的決策模式」，真正進化到「即時的、預知的決策模式」，而在 AIoT 加持之下，更可能不斷自我優化，從 1 到 100 飛速前進！這樣在 AIoT 率先轉型成功的企業，真的讓人看不到車尾燈了！

就像裴理事長長期專注於 AIoT 數位轉型的推廣，過去十年來新漢也致力於工業 4.0 相關技術與解決方案的研發與布建，現在結合台灣的技術夥伴，已經掌握了工業 4.0 整廠解決方案的技術自主了！也就是不須再依賴國外的昂貴方案，台灣已經擁有性價比極高的智慧工廠整廠方案，非常有利於企業 AIoT 的數位轉型。技術既已齊備，我們可以是裴理事長的最佳後盾——亦即本書協助企業搞定策略、系統與團隊、夥伴，新漢結合相關技術，提供最有競爭力的整廠解決方案，讓 AIoT 數位轉型的最後一哩路——也是最重要的環節，可以無痛升級、快速布建，讓台灣領先全球，成為「全智慧製造的國家」，不只可以大幅提升台灣的競爭力，我們還可以做整廠輸出，甚至包辦主要國家主要產業的智慧製造。我們趕快完成從 0 到 1，那麼從 1 到 100 就獨步全球了！

最後，期待本書可以大賣，帶動台灣 AIoT 數位轉型的大發展！

〈專文推薦〉

變動局勢下的企業轉型挑戰

王定愷

亞馬遜網路服務有限公司香港暨台灣總經理

行政院數位國家創新經濟推動小組民諮會委員

數位智慧服務推動聯盟會長

2019 年 4 月初付梓的《白話 AIoT 數位轉型》一書，延續了有恆兄之前的幾本大作，透過劇本、場景的敘述方式，以個案分析引領讀者進入即將改變未來的新科技殿堂，深入淺出，是一本入門的「AIOT 操作手冊」。

過去這一年多，可說是本世紀以來最變化多端的時刻。新冠肺炎疫情爆發在全球擴散，全人類面臨了一場突如其來的艱鉅挑戰，各國廠商與政府紛紛投入資源，擴大醫療防疫用品的生產與相關疫苗的研發，但截至目前也僅稍見曙光，多國封閉國境，經濟活動趨緩甚至停滯，百業蕭條、民不聊生。更堪慮的是，究竟疫情何時能平抑，何時能恢復一切既有的秩序，目前似乎仍然看不到終點。

這種在短時間內，面臨突如其來的重大事件，引發出巨量需求的現象，是新經濟常見的特徵，也是促使許多新創公司開始運用公有雲的契機。公有雲在全球各地快速滿足突發與廣大的需求，協助了許多獨角獸以「輕資產」的方式快速興起與成功。然而，這種現象也對若干技術能力欠缺，導致應變能力不足的企業組織造成挑戰與壓力。面臨轉型的下一步，許多組織對外猶疑躊躇、進退維谷，對內則是七嘴八舌、莫衷一是。

企業為防止疫情擴散，保護客戶與員工健康，線下活動快速緊縮，實體經濟活動立即遭受嚴重打擊。為維持組織的持續運作，有些平日即有線上方案的廠商，可以立即展開內部與外部商業活動的線上移轉，但對於沒有線上操作能力且在新技術部署上有所欠缺的企業，營運則更加遭受挑戰。這種「科技債」被疫情放大與凸顯的現象，讓許多企業與組織在疫情蔓延的過程當中，更加警覺到對新科技了解與運用的不足，而紛紛加快了數位轉型的腳步。

不論疫情變化如何，在主流消費族群已漸漸由網路原生世代領軍的當下，使用者經驗正加速網路化、虛擬化，消費者因經驗值的增加，要求的各種服務水平亦不斷提升。因此線上的操作、IOT 傳感技術、人工智慧等各種智慧解決方案的導入，對所有企業而言，不論是在降低成本、市場區隔、增加競爭力等面向，都已是迫在眉睫。除了新科技的導入與使用，也因行業跨距加大，透過生態系的建構與形成，借力使力打團體戰，更具成效，也是日後企業需要關注且經營的新領域。

此次有恆兄進一步以「AIoT 數位轉型策略與實務」為題，將多年來輔導協助企業從市場定位、產品開發到業務執行等面向的數位轉型心得付梓成冊，相信必定能夠再次為正在數位轉型過程當中努力並加速的企業提供許多有價值的實務框架，讓企業參考如何以最小的資源、最短的時間與最佳的方式來完成數位轉型的重大任務。

〈專文推薦〉

數位升級優化轉型，創造未來無限可能

李紹唐

中華亞太智慧物聯發展協會榮譽顧問

緯創軟體股份有限公司董事

二代大學校長

生在這個時代，世界正經歷巨大的變化，新冠肺炎的襲擊，加速了大家對數位無接觸的認知與相關系統的採用，加上人工智慧、物聯網、區塊鏈、5G，以及雲端各種數位科技的日益成熟，還有 1980 年代後出生的數位原生世代正在主導消費市場改變，他們習慣於使用智慧型手機與及網路社群媒體，以及追求個性化的需求。這讓使用科技來了解客戶需求、強化營運效率，甚至改變商業模式，成為各個產業大部分企業面對未來在最近 10 年不得不為的必然行動。

由於之前在 IBM、甲骨文、多普達當高階主管及多家企業顧問與董事的多年經驗，我深知這次數位轉型帶給企業的衝擊：能否使用數位工具發展企業，將是未來能否長存發展的關鍵。而利用數位工具升級轉型，在全世界各個國家都如火如荼的進行中，台灣在製造業更是以全世界為市場，數位為企業切入國際供應鏈的必要條件。

以台灣企業環境而言，目前全台超過 143 萬家中小企業中，有半數以上老闆年紀已超過 50 歲，甚至有 17.4% 超過 60 歲，二代接班已普遍成為企業現況；而從坊間各項調查數據中皆可明顯看出，台灣企業界目前正普遍面臨「創新、轉型、升級、接班」的機會與危機。要利用這個轉機，必須利用數位工具創新升級轉型，更需要對數位工具的了解，以及找到適合生態系的合作，找出好的了解客戶，或營運效率提升方式。特別是人工智慧機器學習在視覺辨識、聲音辨識的強大能力，以及在製造業、服務業、金融業……等等行業，利用大量數據，產生了好的模型，達成深入了解客戶、大幅提升效率與決策正確率，大大降低決策成本的重要成效。

話雖如此，很多企業想做卻不知該做什麼、怎麼做。適逢「中華亞太智慧物聯發展協會」裴有恆理事長以自己在科技產業二十多年的經驗，以及多年的研究結果，出版了這本書《AIoT 數位轉型策略與實務——從市場定位、產品開發到執行，升級企業順應潮流》，以「策略定位與計畫訂定」、「新產品開發流程與未來產品線規劃」，與「組織、人才與合作夥伴」三大篇，共十四章的內容，來描述如何做到數位升級轉型的步驟與工具，並透過清楚的案例使工具的使用方式被容易地了解，讓中高階主管可以在數位轉型上有可以依循的步驟與工具，相信對企業從事數位優化或數位轉型將有大大的助益。

數位升級優化轉型的工作，將串聯企業的產銷人發財以及 IT，利用所有企業內及供應鏈的數據，未來會創造非常多的可能性，而其中企業致勝的關鍵，就在於及早利用數據及人工智慧建模達成優化轉型的目的，早早開始的企業，將擁有足夠的好品質的數據，以建立模型，而隨著數據的積累，就將能夠做到不斷優化模型，產生更好的預測能力，這將是未來企業致勝的重要競爭力。企業一定要把握機會，及早開始升級優化轉型，才好打贏這場生存戰爭，而這本書《AIoT 數位轉型策略與實務——從市場定位、產品開發到執行，升級企業順應潮流》正是企業可以拿來做為進行公司內相關升級創新管理用的重要參考工具書。

〈專文推薦〉

成為未來最需要的 AI 人才

蔡明順

中華亞太智慧物聯發展協會榮譽顧問

台灣人工智慧學校代理執行長

鑑於人工智慧的重要性，以及台灣產業長久被缺少高階人才的問題所困擾，甚至成為產業發展及升級的障礙，中央研究院廖俊智院長與中研院院士、哈佛大學比爾蓋茲講座教授孔祥重院士發起，在 2017 人工智慧年會上，由廖院長宣布成立台灣人工智慧學校，由陳昇瑋前執行長領軍，於 2018 年 1 月正式開學，三年內推動產業 AI 化工作，風起雲湧在全國各大產業聚落設立分校，吸引了各產業有志於人工智慧的人才，加入經理人週末研修班，以及技術領袖培訓班學習人工智慧相關知識與技能，迄今為止，已有將近 7000 位的校友。

成為一名人才絕對沒有最短路徑，也沒有最佳攻略，但是面對一個新的科技轉折點，推演急遽成長的市場需求與未來 5 年的產業供需變化，入門的 AI 工程師是極有可能在 3 至 5 年時間，成為各公司與產業扛大旗的人才。如何能自我培養與上對高速列車？怎麼樣可以有效率的累積實力？我想可從這幾點個人技能來提昇：

1. 厚植內在實力：持續讀最新的技術論文、實做程式、帶領讀書會、統整報告、寫 Medium 文章分享、甚至發表論文這幾項基本的個人技能，這是內功深化的累積。

2. 強化對外軟技能：培養基本的團隊協作能力和同事的溝通的能

力，能夠用系統性思維解決問題，透過帶領教學與主題分享，反思轉換所學的知識，因為一位頂尖的人才，沒有團隊與群眾溝通能力，無法升級到更高層次。

3. 善用社群力量：善用 OpenSource 繼續保持世界的開放和連接，OpenSource 有很多種不同的模式，在 AI 領域學習上 Wikipedia、電腦科學論文 ArXiv、開源程式碼 GitHub、GitLab……都是很好的開源系統，他們有著不同的理念，如果能實際參與機器學習分析 Kaggle 競賽，取得好的實戰經驗會更好。

4. 深入產業運用：保持產業密切合作，深入場域或是進行交流循環，AI 技術如果不能結合產業領域知識活用，就像研發很多廚具但是始終無法做菜上桌。從點放驗證進一步能將流程優化，可將知識與經驗落地者，才能放大自己的市場價值。

5. 養成國際格局：主動與國際接軌與專家接觸交流，透過線上自學更新最新技能，ex: YouTube、Coursera、Udacity、Udemy、edX……等頂尖大學免費或自費課程；加入線上專家社群、追蹤大神與大廠的新技術發表，參加國際頂級研討會、國際大型展覽論壇，爭取擔任會議講者不只可以發表看法，同時可以建立與高手專家的關係。

展望 2021 年，台灣各行各業領先企業已經開始如火如荼地展開使用人工智慧做數位優化及數位轉型，而台灣人工智慧學校的校友們也積極地投入相關的工作。很高興看到好友「中華亞太智慧物聯發展協會」裘有恆理事長出版的《AIoT 數位轉型策略與實務——從市場定位、產品開發到執行，升級企業順應潮流》一書，以管理角度的「策略定位與計畫訂定」、「新產品開發流程與未來產品線規劃」，與「組織、人才與合作夥伴」三大篇，共十四章的內容，來描述如何做到數位優化與數位轉型的步驟與管理工具，可以讓企業在數位轉型上有可以依循的步驟與方法。而書中的案例，可以幫助企業主管更進一步的了解相關的做法。

數位優化與數位轉型的浪潮方興未艾，透過台灣人工智慧學校的社群與培育，以及使用這本書所提到的管理流程與表格，相信可以讓企業找到自己進行數位優化及數位轉型所需的目標、策略、流程、AI 工具與人才。在新冠肺炎來襲，生活習慣改變，數位意識抬頭，企業對數位轉型這個浪潮感到急迫，卻不清楚該如何做之時，這本書提供了企業管理人員關於實務做法的一套系統性方法，可謂是在數位轉型升級上為企業開啟了一條光明的道路。

〈專文推薦〉

對手都已經上太空，你還在殺豬公？

李柏鋒

INSIDE 硬塞的網路趨勢觀察主編

台灣有些產業發展得早，也不知道算好還是不好？好，是因為這些產業憑藉著過去的豐富經驗與難以取代的專業，而在全球供應鏈上扮演關鍵要角而成為隱形冠軍；不好，是因為這些產業因為一直沒有意識到自己需要轉型，而在數次的產業升級過程中停滯不前，哪天面臨即將被淘汰要追趕也來不及，正所謂「別人都已經上太空，自己還在殺豬公」。

所以到底該做什麼呢？最基本的是，你數位化了嗎？這個問題的背後，其實是二十年前就該具備的基本條件，像是有一個官網不會在網路上缺席、公司懂得應用資訊系統來管理以提升效率。

再進階一點，你智慧化了嗎？這可能是近十年來逐漸形成的認知，像是有沒有導入 ERP、CRM 等系統，將企業的資源和客戶的管理進行最佳化，甚至在這個持續面臨新挑戰的快速變動時代，經驗和學歷早已無法協助做出最適合的決策，是不是已經意識到要透過大量的感應器累積資料，再透過人工智慧的演算法來協助決策。而後者，其實就是 AIoT 時代的數位轉型，IoT 是物聯網，持續產生大量資料，AI 是人工智慧，透過大量資料來訓練演算法做出最佳判斷。

企業的營運當然一開始可以土法煉鋼，但是越來越成熟之後，就會納入越來越多的專業，像是會計、人資、法律，只是有趣的是，很多企業在導入資訊專業的過程中，不是去思考「科技」這個專業能幫自己什麼？反而常常以「別人又沒這樣做」或是「我又不是科技業」來否定，最終公司的資訊部門就變成只是維護大家的電腦和網路可以正常運作，但卻並不是去槓桿科技的專業來放大自己商業模式的威力。

當然，裝睡的人叫不醒，覺得自己不需要數位轉型的人也不會去採取行動，既然讀者拿起了這本書，自然是有意識到自己可能要了解一下，數位轉型對自己到底有什麼好處？ AIoT 又為什麼很重要？不管你是零售業、製造業或是服務業，你過去不曾把自己當成科技業，又為什麼要去了解這些科技業的資訊呢？

身為中華亞太智慧物聯發展協會理事長的作者裴有恆老師，在產業累積多年的經驗，對於中小企業面臨數位轉型的壓力卻感到資源不足有深切的認知，也對國際型科技集團想要提供市場數位轉型的解決方案，卻面臨最佳實踐案例與領域知識的不足感同身受，因此撰寫了這本書希望可以服務有心想進行數位轉型的企業，從策略定位開始，透過系統性的分析去找出真正應該解決的商業問題，不是只為了轉型而導入技術。

我會建議讀者可以先跟著書中的智慧紡織案例去練習該如何分析，再試著將自己的企業或產品帶入。如果過去沒有做過專案管理與敏捷開發，那麼正好透過這個機會去理解，這些科技產業已成為標準流程的管理工具，到底適不適合導入自己的企業？而導入前又該做哪些組織內部的文化與制度調整？

有句話是這麼說的：「什麼叫瘋子，就是重複做同樣的事情還期待會出現不同的結果。」想要進行數位轉型，顯然是期待有不同的結果，那麼就不能還盼望著還能做著跟過去一樣的事情。

書中的第三部，談到的是組織、人才與合作夥伴。作者提到了數位轉型過程中的人才應該具備的特質，更提到了只有人才是不夠的，因為執行長或是公司負責人自己必須要夠懂，轉型的過程中才會順利。不是懂技術，而是懂為什麼要轉型以及可以如何轉型。

這才是我推薦這本書的關鍵，在讀者決定自己要進行數位轉型之後，這本書可以做為一個組織內部進行拉齊認知的工具，團隊如果能以讀書會的形式閱讀和討論這本書的內容，就會對數位轉型具備一樣的知識與理解，這麼一來可以大幅降低溝通成本，同時也更能夠齊心往共同的目標努力。

最後，希望這本好書可以協助讀者都能順利進行數位轉型，更期待台灣的產業界可以在轉型過後，能讓台灣在各個產業上都成為不可或缺的關鍵角色。全球各種產業都在快速智慧化，我送一句話給讀者：「如果你看到一艘火箭，不管怎樣你先搭上去再說」。AIoT，就是能送你上太空的火箭！

自序

從開始寫書以來，我出書的主題一直在物聯網方面打轉，先是 IoT 相關的兩本書《改變世界的力量：台灣物聯網大商機》、《IoT 物聯網無限商機：產業概論與實務應用》，後來進入 AIoT 時代，我又出了《AIoT 人工智慧在物聯網的應用與商機》、《白話 AIoT 數位轉型：一個掌握創新升級商機的故事》兩本書。我每年出一本書，一心只想協助台灣企業及個人能夠瞭解科技趨勢的變化，特別是發現很多產業內公司的未來，將因為有沒有使用 AIoT 而會有不同。也因為這樣，我在去年底，跟許多好朋友一起成立了「中華亞太智慧物聯發展協會」，希望結合大家的力量來為國家出一點力。

今年的 Covid-19 疫情，讓數位應用受到更多的矚目，無接觸感測成了新顯學，AIoT 成了重中之重：透過影像辨識與紅外線偵測，加以 AI 分析，可以識別被辨識者是否發燒；餐飲外送變成風潮，而外送的數據協助了 Food Panda、Uber Eats 提供了更好的服務；在今年 IEK Consulting 的「眺望 ~2021 產業發展趨勢研討會：後疫轉型．疫後突圍」中更談到了未來防疫計程車的移動測溫、滅菌、空氣病毒監控應用，疫後運輸物流感測新應用：AI 操控無人機、Last Mile 自走車，智慧零售應用手勢及超聲波觸覺空中點餐，以及吧台／送餐用服務機器人應用被看好。在工廠裡，因為 Covid-19 傳染的影響會造成工廠停工，所以 AGV 自主物流、用 AI 影像辨識做 AOI 瑕疵檢測、在產線與環境使用感測器做監控與 AI 分析做好預測保養、產線良率提升與工廠環境管理，以及人機協作的機器手臂越來越熱門。當然這也因應中美大戰後，很多工廠從中國移回台灣，而要恢復產能，卻遇到台灣可用的操作人員不足。還有，在電梯裡使用憑空觸控，以及防疫旅館的人員行動軌跡識別追蹤，更是因應 Covid-19 而產生的新應用。因為逐漸養成新習慣，未來只會走得更遠。難怪網路上一直說道，數位轉型的最佳推手是 Covid-19。

現在的數位轉型的技術核心是 AIoT ＋ 5G，在我的上一本書《白話 AIoT 數位轉型》以故事的方式告訴大家如何做好前期的智慧產品策略計畫，與智慧場域策略計畫，也謝謝大家的支持，在專業類書籍排行榜中有很長的一段時間名列前茅。今年再出書，我就更進一步將智慧產品策略計畫，與智慧場域策略計畫，輔以策略定位、我教了十年的產品創新課程的精要，以及我研發經英國劍橋 FTT 認證的「企業數位轉型共識促進課程」與 Strengthscope 人才評測與輔導的工具，協助企業具備在數位轉型時的「定策略、建組織、布人力、置系統」的整體方案。然而這樣的計畫和做法出爐後，另外還需要真正可以實做的夥伴，所以我介紹了我們協會的成員與合作夥伴的解決方案，讓企業在實作數位轉型有一套可以遵循的法則，與可以考慮導入合作夥伴的選擇。

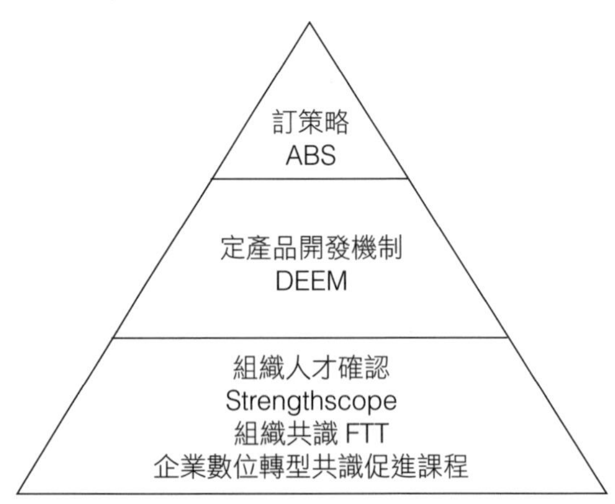

本書的數位轉型輔導架構

不同於《白話 AIoT 數位轉型》以劇本說故事的形式來降低科技難度，讓讀者可以輕易了解數位轉型的策略計畫，這本書的目的是希望想做數位轉型的公司的中高階主管，可以用此書來達成按圖索驥的效果，不致在數位轉型過程中迷惘，不知所措。

這次出書，特別要感謝中華亞太智慧物聯發展協會的榮譽顧問群：前行政院長張善政、二代大學校長李紹唐、台灣人工智慧學校代理執行長蔡明順，以及新漢股份有限公司董事長林茂昌（也是中華亞太智慧物聯發展協會智慧製造首席顧問）等顧問的支持，以及協會成員的提供資料；另外特別要感謝的是教我系統性開發智慧產品的方法、TRIZ 與技術路線圖兩大工具的老師曾念民顧問，讓我可以用以輔導企業。還有資策會數位教育研究所在 10 年前找上我，讓我在 2010 年 9 月起開始教授「NPDP 新產品開發專家認證」課程，開啟了我教授產品開發課程的旅程；好友陳柏宇導入英國劍橋 FTT 認證後，讓我參與學習，然後設計「企業數位轉型共識促進」課程；以及 Strengthscope 的台灣代理好友程大洲，讓我了解到 Strengthscope 這套工具可以協助企業找到數位轉型的領導人才。

當然也要感謝王定愷大哥、簡禎富老師、詹文男老師，以及 Inside 李柏鋒主編，在這本書付印前，願意支持推薦，提供推薦序或具名推薦。

這次由 5G、工業 4.0、物聯網、區塊鏈、雲端運算、人工智慧與大數據掀起的數位轉型浪潮，正在深深影響著我們的生活，而對應的各產業數位轉型正在進行中，台灣也剛剛成立了數位轉型聯盟。希望這本書的出版，能夠讓台灣企業對數位轉型能以更堅實的步伐邁進，在未來成功地完成數位轉型。需要相關輔導與演講的朋友，歡迎透過臉書粉絲專頁「Rich 老師的創新天堂——物聯網顧問與研發創新教練裴有恆的溝通專頁」或公司粉絲專頁「昱創企管顧問有限公司」跟我聯繫。需要「中華亞太智慧物聯發展協會」協助數位轉型的朋友，也請透過協會官網跟我們協會聯繫。

裴有恆 Rich

中華亞太智慧物聯發展協會 理事長

好食好事基金會業師

臉書社團：i 聯網、智慧健康與醫療創辦者

昱創企管顧問有限公司總經理

中華亞太智慧物聯發展協會官網

i聯網

Rich老師的創新天堂

昱創企管顧問公司

第 1 章

數位轉型的前景與挑戰

數位轉型影響各行各業

最近科技的熱烈議題就是人工智慧、物聯網、大數據、5G 與區塊鏈等新科技的應用，而根據這些科技的數位轉型議題更是火熱。

其實在 2000 年就開始在討論數位轉型，那時是提到企業一定要有官網，後來又說企業要有 ERP/CRM/SCM 軟體才會有好的效率；幾年前說要有社群小編，這讓很多企業主覺得自己之前沒做也都這麼過來了，也因此懷疑這次是否真的需要去做。

針對數位轉型，我訪談過很多中小企業主，他們表示，想等到確定別人做了有效再做。但是在這樣快速發展的時代，從零到一跟從一到一百花費的時間是一樣的，你如果沒做，但是競爭對手做了，你等到他成功再開始，之後你可能會遠遠落後，訂單因此被搶走，公司可能因此要縮減規模，甚至不堪虧損，退出市場。最近這十年有好幾個例子，像是之前的 NOKIA 手機部門因為錯過了智慧型手機浪潮，而曾經被微軟買下，退出手機市場；DVD 租借公司百視達因為錯過串流影片收視的趨勢，最後也破產收場；類比相機大廠柯達因為太晚下定決心全力做數位相機，也是破產收場，最近才又進入化學製藥產業。這些例子說明了一件事：新科技進入市場常常影響到客戶的偏好，讓舊科技產品或服務被新的取代，著重於舊科技產品的公司若不及時轉型就只能退出市場。現在影響趨勢的重點科技就是人工智慧引領，結合物聯網、大數據、5G 與區塊鏈等科技，因為能提供客戶更好的體驗與服務，或是大幅改善效率，造成有做數位優化或轉型的業者在市場上的地位遙遙領先保守沒跟進的業者。

由人工智慧引領科技所造成的數位轉型，之所以能夠提供更好的體驗與服務，關鍵在於搜集到的大數據透過人工智慧所建出的模型，具備非常好的預測能力，可以提升決策成本，在很多方面可以最佳化以提高效率、減少成本；幫助企業更加了解客戶，提供更好的體驗。這樣的數據需要好好地做數據規劃，依此部署感測器，收取資料，透過人工智慧建模，然後針對公司的狀況做修正，迭代多次，加上搜集一段時間得以完成。很多還沒開始做數位轉型的企業以為現有手邊的數據已經足夠，其實這樣的想法並不正確。試想，沒有針對自身痛點及想做的事情做好數據規劃，怎麼會搜集到好的對應數據？沒有經過幾次迭代，怎麼能拿到夠好的數據建出適合的模型？數據不好，模型就不好，效率效果差，怎麼跟對手競爭？加上先做好數位轉型的競爭對手接下來將會飛快地擴張規模，結果將高下立見。

正因為數據建模做法複雜，需要懂人工智慧的人才、高速運算的雲端平台、好的顧問，以及協助完成的供應商生態系才能達成。台灣的企業很幸運，有人工智慧學校提供 AI 系統化的學習，讓各領域的人才可以很快地了解 AI 工具，以協助各企業數位轉型；Amazon Web Service（亞馬遜雲端平台，簡稱 AWS）、Microsoft Azure（微軟雲端平台）、Google Cloud Platform（谷歌雲端平台，簡稱 GCP）三家廠商也紛紛在台積極協助人工智慧人才培育，並提供了好用、可以快速上手，又較買設備可以省錢的雲端人工智慧平台機器學習服務（Machine Learning as a Service，簡稱 MLaaS）方案與物聯網 AIoT 的整體解決方案，透過公有雲的資訊安全解決方案，在物聯網安全設計上會較為簡易。另外有很多企業主困擾數位轉型升級要做什麼，怎樣才能有效率升級，又符合精打細算原則？特別是 AIoT 升級要同時考慮到終端硬體設備與人工智慧整合，花費成本與進行方式必須細細考慮，必須有好的顧問協助企業訂出策略，並結合好的生態系廠商群提供解決方案，以達成數位轉型。也因此，「中華亞太智慧物聯發展協會」成立了，希望提供想做好數位轉型的中小企業完整的 AIoT 策略與建置解決方案。

其實不是每個企業都需要數位轉型，例如賣牛肉麵的餐館，因為有好手藝，即使沒有數位轉型，也不會影響客戶來吃牛肉麵的意願。但是如果你的競爭對手做了，而你動作比他慢許多或沒做，結果很可能會對你不利。所以一但確定你的行業需要數位轉型，就要趕快開始，這樣才是上策。[1]

數位轉型的實務做法

數位轉型常常不會一次到位。在資策會 MIC 出的《數位轉型力》一書就提到，企業要做數位轉型要從「數位化」開始，也就是文件都不再用紙，然後進入「數位優化」；有了數位資料，就可以開始利用數位資料優化現有的工作流程；了解了數位資料的價值，接下來就能改變企業的商業模式，進入「數位轉型」，讓企業升級再造。這也表示，企業在數位轉型的過程中，要根據自家公司狀況設定多階段的目標，然後一步步完成，贏得董事會與員工的認同，才能算是達成數位轉型。

關於數位轉型，美國的麻省理工學院（MIT）、英國的劍橋大學，以及美國的 Accenture 顧問公司都有出相關實務做法的文章。

美國的麻省理工在 2011 年出了份報告：〈Digital Transformation A RoadMap for Billion-Dollar Organizations〉，裡面提到數位轉型框架（表 1.1），其中以營運流程、商業模式與客戶體驗三個構面闡述，並且在營

1. 本文同時刊載於專案經理雜誌第 13 期《基於 AI 的數位轉型》。

營運流程 Operation Process	商業模式 Business Model	客戶體驗 Customer Experience
流程數位化 Process Digitalization	數位調校過的業務 Digitally Modified Business	客戶了解 Customer Understanding
員工強化 Worker Enhancement	新數位業務 New Digital Business	營業額增長 Top Line Growth
績效管理 Performance Management	數位全球化 Digital Globalization	客戶接觸點 Customer Touchpoint

表 1.1：麻省理工論文中的數位轉型框架（裴有恆製）

資料來源：Digital Transformation: A Road-Map for Billion-Dollar Organizations 報告

運流程上細分為流程數位化、員工強化，以及績效管理三個細項；在商業模式上有數位調教過的商業、新數位業務，以及數位全球化三個細項；在客戶體驗上有客戶了解、營業額增長，以及客戶接觸點三個細項。

2018 年，英國劍橋大學也出了份報告〈Digital Business Transformation and Strategy: What Do We Know So Far?〉，這份報告引用了更多的論文，也更明確指出數位轉型的策略內容是商業、技術與客戶（圖 1.1）。這其實跟我在圖 1.2 中提的「技術」、「商業模式」與「客戶體驗」三個圈圈有異曲同工之妙。這份報告也提到數位轉型需要革命性的變革，它增加了複雜性和影響力，並把麻省理工提到的三大要素，更進一步強化到需要達成交互鏈結。其實就跟我在圖 1.2 中提到的三個圈圈交集才是想要達成的結果相似。

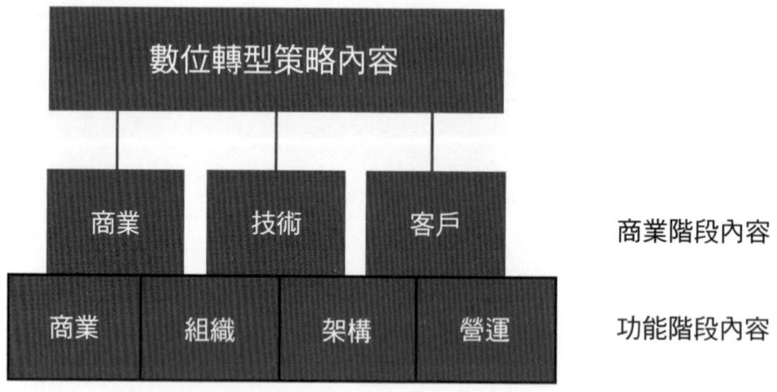

圖 1.1：劍橋大學論文中的數位轉型的內容（裴有恆製）

資料來源：Digital Business Transformation and Strategy: What Do We Know So Far?

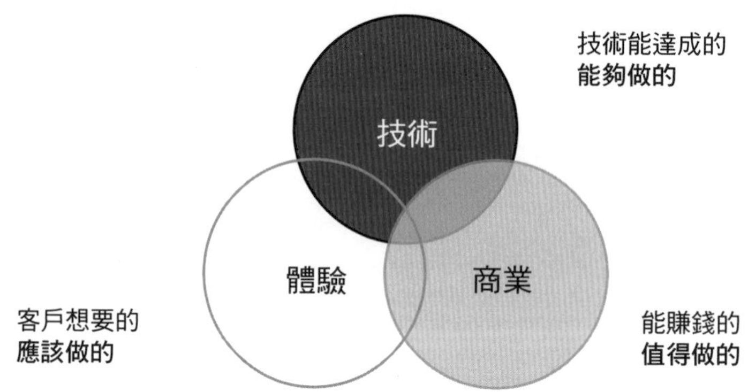

圖 1.2：好的產品／服務必須具備技術、體驗、商業模式的特性交集（裴有恆製）

劍橋這份報告中也提到，索爾．博曼（Saul J. Berman）提出了三種戰略路徑，以選擇公司數位化轉型的不同起點。第一條路徑是利用數據流來重塑營運模型，發展組織內部的數位能力，然後重塑客戶價值，透過數位增強的產品和服務迭代獲得建議和經驗（本書會在第四章以 ABS

輔導流程闡明做法）。第二條路徑從重塑價值主張開始，然後重塑運營模式，也就是先找到對的商業模式，然後再針對需求設計流程營運（本書第三章會闡明類似的做法）。[2] 而第三種建議路徑，例如輕資產公司如金融服務最有可能在最初專注於提升客戶感受的價值。這也難怪金融服務數位轉型大多從客戶體驗著手。[3] 也就是說，三條路徑的起點分別是從技術架構、商業模式中的價值主張，以及客戶體驗開始。

無獨有偶，美國的顧問公司 Accenture 在 2018 年跟中國工信部合出了一份數位轉型指數報告「創新驅動高質發展」，這份報告給出很清楚的評估指標。

報告中談到數位轉型的狀況，詳述了數位轉型的做法與指引方式，提到數位轉型不只是智慧營運（包含智慧零售與行銷、智慧生產與製造，還有智慧支持與管控構面），更是數位創新（產品與服務創新、數位商業模式創新，還要有數位創投與孵化構面）來做指數評估。這份報告針對中國做了數位轉型調查，發現數位轉型領先者雖然只有 7% 的比例，但其績效遠遠超越落後者：數位轉型領先者的營收成長率為 14.3%，落後者是 2.6%，有 5 倍多的差距；銷售利潤率為 12.7%，對上落後者的 5.2%，有 2.5 倍的差距。這份報告不只評估，還有建議做法：「加速數字轉型的五大要務」：一把手推動（CEO 或公司擁有者推動與支持）、活化客戶關係（使用數位資料了解客戶）、生態系統賦能（跟供應鏈上下游形成生態系）、數據驅動（使用數位資料為決策與驅動核心），以及打造動態組織（使用敏捷組織以應付環境與需求的動態變化）。仔

2. 如果有興趣，《白話 AIoT 數位轉型》的第四章與第二章用故事方式闡述類似做法。
3. 出自劍橋大學 “Digital Business Transformation and Strategy: What Do We Know So Far?” 一文

細研究這份報告之後，我發現它所談的其實就是以數位資料為中心的商業模式變革，以分析數位資料的人工智慧為核心，加上透過物聯網搜集到的各樣數位資料，這些是以前做不到的。

2019 年，Accenture 跟中國工信部又合出了數位轉型的更新版報告「擁抱數位革新深化數字轉型」，特別提到調查結果中，數位轉型領先者已經增加為全部企業的 9%（成長約為 30%），同時也提出了五大關鍵行動：「聚焦前沿增長機會，制定面向未來的數位化戰略」、「加速數位生態建設，不斷拓展業務邊界，並提升『新舊』業務協同，實現企業全業務升級」、「打通研發、生產製造、供應鏈乃至最終用戶，改造流程與模式，實現智能製造新價值」、「產品服務全面智能化，實現全生命週期的用戶差異化體驗升級」，以及「建立高韌性、高擴展性和敏捷性的組織，支持業務的快速擴展和調整」。不同於 2018 年提到的五大要務，這版是以做法構面切入。

2019 年，天下雜誌旗下的天下創新學堂也出了「2019 年 2000 大企業數位轉型與人才大調查白皮書」報告，其中有做數位轉型而且有成效的企業占 11.7%。報告也指出，這類企業有兩大特徵：一、及早將數位技能規劃到專業職能系統裡；二、做決策時，大數據分析與經驗並行。因為及早規劃就可以及早使用大數據協助決策，降低決策成本。

在 2019 年，我參加了政府的數位轉型政策籌備前會議，跟研究單位代表及重要單位代表們一起討論對應政策。對照中國工信部和 Accenture 合作制定指南已經一年多，台灣政府的進度相對是稍慢的，而對於數位轉型歷程，很多台灣的企業以為是針對運營，改善效率做數位優化就可以了。事實上以長期來看，透過數位資料將整個公司的產銷人發財各個構面完整串起，才是轉型的核心，工作方面特別要針對客戶數位資料，以達成最佳客戶關係管理，瞄準客戶需求，推出產品／服務。

另外，台灣很多企業以為數位轉型找 CIO 主導負責就好，但是沒有賦權給 CIO。可是數位轉型的重點是以數位資料為中心的商業模式創新，CIO 常常不明白整個公司的商業模式，也無法驅動公司的其他部門，因此數位優化／數位轉型所需的數位資料及資源往往不能及時到位。根據國外報告，由 CIO 主導的數位轉型例子中，有超過 95% 的企業失敗。要了解整體商業模式，並且讓對應的資源及時到位，唯有 CEO 親自領導才可行。更不要談有些企業以為找廠商外包就可以了。數位轉型需要具備公司商業領域知識的人，需要整合公司內所有的數據，不僅是應用數位工具而已。

還有，數位轉型會從公司原有的能力開始思考，並不是一定要公司從零開始進入另一領域，像是微軟的數位轉型，[4] 是強化自己的終端與雲伺服器的能力，把原來軟體賣斷的商業模式改成訂閱的商業模式，並且擁抱各種作業平台：Linux、iOS，以及 Android。微軟並沒有放棄自己的軟體能力，而是改變了商業模式及相對應的心態。

本書章節規劃

AIoT 智慧物聯產品跨及所有產業，其中很多傳統產業想要轉型，卻不知如何著手。我基於多年經驗（包含 1999 年開始做物聯網相關產品開發及管理，及之前在神達電腦工作時有兩年多的系統流程管理經驗），以及研究的數位轉型做法，還有自 2010 年起在資策會數位教育研究所及企業內訓中，教授十年多的產品創新課程的心得，成就了此書，

4. 資料來源：《刷新未來：重新想像 AI+HI 智能革命下的商業與變革》。

目的是給讀者一個準則，知道數位轉型可以怎麼具體實做。

郭台銘先生主張主管每天要做四件事：定策略、建組織、布人力、置系統。其實在數位轉型上也有對應的做法，從策略訂定開始，建立可以執行的策略組織，找到對的人進對的組織，最後完備系統流程，才能執行。從 Accenture 及工業 4.0 的觀點，數位轉型可以切分為產品／服務創新與場域優化兩個範疇，因此本書分為三個部分，規劃如下：

第一部「定策略：策略定位與計畫訂定」：制訂公司從數位優化到數位轉型多階段的策略，範圍從第 2 章到第 4 章，包含策略定位、AIoT 產品創新策略，與 AIoT 場域優化／轉型策略。

第二部「置系統：新產品開發流程與未來產品線規劃」：建立 AIoT 新產品開發的系統流程，範圍從第 5 章到第 11 章，包含建立新產品開發流程 DEEM，輔以 TRIZ 做法以解決專利與創新遇到的問題，最後加入技術路線圖建立產品線長期計畫。

第三部「建組織＋布人力：組織、人才與合作夥伴」：人、團隊和夥伴是執行時最重要的一環，第 12 章到第 14 章將探討找出領導者，引導團隊，以及針對生態系合作夥伴的考量。

附錄中會提供補充或書中所提到的工具及表格。

書中案例多以虛擬的自由紡織股份有限公司為主。以紡織業為例，是因為紡織業同時具備智慧產品（智慧紡織品）與場域（零售直營店與工廠）。我知道大家很想看到實際案例，但是因為簽有保密協定的關係，我不能揭露輔導廠商的細節，所以用我輔導時的邏輯搭配一個虛擬公司來做說明。這家公司也是我在前作《白話 AIoT 數位轉型》中設定的對象公司。

接下來展開各章節。

第 1 部

策略定位與計畫訂定

策略是一家企業往前進最重要的開始設定，而這一部會談企業數位轉型策略要做的三件事：定位、產品策略計畫設定、場域策略計畫設定。

第 2 章談「策略定位」，講述組織先要找到自己的數位轉型策略定位、願景、使命宣言、價值觀。有方向定位，往未來前進才不會不知所措。

第 3 章談「智慧產品開發策略計畫訂定」，要做新的智慧產品／服務的策略規劃，首要步驟是要了解大環境與產業環境，才能依此找到可能機會。接下來的商業模式與系統架構考量，特別是智慧產品需要跟生態系夥伴合作才能完成整個系統。商業模式與系統架構除了彼此要互相考量之外，更要考量到生態系夥伴的位置與合作方式。

第 4 章談「智慧場域策略計畫訂定」，首先會介紹數據計畫的重要性，接下來藉著智慧場域規劃流程，讓規劃者將系統架構、商業模式，與服務流程串接起來，產生好的智慧場域群策略計畫。

第 2 章

策略定位

數位轉型從策略定位開始

數位轉型中的數位其實只是工具，這些工具可以做到很多事，也大大增強效率與效果。但是很多企業的問題反而是不知道數位轉型該做什麼，怎麼做。

因此一開始的策略定位很重要。在我教產品創新課程時，會特別強調從「使命宣言」、「願景」開展策略定位，一方面要遵循公司的長遠目標與指導方針，而要完成這樣的願景與使命宣言，往往還需要建立與公司原來價值觀不同的新價值觀。

透過重新設定「使命宣言」、「願景」與「價值觀」，讓所有的人有共識，知道新的方向與希望的結果，是很不錯的做法。

使命宣言與願景

「使命宣言」是指公司達到目標具備原則的簡短陳述，包含為什麼要成立、對社會大眾有何貢獻、主要承諾。一家公司雖然要賺錢，但是也要為社會解決一個需求，也許不是自己公司做完全部，是跟供應鏈／生態系夥伴一起完成。「願景」是公司內部人員相信會達成的夢想，一定要是可以想像出來的景象；對一個公司，很常見到設定 20 到 30 年後的景象。願景與使命宣言也代表著公司的未來目標方向與達到目標的原則與指導方針。

以台灣最著名的台積電而言，台積電的願景是「成為全球最先進及最大的專業積體電路技術及製造服務業者，並且與無晶圓廠設計公司及整合元件製造商的客戶群，共同組成半導體產業中堅強的競爭團隊」，而其使命宣言是「做為全球邏輯積體電路產業中，長期且值得信賴的技術及產能提供者」。[1] 從願景來看，台積電已經達到了目標，而且台積電一直朝這方面努力，也看到了成果；使命宣言中看到「長期」、「值得信賴」，以及「技術與產能提供者」幾組關鍵字，就是台積電達到願景的做法指導原則。

數位轉型中最知名的轉型成功者是微軟。在納德拉的自傳《刷新未來：重新想像 AI+HI 智能革命下的商業與變革》有提到，他如何從微軟的使命宣言中找回微軟的初心，然後據此推動文化變革，才完成了數位轉型。微軟最早的使命宣言是「幫助全世界的人與企業，實現自己的全部潛能」。[2] 這是納德拉的出發點，微軟也全力實施，從「Windows 獨大」的主要價值觀轉變成「跟其他企業合作」，特別是納德拉本人在展覽台上親自展示 iOS 平台的 Office365。而最近微軟也強化了使命宣言為「重塑生產力，幫助在這個地球上的每一個人到每一個組織，都能貢獻更多，成就更大」。[3] 微軟的願景也隨著時代做了改變。最初的願景是「每個家庭中的個人電腦上跑微軟的軟體」，這在上個世紀就透過 Microsoft Office 達成了。不過在達到之後，微軟讓人覺得它失去了願景，因為微軟全面要求其所有的服務與產品都要連結上 Windows，讓人覺得它沒有未來，特別是之前錯過了智慧型手機的市場，讓整個 Microsoft Office 在所有裝置上的占有率史上最低，不到 40%。直到納德拉上台成為新的 CEO，重新宣告微軟的核心：微軟是一個行動優先、雲端至上的生產力與平台公司。最近更強化成「AI 第一」。這樣的核心與使命宣言的改變，也體現在微軟的所有方向，不只是要在 iOS 跟

---

1. 來自台積電官網。
2. 原文：To help people and businesses throughout the world realize their full potential.
3. 出自台灣微軟官網。

Android 上看得到 Mobile Office，微軟更擁抱之前敵對的 Linux，全力推廣 Azure AI 平台，跟很多夥伴合作推廣業務。

很多中小企業經營者可能會想，「這是大公司才有的，我們其實沒必要」，這是錯誤的觀念。願景和使命宣言可以讓公司成員清楚了解公司目標與朝向目標的指南。不論公司大小，只要確定要做數位升級變革，若是從現有行業直接深耕轉換，只要澄清願景與使命宣言，讓員工有共識，或只要稍微修改即可。如果要做大幅轉換升級，就非常需要重新花時間確認適合的內容。試想，如果目標都不確定，也不知道用什麼原則與方法達成，要不會停步不前，要不會亂槍打鳥。

如果公司沒有願景跟使命宣言，可以透過共識營隊來建立。共識營隊是為了建立公司管理階層的策略共識，一般為了怕被公事干擾，都會建議移到郊區的飯店討論。營隊一開始就要找重要幹部磋商，形成共識才往下走。當然，這也是我們在研究所有數位轉型策略之前，先探討這個議題的原因。

確定方向後，就可以確認接下來是往新產品／服務開發，或是整合公司場域數據產生最佳效應。往新產品開發就直接閱讀第 3 章；決定整合公司場域數據產生最佳效應，可直接從第 4 章開始閱讀。

價值觀與文化

公司團隊能夠共同往一個方向前進，一定是這個團隊有共同的目標與指導方針。要往這樣的目標前進，這群人要有共同的價值觀才好有精神上的共識，才能在前進時合作更有效率，減少很多不必要的溝通。推行共同的價值觀，是為了讓公司有更好運作的文化。

很多公司把價值觀公布在公司網頁上，例如星巴克的價值觀有六項：

- 尊重與自尊的工作環境
- 擁抱差異
- 運用最高標準製作咖啡
- 用熱情滿足客戶
- 正向溝通
- 認知利潤很重要

從這六項公司價值觀中，可以看出星巴克的文化是要服務好客戶，而且工作環境尊重人，彼此間是正向溝通。

成立一段時間的公司往往有自己的文化，這樣的文化一開始跟創辦人的性格很有關係。但是運作久了之後，文化會變成由運作過程中推崇的信念與準則決定，而企業價值觀可以說是企業文化的主要架構者。[4]

數位轉型常常會改變公司的習慣文化與價值觀，以數據及服務客戶為核心，所以在討論出願景與使命宣言之後，接下來很重要的是如何善用數據服務客戶，修正既有價值觀以幫助未來數位轉型。微軟就根據他們的新使命宣言做了相關修正：我們的價值觀與使命一致，賦予力量讓全球每一人、每一組織成就不凡。這些價值觀鑄造了我們的企業文化，並做為我們如何與同事、客戶及合作夥伴共事的宣言。[5]由這個修正可以看出，「合作、共事以成就不凡」是微軟現在最主要的價值觀。

---

4. 企業價值觀是指企業所推崇的基本信念和奉行的目標，是企業全體或多數員工對於企業意義一致贊同的終極判斷，是企業文化的核心。
5. 出自微軟官網。

案例：迪士尼的願景、使命宣言與價值觀

1923 年華德．迪士尼跟他哥哥創辦迪士尼工作室，至今已經快一百年，而其創造的娛樂體驗一直為人津津樂道。經歷過接近一百年，環境不斷變遷，迪士尼的願景、使命宣言、價值觀也會跟著時代改變。

首先我們看 2020 年版本的迪士尼願景、使命宣言與價值觀。

願景：成為全球領先的娛樂和資訊生產商與供應商。[6]

使命宣言：透過無與倫比的故事力量來娛樂、告知和啟發世界各地的人，反映出我們的標誌性品牌、創新思維和創新技術，使我們成為世界一流的娛樂公司。[7]

價值觀：讓每個人夢想成真，你最好去相信，永遠把客戶當客人，我為人人，人人為我，共享成就，敢於冒險，實踐、實踐、實踐，讓你的大象飛起，用故事捕捉神奇。[8]

現在查得到的 2012 年版本的願景、使命宣言為：成為全球領先的娛樂和資訊生產商與供應商。利用我們的品牌組合來區分內容、服務和消費產品，力求開發世界上最具創意、創新和盈利的娛樂體驗及相關產品。[9]比較起來，之前的版本強調盈利，現在會強調標誌性品牌。

2015 年版本的價值觀為：提供客戶最佳體驗，為客戶創造價值，這件事無與倫比，讓每一次來訪變為一種夢幻體驗。[10]之前的版本強調體驗，現在的版本強調的是夢想成真。這是體驗的升級，直接連結到夢

---

6. 出自 https://mission-statement.com/disney/
7. 出自迪士尼官網 https://thewaltdisneycompany.com/about/
8. 出自 https://mission-statement.com/disney/
9. 出自 https://www.fastcompany.com/1821021/defining-your-companys-vision
10. 出自 https://digital.hbs.edu/platform-rctom/submission/the-happiest-place-on-earth-the-magic-recipe-behind-disney-parks-70-return-rate/

想。

由迪士尼與微軟的例子可知，公司的願景、使命宣言與價值觀隨著時代改變或公司數位轉型而重新制定很正常，這也代表了公司設定了新的策略目標，而整個公司以此往前邁進。

總結

這章提到了「願景」、「使命宣言」、「價值觀」在策略定位的重要性，因為數位轉型是整個公司朝著與之前習慣的不同方向前進，重新設定。

我們常常聽到，新習慣養成需要練習 21 次。公司是一群人的團隊，要所有的人一起練習超過 21 次更是挑戰。所以昭告員工一起身體力行，整個公司才有希望改變舊有的文化與習慣，才有機會轉型成功。

第 3 章

訂定智慧產品開發策略計畫

智慧產品開發

產品與服務會有智慧，是因為搭配了人工智慧（AI），而現在常見的智慧產品是在本體上具備物聯網 IoT 感測器，以及初步的邊緣運算，搭配雲端系統的統籌、運算與 AI 模型學習功能。

這樣的系統叫做 AIoT，也就是 AI+IoT，是人工智慧＋物聯網的系統稱呼。圖 3.1 的流程圖就是我提出的 AIoT 產品規劃六大步驟，做數位轉型與創新的企業在應用人工智慧與物聯網規劃新產品時的必要步驟。在現在社會中，產品選擇過多，一個好的產品至少要滿足消費者的需求，甚至超越消費者的期待，帶來驚喜與感動。

AIoT 的產品在技術上很難只靠一間公司做完物聯網四層架構的每個元素，而且要提供整體服務，必須連對應的生態系廠商都列入考量，特別是人工智慧與大數據的服務提供者。商業模式也因此較複雜，不只要考慮自己，還得考慮生態系夥伴。

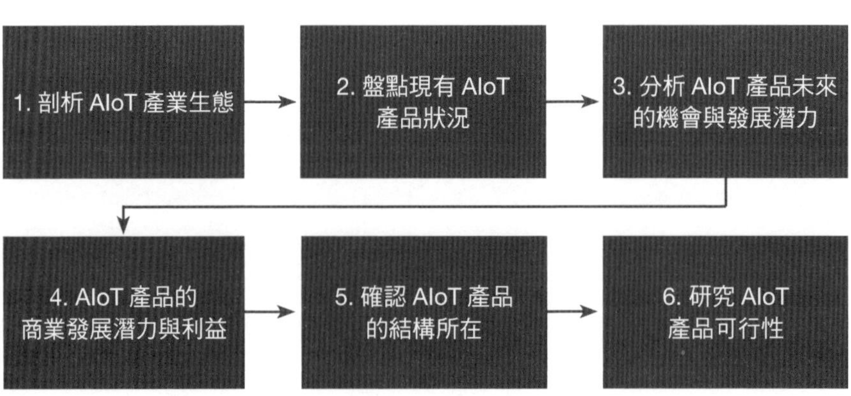

圖 3.1：智慧產品規劃步驟

1. 剖析 AIoT 產業生態

產業生態的剖析要盡可能完整，建議從三個方向來做：首先是剖析產業鏈與生態系，其次是分析總體環境。這裡要使用 STEEPLE 法，接下來使用心智圖針對 5W1H 發想，最後再用德國的工業 4.0 工具箱，找到目標品類現有狀況的對應標示，這樣可以得到較完整的全貌。

產業鏈與生態系

產業鏈指的是整個產業價值的鏈結，以價值鏈的角度切入。從產業生態開始考慮價值鏈，從最上游到最下游。先列出各種相關類別，然後找出對應廠商。因為我們設定的是虛構的自由紡織股份有限公司，所以接下來的案例會從紡織品的生態系來看智慧紡織品。

案例：智慧紡織品的產業鏈與生態系

剖析智慧紡織品的產業生態必須從產業價值鏈開始。從紡織品的產業價值鏈，我們可以推出原料，包含傳統的蠶絲、麻、棉花等等天然纖維，以及塑化纖維。為了傳導訊號，紡線還會用到銀線或石墨烯混紡。這些原料接下來會送進原紗廠，紡成紗再製成線；成品線就會送去織成布料，加以染色、整理圖案，成為布匹；布匹送到成衣廠製成一件件的衣服。

有了之前的產業鏈順序，我們可以拆解成台灣產業中的紡織企業生態系，如圖 3.3。做智慧衣的企業要從紡紗或織布切入，而福懋、儒鴻、遠東新、南緯、南紡、力麗，及潤泰等已經是開始做智慧衣的廠商。其他的企業只是還沒做，或是計畫做但是媒體沒報導。從這張圖也

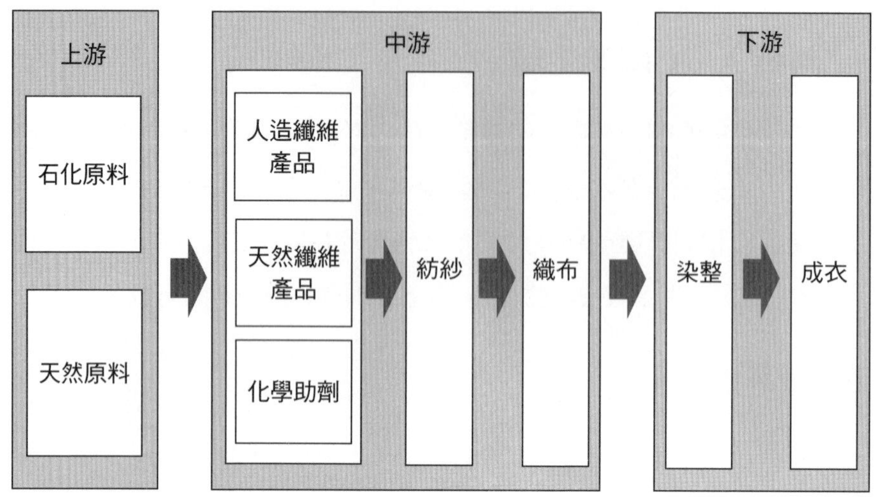

圖 3.2：紡織產業鏈流程分析表

資料來源：https://dahetalk.com/2016/12/23/

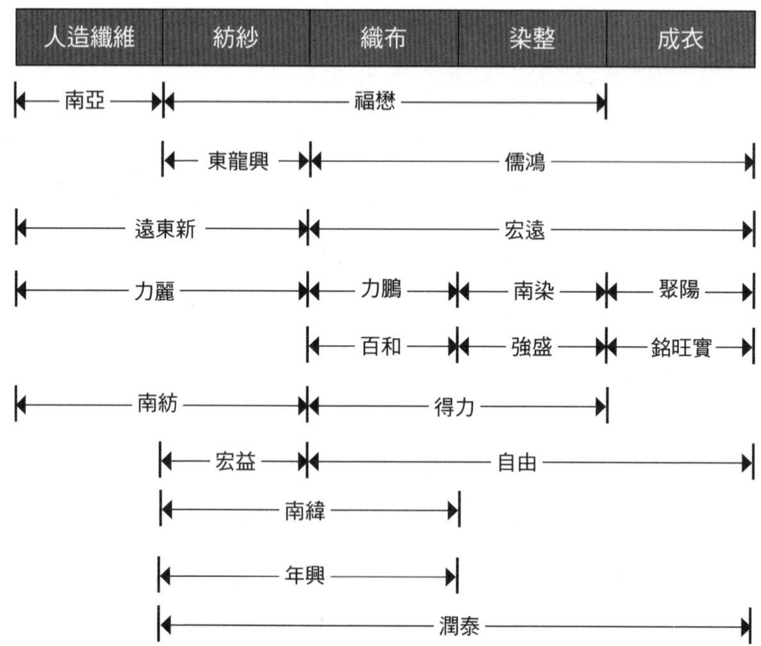

圖 3.3：加入自由紡織的紡織產業生態系圖例

資料來源：https://www.stockfeel.com.tw/ 紡織業的下一里路

可以看出，較大規模的企業通常會先做新產品，而其中宏遠興業是先從智慧製造開始。

使用 STEEPLE 分析法

接下來要分析總體環境因素，STEEPLE 分析法是相當詳盡的方法，它對應社會（Society）、科技（Technology）、經濟（Economic）、環境（Environment）、政治（Political）、法律（Legal），與倫理（Ethics）七個構面。以下就分別分析這七個方面，而這些分析必須從正反兩方面的衝擊一起看，才能正確思考未來可能的影響。

1. **社會**：要從收入分布、人口成長率與年齡分布、勞工與社會移動性、生活型態改變、工作／職業與休閒態度、企業家精神、教育、時尚／炒作以及生活狀態來考量；
2. **科技**：要從政府研究支出、在技術上下功夫的產業焦點，新發明與發展、技術移轉率、生命週期與技術報廢速度、能量成本與使用、資訊改變、互聯網改變與移動科技改變等角度來考量；
3. **經濟**：可以從經濟成長率、利率與貨幣政策、政府支出、失業政策、 收、匯率、通貨膨脹率、消費者信心，以及經濟循環的階段等角度來考量；
4. **環境**：可以從自然資源、全球暖化、廢棄物丟棄／循環、碳足跡、可持續能源、自然原因的威脅，以及基礎設施等角度來考量；
5. **政治**：可以從環境法規、貿易政策、國際貿易法、政府組織／態度、競爭法規、政策穩定性、安全法規以及政治團體改變等角度來考量；
6. **法律**：可以從環境法規、雇用法規、合約法、消費者保護法、貿易同盟以及公司治理等角度來考量；

7. **倫理**：可以從專利、所有級別的可能受賄、評價、商業倫理，以及客戶信心等角度來考量。

社會	技術	經濟	環境	政治	法律	倫理
收入分布	政府研究支出	經濟成長率	自然資源	環境法規	環境法規	專利
人口成長率與年齡分布	在技術上下功夫的產業焦點	利率與貨幣政策	全球暖化	貿易政策	雇用法規	所有級別的可能受賄
勞工與社會流動性	新發明與發展	政府支出	廢棄物丟棄／循環	國際貿易法	合約法	評價
生活型態改變	技術移轉率	失業政策	碳足跡	政府組織／態度	消費者保護法	商業倫理
工作／職業與休閒態度	生命週期與技術報廢速度	收	可持續能源	競爭法規	貿易同盟	客戶信心
企業家精神	能量成本與使用	匯率	自然原因的威脅	政策穩定性	公司治理	
教育	資訊的改變	通貨膨脹率	基礎設施	安全法規		
時尚／炒作	互聯網的改變	消費者信心		政治團體改變		
生活狀態	移動科技的改變	經濟循環的階段				

表 3.1：大環境分析 STEEPLE 的分析思考角度

接下來我們以智慧紡織品產業角度來做 STEEPLE 分析。

案例：智慧紡織品的 STEEPLE 分析

針對智慧紡織品做 STEEPLE 分析後，可以得到表 3.2。

STEEPLE	機會
S 社會	•個性化產品需求興起。 •高齡化造成長照需求大增。 •少子化造成照顧人手不足及醫療人力不足。 •現代人生活緊張。 •運動員需要更好的協助。 •生活型態改變，強化 AIoT 產品的接受度。 •養身風氣增長，穿戴式裝置進入市場的容易度提升。 •智慧紡織品要符合時尚。
T 技術	•台灣紡織產業綜合研究所有很棒的技術，也開始對很多企業做技術移轉。 •人工智慧是政府重點，有不錯的政府支出占比。 •感測器進步且便宜，人工智慧技術也大大進步。 •三大公有雲讓人工智慧運算變得快速且低價，企業本身投資雲系統變得不划算。 •台灣的紡織產業綜合研究所具備石墨烯紡織等技術，可以做技術移轉。 •台灣健保大數據的死亡人數據開放，可依據這數據提供更好的服務。 •智慧紡織品目前所知最大的問題來自電能的供給與持續性，如有更好表現，未來機會更大。 •現有智慧型手錶手環已發展較成熟，要做要從別的角度切入。 •5G 已經開始，智慧紡織品這類移動式物聯網裝置的傳輸在未來不再是問題。
E 經濟	•台灣為紡織與電子產業大國，產品本身價格不貴。 •產品與服務成本大為降低，大多數人買得起。 •透過預防照護可以幫健保省錢。 •智慧紡織品是提升台灣紡織業的希望。

E 環境	•地球暖化，降低環境負擔的產品成為主流，使用環保材質與回收變得重要。 •產品設計需考慮永續、碳足跡、水資源。 •地球暖化，造就可智慧調溫的智慧紡織品需求。
P 政治	•智慧紡織品的成品實作可以強化台灣在世界紡織產業的一流國家地位。 •搭配台灣最強的醫療產業，在產業蓬勃後，將增加很多工作機會。 •政府啟動長照 2.0，用政策帶動老年照護。 •政黨輪替時，法規風險需要隨時應變。 •中美貿易大戰及新冠肺炎疫情影響，台灣在美國及其他很多國家市場有更多機會。
L 法律	•紡織產業綜合研究所已有很多專利，技術轉移後可做為專利之後盾。 •台灣的個資法與歐洲的GDPR [1]是人工智慧搜集數據要注意的地方。 •紡織品材料與製程若不環保，影響環境會觸法。
E 倫理	•使用智慧紡織品的感測器傳遞數據到雲端做分析涉及隱私權，必須獲得使用者同意。 •比起智慧手錶，智慧紡織品更讓長者感受舒適，但需解決電力問題。 •台灣的紡織產品代工名聲好，品質穩定，機能布的技術強，深獲大廠與消費者肯定。

表 3.2：智慧紡織工業的大環境分析

從下面七個角度切入可以發現，智慧紡織品在未來可能的市場應用與商機：

1. 從**大環境**來看：

■ 現今的收入已進入兩極化，消費者要的是平價奢華，講究的是屬於自己的個性化產品，故透過大數據快速掌握客戶需求，提供個性化產品已越來越重要。

■ 亞洲台、中、日社會已邁入高齡社會及超高齡社會，少子化造成

1. 歐盟的資料保護法。

年輕人變少，醫護人員也變少，醫療照護人手不足是很大的問題。智慧紡織品可以讓長者在家就可以獲得良好的照顧，監控長者生理資訊，將得到的數據送往醫療院所的專案資訊中心以人工智慧分析，發現異常可做及時處理。

- 政府已開放遠距醫療，偏遠地區可以在小病上透過遠距醫療工具，即時獲得醫療照護。
- 運動員為參加比賽，使用穿戴式裝置協助訓練越來越普遍。
- 現代人生活步調緊湊，如能提供相關智慧紡織品資訊，幫助忙碌的現代人取得健康數據，並能建議紓壓方法，會帶來更高的接受度。年輕人滑手機、玩社群可以帶動 AIoT 產品的接受度；一般民眾越來越注重養身，穿戴式裝置搭配醫療健康照護系統正好適合介入協助。
- 智慧紡織品因為是衣著，常常要與好看、時尚掛勾，只要這方面做得越好，消費者的接受度就越高。

2. 從**技術上**來看：

- 台灣紡織產業綜合研究所的智慧紡織技術世界一流，產品得過紅點設計大獎，掌握了關鍵性技術，更擁有許多專利。另外，政府現正全力輔助人工智慧，相關支出有不錯的占比。這兩項優渥條件加起來，有利於智慧紡織品與智慧健康系統的技術發展。
- 感測器越來越小，越來越便宜，加上石墨烯、銀線、鋁箔等材料紡入的技術日趨成熟，人工智慧越來越進步，以前想都不敢想的智慧紡織品，現在做起來不再是難事。很多廠商都做出了成品；除了電子件不適合水洗，多做在類似扣子的防水盒子裡，要洗之前只要先拆掉這個盒子，而且一個防水盒可以對應多件智慧紡織品。

- ■ 三大公有雲 Amazon Web Service、Microsoft Azure 跟 Google Cloud Platform 提供了 MLaaS，也就是 Machine Learning as a Service 的服務，人工智慧的訓練上透過公有雲 MLaaS 服務租賃取代買機器，成本會降低很多。
- ■ 人工智慧需要大量數據輔助，才能提供更好的服務，台灣健保大數據的已死亡人部分與品質良好的醫療影像數據已開放，如能因此提供更好的服務，將能擁有更好的購買誘因。
- ■ 智慧紡織品因為貼身，可以量測許多更精確的身體資訊，穿起來不僅舒適，而且方便。目前所知最大的問題來自電能的供給與續電力，如果能再加以改良，未來的機會更大。
- ■ 智慧型手錶手環發展成熟已趨多，要切入這塊市場就要從它們做的不好的方向切入。
- ■ 各個運營商已經拿到行動通訊 5G 執照，並均已開台。智慧紡織品這類移動式物聯網裝置的傳輸在未來一段時間內將不會再是問題。

3. 從**經濟層面**來看：

- ■ 台灣經濟通貨膨脹率不低且景氣不佳，人民對於消費支出會多加考慮，產品購買成本變成消費者購買產品的一大重點。
- ■ 現在市場上的選擇很多，是買家的時代。智慧紡織品可以搜集客戶生理資訊，讓客戶習慣使用，對產品產生依賴，提高忠誠度。現在的成本雖然依然略高，但是客戶已經可以負擔得起，未來隨著製造技術精進，成本一定會再降低，客戶更容易有購買意願。
- ■ 台灣過去健保太便宜，造成健保有破產之虞，醫護人員變成血汗人員。透過智慧紡織品預防保護系統，可以稍微紓緩醫護人員龐大的工作量，更可以減少看診人數，節省健保經費。

- ■ 紡織產業希望找到下一個機會，智慧紡織品是台灣紡織業共同的經濟升級希望。

4. 從**環境層面**來看：
   - ■ 因為地球暖化的影響，消費者開始注意環保材質的衣服，使用環保材質是重點考量。
   - ■ 導電的銀線可以提煉回收，而石墨烯本身很環保，加上印染製程與相關材料的環保也越來越重要，這是現在已經看到的重要發展。
   - ■ 現在產品設計都要考慮永續，尤其是使用材質與製造流程用料，特別是碳足跡、水與空氣污染相關議題要對應國際標準。
   - ■ 從另一個層面來看，地球暖化造成早晚溫差大，也造就了可以智慧調溫的智慧紡織品需求。

5. 從**政治的角度**看：
   - ■ 智慧紡織品須考量相關的環境法規，而其成品實作可以強化台灣在世界紡織產業的一流科技國家地位，這是台灣紡織產業綜合研究所與多家廠商多年努力贏來的。
   - ■ 搭配台灣最強的醫療產業，將可增加許多工作機會。
   - ■ 台灣的長照 2.0 政策特別強調社區照護，而穿戴式裝置，尤其是智慧紡織品舒適、負擔少，搭配政府政策會有很好的發展機會。雖然現在因為量少價格略高，但是在未來越來越普及之後，價格會漸漸能讓大眾負擔得起。
   - ■ 透過科技照顧好高齡者，可以降低年輕人的負擔，也是很棒的社會福利，讓台灣變得非常宜居。
   - ■ 相關法規可能會隨政黨輪替變化，是其中較大的風險，要特別花時間注意應變。

- 中美貿易大戰與新冠肺炎使台灣的 AIoT 產品有更多機會出現在美國及更多其他國家市場。

6. 從**法律的角度**看：

- 紡織產業綜合研究所註冊了許多專利，為了合法取得台灣智慧紡織品的技術，並在國外專利戰取得不敗地位，跟紡織產業綜合研究所談技術轉移是現在較好的辦法。
- 台灣的個資法與歐洲的 GDPR 是人工智慧搜集數據要注意的地方，感測器的數據送到雲端，如果涉及個人隱私，沒有客戶同意就可能觸法；GDPR 規定只能把歐盟居民的數據傳到歐洲當地的雲端伺服器，不能再傳到亞洲總部；歐盟居民也可以提出數據遺忘權的處理。
- 紡織品材料與製程若不環保，影響環境會觸犯環境相關法規。

7. 從**倫理的角度**看：

- 如在法律的角度所說，使用智慧紡織品的感測器傳遞數據到雲端分析涉及隱私權，必須取得使用者同意，但是因為跟健康照護有關，也是醫療相關的應用，對使用者有好處，相信阻力不大，大部分使用者都會樂意同意。
- 智慧紡織品比起智慧手錶更讓長者感受舒適，如果價格夠實惠，長者的使用意願會提高。若不能解決電力問題，必須常常充電，反而會降低長者的使用意願。
- 台灣的紡織產業替大品牌代工的名聲好，品質穩定，又有很棒的機能布技術，深獲大廠與消費者信任，是推動智慧紡織品很好的利基。

使用心智圖發想

心智圖是英國的東尼．博贊發明的一種輔助思考工具，透過一個主題出發，畫出相關聯的事物，就像心臟及其周邊的血管，故稱為「心智圖」。由於這種方式比單純的文字更加接近人思考的空間性想像，所以越來越常用於創造性思考。

用心智圖發想很符合人性，透過各階層一層一層的聯想與發想，可以找出很多可能性。在做產業分析時，心智圖是以主要品類為中心，結合 WHY ／ WHAT ／ WHO ／ WHEN ／ WHERE ／ HOW 六大構面來分析。下面案例可以讓大家有更深入的了解。

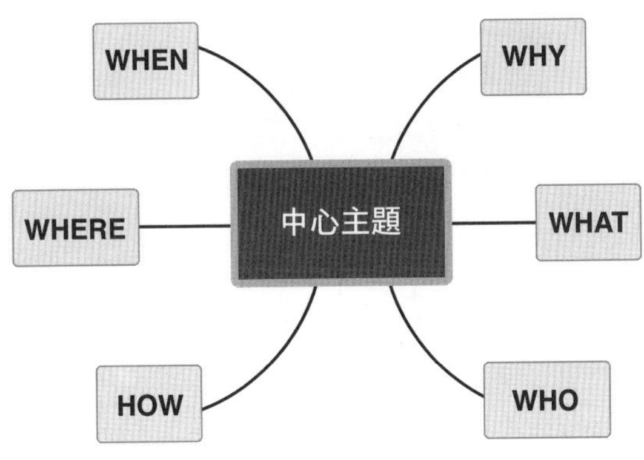

圖 3.4：使用心智圖發想（裴有恆製作）

案例：智慧紡織品的心智圖發想

智慧紡織品 WHY ／ WHAT ／ WHO ／ WHEN ／ WHERE ／ HOW 六大構面來發想的結果如下：

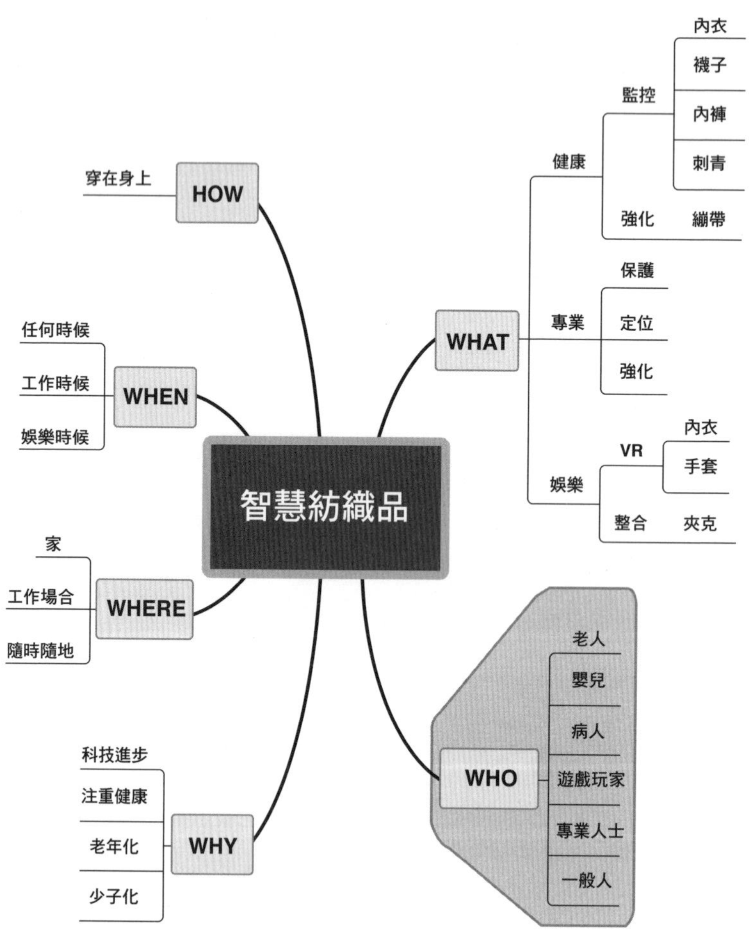

圖 3.5：智慧紡織品產品智慧化的機會之所在（裴有恆製作）

1. 從「為什麼 WHY」來看：智慧紡織品因為科技進步、注意身體健康、減少運動傷害、越來越看重養身的社會氛圍，以及老年化與少子化的社會趨勢，造成產品的需求。
2. 從「什麼 WHAT」的角度：智慧紡織品可以從娛樂、健康與專業三大面向切入。娛樂方面可搭配虛擬實境的內衣與手套來強化 VR 的身歷其境感受，並協助操作，或是整合資訊與娛樂的夾克；健康方面可以有生理監控與強化兩個方面，生理監控可以做內衣、內褲、襪子、刺青，強化的可以做繃帶。從專業使用者的需求看，可以做保護、定位與強化三類功能。
3. 從「誰 WHO」來看：生理監控的客戶有老人、病人、嬰兒及注重養生的人；娛樂用客戶有遊戲玩家跟一般人；專業用客戶是指相關專業人士。
4. 從「何時 WHEN」來看：需要生理監控的使用者有老人、病人、嬰兒，使用時間是任何時間：娛樂用的使用時間是想娛樂時；專業用的使用時間是工作時。
5. 從「何地 WHERE」來看：生理監控的使用場合是隨時隨地；娛樂用的使用場合可能在家中，也可能是特殊娛樂場合，當然也可能是任何地方；專業用的使用場合是工作場所。
6. 從「如何 HOW」來看：穿上智慧紡織品，系統就開始運作了。

使用工業 4.0 工具箱找出現有目標品類產品對應狀況

工業 4.0 工具箱是德國針對工業 4.0 設計的一套好用工具，一開始只針對產品與工廠內部兩種狀況，出了六層五階段的表格。現在有了多種格式，包含內部物流、感測器、物流、工程開發、商業模式，以及勞動力，這個我們會在附錄 D 介紹。工業 4.0 工具箱有六層，每層有五階：

層／階段	1	2	3	4	5
整合感測器[2]和致動器[3]	沒用到感測器與致動器	整合了感測器與致動器	感測器讀到的直接在設備端 IC 晶片上處理	感測器讀到的數據要以統計分析	設備獨立反應基於感測器被分析過的數據
聯網溝通	沒有連接網路	透過 I/O 方式連接出去	透過區域網路連接	透過工業網路連接	連接到網際網路
數據儲存與數據交換功能	無此功能	個別認證可能	產品有被動儲存	產品的儲存可以自動做數據交換	產品的數據交換是整體的一部分
監控的角度	無監控功能	監控失效	為診斷目的而記錄操作狀況	為了自身狀況做診斷	獨立採用控制量測
產品相關 IT 服務	沒有服務	透過線上門戶服務	服務執行直接透過產品	產品獨立表現服務	完整整合進 IT 服務架構
產品的商業模式	利潤從賣產品本身獲得	包含產品的銷售與諮詢	客製以符合客戶規格的銷售、諮詢與修改	賣產品相關加值服務	賣產品功能

表 3.3：工業 4.0 工具箱（產品格式）

資料來源 https://www.vdmashop.de/refs/VDMAGuidelineIndustrie40.pdf

---

2. 感測器是搜集數據的電子或半電子元件。半電子元件指必須透過生物或其他物質來做感測，再轉成電子訊號。
3. 致動器可以下命令使系統得到命令，然後可以依命令動作的元件。

案例：對智慧紡織品產業的工業 4.0 工具箱分析

由上一案例的心智圖得知，我們可以分別針對「虛擬實境用內衣及手套」、「智慧夾克」、「監控內衣、內褲、手套、襪子」、「智慧健康繃帶」，以及「專業領域客製化服裝」來做工業 4.0 工具箱標示。

1. 虛擬實境用內衣、手套的工業 4.0 工具箱標示

層／階段	1	2	3	4	5
整合感測器和致動器	沒用到感測器與致動器	整合了感測器與致動器	感測器讀到的直接在設備端 IC 晶片上處理	感測器讀到的數據要以統計分析	設備獨立反應基於感測器被分析過的數據
聯網溝通	沒有連接網路	透過 I/O 方式連接出去	透過區域網路連接	透過工業網路連接	連接到網際網路
數據儲存與數據交換功能	無此功能	個別認證可能	產品有被動儲存	產品的儲存可以自動做數據交換	產品的數據交換是整體的一部分
監控的角度	無監控功能	監控失效	為診斷的目的而記錄操作狀況	為了自身狀況做診斷	獨立採用控制量測
產品相關 IT 服務	沒有服務	透過線上門戶服務	服務執行直接透過產品	產品獨立表現服務	完整整合進 IT 服務架構
產品的商業模式	利潤從賣產品本身獲得	包含產品的銷售與諮詢	客製以符合客戶規格的銷售、諮詢與修改	賣產品相關加值服務	賣產品功能

圖 3.6：虛擬實境用內衣、手套的工業 4.0 工具箱標示

說明：虛擬實境用內衣及手套在整合感測器與致動器方面，可以搜集使用者的動作數據，上傳到雲端的伺服器。連網是透過智慧型手機，而且是被動的儲存數據。連網的目的是為了做日後分析，相關的 IT[4] 服務是獨立的，只考慮玩家的體驗，這也是其商業模式的重點。

---

4. Information Technology 資訊技術。

2. 智慧夾克的工業 4.0 工具箱標示

層／階段	1	2	3	4	5
整合感測器和致動器	沒用到感測器與致動器	整合了感測器與致動器	感測器讀到的直接在設備端 IC 晶片上處理	感測器讀到的數據要以統計分析	設備獨立反應基於感測器被分析過的數據
聯網溝通	沒有連接網路	透過 I/O 方式連接出去	透過區域網路連接	透過工業網路連接	連接到網際網路
數據儲存與數據交換功能	無此功能	個別認證可能	產品有被動儲存	產品的儲存可以自動做數據交換	產品的數據交換是整體的一部分
監控的角度	無監控功能	監控失效	為診斷目的而記錄操作狀況	為了自身狀況做診斷	獨立採用控制量測
產品相關 IT 服務	沒有服務	透過線上門戶服務	服務執行直接透過產品	產品獨立表現服務	完整整合進 IT 服務架構
產品的商業模式	利潤從賣產品本身獲得	包含產品的銷售與諮詢	客製以符合客戶規格的銷售、諮詢與修改	賣產品相關加值服務	賣產品功能

圖 3.7：智慧夾克的工業 4.0 工具箱標示

說明：在整合感測器與致動器方面，智慧夾克可以搜集使用者的動作數據，上傳到雲端的伺服器，連網是透過智慧型手機，而且是被動的儲存數據。連網的目的是為了做日後分析，相關的 IT 服務是獨立的，只考慮玩家的體驗，這也是其商業模式的重點。

3. 智慧健康監控內衣、內褲、手套、襪子的工業 4.0 工具箱標示

層／階段	1	2	3	4	5
整合感測器和致動器	沒用到感測器與致動器	整合了感測器與致動器	感測器讀到的直接在設備端 IC 晶片上處理	感測器讀到的數據要以統計分析	設備獨立反應基於感測器被分析過的數據
聯網溝通	沒有連接網路	透過 I/O 方式連接出去	透過區域網路連接	透過工業網路連接	連接到網際網路
數據儲存與數據交換功能	無此功能	個別認證可能	產品有被動儲存	產品的儲存可以自動做數據交換	產品的數據交換是整體的一部分
監控的角度	無監控功能	監控失效	為診斷目的而記錄操作狀況	為了自身狀況做診斷	獨立採用控制量測
產品相關 IT 服務	沒有服務	透過線上門戶服務	服務執行直接透過產品	產品獨立表現服務	完整整合進 IT 服務架構
產品的商業模式	利潤從賣產品本身獲得	包含產品的銷售與諮詢	客製以符合客戶規格的銷售、諮詢與修改	賣產品相關加值服務	賣產品功能

圖 3.8：智慧健康監控內衣、內褲、手套、襪子的工業 4.0 工具箱標示

說明：智慧監控紡織品，包含內衣、內褲、手套跟襪子，在整合感測器與致動器方面可以搜集使用者的生理數據與動作數據，上傳到雲端的伺服器。連網是透過智慧型手機，而且是被動的儲存數據，連網的目的是為了做日後分析，相關的 IT 服務要與整體架構一起考量，且需考慮系統整體運作，這也是其商業模式的重點。

4. 智慧健康繃帶的工業 4.0 工具箱標示

層／階段	1	2	3	4	5
整合感測器和致動器	沒用到感測器與致動器	整合了感測器與致動器	感測器讀到的直接在設備端 IC 晶片上處理	感測器讀到的數據要以統計分析	設備獨立反應基於感測器被分析過的數據
聯網溝通	沒有連接網路	透過 I/O 方式連接出去	透過區域網路連接	透過工業網路連接	連接到網際網路
數據儲存與數據交換功能	無此功能	個別認證可能	產品有被動儲存	產品的儲存可以自動做數據交換	產品的數據交換是整體的一部分
監控的角度	無監控功能	監控失效	為診斷目的而記錄操作狀況	為了自身狀況做診斷	獨立採用控制量測
產品相關 IT 服務	沒有服務	透過線上門戶服務	服務執行直接透過產品	產品獨立表現服務	完整整合進 IT 服務架構
產品的商業模式	利潤從賣產品本身獲得	包含產品的銷售與諮詢	客製以符合客戶規格的銷售、諮詢與修改	賣產品相關加值服務	賣產品功能

圖 3.9：智慧健康繃帶的工業 4.0 工具箱標示

說明：智慧繃帶具備止痛功能，在整合感測器與致動器方面，不只能搜集使用者的動作數據，還可以主動放電以紓緩疼痛[5]，上傳到雲端的伺服器。連網是透過智慧型手機，而且是被動的儲存數據，連網的目的是為了做診斷，相關的 IT 服務要與整體架構一起考量，且需考慮系統整體運作，這也是其商業模式的重點。

5.《改變世界的力量，台灣物聯網大商機》第二章案例十有類似案例可以參考。

5. 專業領域客製化服裝的工業 4.0 工具箱標示

層／階段	1	2	3	4	5
整合感測器和致動器	沒用到感測器與致動器	整合了感測器與致動器	感測器讀到的直接在設備端 IC 晶片上處理	感測器讀到的數據要以統計分析	設備獨立反應基於感測器被分析過的數據
聯網溝通	沒有連接網路	透過 I/O 方式連接出去	透過區域網路連接	透過工業網路連接	連接到網際網路
數據儲存與數據交換功能	無此功能	個別認證可能	產品有被動儲存	產品的儲存可以自動做數據交換	產品的數據交換是整體的一部分
監控的角度	無監控功能	監控失效	為診斷目的而記錄操作狀況	為了自身狀況做診斷	獨立採用控制量測
產品相關 IT 服務	沒有服務	透過線上門戶服務	服務執行直接透過產品	產品獨立表現服務	完整整合進 IT 服務架構
產品的商業模式	利潤從賣產品本身獲得	包含產品的銷售與諮詢	客製以符合客戶規格的銷售、諮詢與修改	賣產品相關加值服務	賣產品功能

圖 3.10：專業領域客製化服裝的工業 4.0 工具箱標示

說明：專業領域客製化服裝在整合感測器與致動器方面，不只直接處理使用者的動作數據，上傳到網路雲端的伺服器，它還跟前面的例子不一樣，產品要直接連到網路上，減少對智慧型手機的依賴，而且是被動的儲存數據。連網的目的是為了做診斷，相關的 IT 服務要考量客戶的服務，因此以單體方式賣給客戶，由客戶自己整合數據資料。

這些是針對所有已有產品的工業 4.0 工具箱發想，提供業者參考與更多思考。如果時間不夠，也可以針對主力產品線思考。

現有 AIoT 產品狀況盤點

工業 4.0 工具箱一般是用來標明實施狀況，特別是針對現狀跟想在未來達成的最終目標的差距，盤點起來狀況非常清楚。這裡依舊用自由紡織的智慧紡織品產品為例說明。

案例：智慧紡織品產品的現狀跟未來期望的工業 4.0 工具箱分析

以自由紡織的現有內衣產品，對應希望達到的前述智慧內衣產品，我們做了圖 3.11 的工業 4.0 工具箱標記。標在左邊的是現狀，標在右邊的是期望目標。

層／階段	1	2	3	4	5
整合感測器和致動器	沒用到感測器與致動器	整合了感測器與致動器	感測器讀到的直接在設備端 IC 晶片上處理	感測器讀到的數據要以統計分析	設備獨立反應基於感測器被分析過的數據
聯網溝通	沒有連接網路	透過 I/O 方式連接出去	透過區域網路連接	透過工業網路連接	連接到網際網路
數據儲存與數據交換功能	無此功能	個別認證可能	產品有被動儲存	產品的儲存可以自動做數據交換	產品的數據交換是整體的一部分
監控的角度	無監控功能	監控失效	為診斷目的而記錄操作狀況	為了自身狀況做診斷	獨立採用控制量測
產品相關 IT 服務	沒有服務	透過線上門戶服務	服務執行直接透過產品	產品獨立表現服務	完整整合進 IT 服務架構
產品的商業模式	利潤從賣產品本身獲得	包含產品的銷售與諮詢	客製以符合客戶規格的銷售、諮詢與修改	賣產品相關加值服務	賣產品功能

圖 3.11：自由紡織的產品現狀與期望目標（左邊細圈連線為現狀，右邊粗圈連線為期望目標），以工業 4.0 工具箱產品格式標示

說明：就工業 4.0 工具箱來看自由紡織產品的現狀，因為公司還沒導入智慧紡織品，但是已經具備機能紡織品能力。現有產品未使用感測器及連網裝置，產品若是衣服可以繡名字以展示個性化，不能監控生理狀態，不具整合 IT 的服務，最後，商業模式是單賣產品本體。

AIoT 產品未來的機會與發展潛力分析

做機會發展潛力分析需要創意，創意需要發散思考。發散思考鼓勵各種可能的想法，一般會用腦力激盪法。腦力激盪法有很多種，用 KJ 法來做腦力激盪以發散是其中之一。

以 KJ 法做腦力激盪的步驟如下：

第 1 步：每個人把想到的想法寫到便利貼上，一個人寫 n 個（如果有 m 個人，m×n>100，比較能出現有價值的想法）。

第 2 步：公布所有人的想法，並把想法分類。

第 3 步：根據已經整理好的想法再寫幾個想法，可以是延伸或是改善。

第 4 步：再分類這些想法。

KJ 法分類別只是為了方便整理，讓參與者可以根據其他已經發想出來的想法，找出更好的想法。

發散結束後要進行收斂。收斂是過濾大量的點子，找出可行的點子。較簡單的方法是先過濾一些非得遵從的條件，不符合的直接拿掉，剩下的再根據其他條件，以符合程度打分數排序，最後加權得到總分，用總分排序。以公司的能力確定能執行幾個案子，一般挑 1-2 個。為了讓大家了解，就以自由紡織的案例說明。

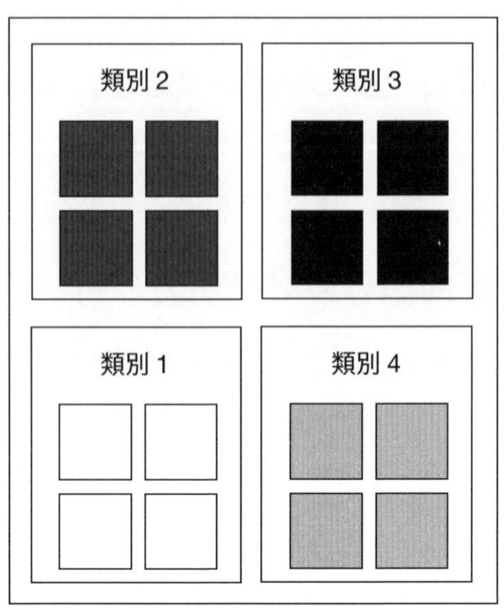

圖 3.12：KJ 法腦力激盪的呈現樣式，一般用白報紙顯示

案例：智慧紡織品未來的機會發想

發散用 KJ 法分類在此例中是從紡織品樣式和功能兩個方向發想，得到以下結論：

1. 紡織品樣式有內衣、胸罩、內褲、護墊、袖套、背心、手套、夾克、貼片、圍巾、頭套、帽子、護肘、護膝、上臂套、心跳帶、肚兜、衛生棉、手帕、頭巾、毛巾、吊帶褲、手腕套、小腿套、襪子、襪套、鞋子、雨鞋、耳罩、眼罩等。
2. 功能有心律偵測、血壓偵測、血氧偵測、血糖偵測、心電圖 ECG 偵測、運動偵測、體溫偵測、手機同步、對外傳訊、LED 亮燈、發熱、變冷、情境同步、保暖、防彈、彈性、方向指示、結合螢幕、投影、

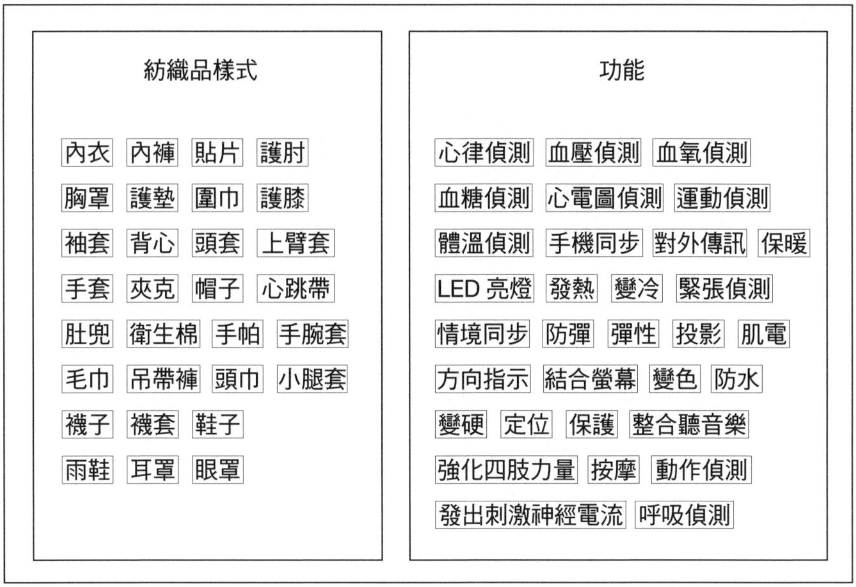

紡織品樣式	功能
內衣 內褲 貼片 護肘 胸罩 護墊 圍巾 護膝 袖套 背心 頭套 上臂套 手套 夾克 帽子 心跳帶 肚兜 衛生棉 手帕 手腕套 毛巾 吊帶褲 頭巾 小腿套 襪子 襪套 鞋子 雨鞋 耳罩 眼罩	心律偵測 血壓偵測 血氧偵測 血糖偵測 心電圖偵測 運動偵測 體溫偵測 手機同步 對外傳訊 保暖 LED 亮燈 發熱 變冷 緊張偵測 情境同步 防彈 彈性 投影 肌電 方向指示 結合螢幕 變色 防水 變硬 定位 保護 整合聽音樂 強化四肢力量 按摩 動作偵測 發出刺激神經電流 呼吸偵測

圖 3.13：KJ 法腦力激盪的智慧紡織結果海報

變色、防水、變硬、定位、保護、整合聽音樂、強化四肢力量、按摩、發出刺激神經電流、動作偵測、呼吸偵測、肌電偵測與緊張偵測等。

這兩區的東西可以交互作用，產生智慧紡織產品。

接下來做收斂，首先要將紡織品樣式與功能整合成真正的產品。在整合的過程中，我們先用符合「公司做衣服為主的策略」與「市場夠大可以賺到錢」兩個條件過濾，不符合的就拿掉，然後用「技術可行性」、「競爭優勢」、「商業成功機率」及「投資報酬率」做排序。得出結果如表 3.4。

智慧紡織品功能組合	技術可行性	競爭優勢	商業成功機率	投資報酬率	總和	排序
心律 ECG 偵測	10	9	8	9	36	3
呼吸動作	9	9	8	9	35	5
體溫偵測＆動作偵測	10	8	8	9	35	5
血氧偵測	1	8	3	3	15	12
肌電偵測	10	10	8	9	37	1
緊張程度反應及處理建議	10	10	8	9	37	1
血糖偵測	1	2	5	10	18	11
結合虛擬實境 VR 頭戴裝置，創造虛擬情境	10	5	8	8	31	6
結合音樂播放	10	3	4	5	22	8
結合智慧型手機動作	10	4	4	4	22	8
定位使用者位置，結合運動	10	7	6	8	22	8
主動發熱降溫	10	3	6	6	25	7

表 3.4：收斂討論最後結果的評分表

最終排序的結果是幾類產品比較有市場：心律偵測紡織品可以偵測血壓、心顫、心肌梗塞、心臟疾病；呼吸動作紡織品可以偵測呼吸狀況；其他的紡織品還有緊張程度反應、體溫偵測與動作偵測、血糖偵測、結合 VR 頭戴裝置創造虛擬情境的紡織品，結合音樂播放的紡織品，結合智慧型手機的紡織品，可定位使用者位置的紡織品，主動發熱降溫的紡織品，而排序討論結果如圖顯示。心律 ECG 偵測紡織品＋緊張偵測、肌電偵測、體溫偵測與動作偵測紡織品為評分的前幾名，被選為我們智慧內衣的主要功能。

AIoT 產品的商業發展潛力與利益

講到商業發展潛力與利益，首先會想到的工具是「商業模式圖」，這是一套檢視並開發商業模式的工具，出自《獲利世代》一書。這個商業模式圖有九個格子，所以又被稱為商業模式九宮格。另外，針對商業模式九宮格中最重要的價值主張有另外一個工具，是《價值主張年代》一書中的「價值主張圖」[6]。

在製作商業模式圖時，首先要選定客戶區隔，確定客戶是誰；然後針對選定的客戶提供價值主張。客戶會買單是因為產品或服務可以滿足他的需求，解決他的痛點，或是完成他想完成的任務。這需要透過客戶關係維護，也就是行銷的吸力；通路是能將訊息或產品推到客戶端的推力；客戶因此購入或租賃產品或服務，這就是賺錢的方式。

要成就這樣的價值主張、行銷的吸力與推力，讓客戶認同買單，組織內部要有對應的關鍵資源與活動，而在 AIoT 時代，還必須在物聯網系統中有合作的關鍵夥伴，包含物聯網多層架構的價值鏈成員。

資源、活動、夥伴，往往必須花費成本才能得到。

價值主張圖的右邊是「顧客素描」，有「獲益」、「痛點」與「顧客任務」三個部分，「獲益」是講客戶想要獲得的好處，「痛點」是客戶不除不快的問題，而「顧客任務」是客戶想完成的工作。常常我們問客戶需要什麼，客戶答不出來，或他想的是已經知道的東西。福特汽車的創辦人亨利．福特（Henry Ford）曾說：「如果我問客戶需要什麼，他們會說我需要跑很快的馬。」但是問客戶想達成的最終任務，客戶可以做更清楚的描述。以福特的例子而言，客戶需要的是很快地從甲地移動到乙

6. 商業模式圖及價值主張圖的表格請參考《獲利世代》與《價值主張年代》二書。

地。

要做顧客素描就要實地去訪談客戶，了解客戶。針對設定的客群設計問卷，然後做訪談。訪談的目的是找出客戶現在的痛點、想要的獲益，以及想要達成的任務。

案例：智慧紡織品的商業模式分析與價值主張

之前案例中的智慧紡織產品是針對有呼吸中止症的病人、有心律問題的病人，以及長者，關鍵夥伴是醫院、保險公司、合作平台、大數據分析公司，以及硬體設計公司。[7]

透過客戶訪談才會知道他的關鍵價值主張。本例的客戶訪談發現以下獲益、痛點及顧客任務：

1. 獲益：
   - 想要量測客戶父母的身體狀況，並且將狀況傳給客戶知道。
   - 醫療院所專家的分析。
   - 想量測心律。
   - 想測試睡眠品質。
   - 想要舒服的衣服。
   - 要能常常換洗衣服。
2. 痛點：
   - 長者容易跌倒。
   - 無法預防打鼾引起的呼吸中止症。

7. 對應案例的商業模式圖及價值主張圖細節，請參考《白話 AIoT 數位轉型》第 2.2.4 節，以及圖 2.18 和圖 2.28。

- ■ 智慧裝置每天需要充電，很麻煩。
- ■ 螢幕小不適合長者使用。
- ■ 擔心父母的健康。

3. 顧客任務：

- ■ 安穩的睡眠。
- ■ 知道父母的身體狀況。

因此對應的解方有：

1. 獲益引擎：

- ■ 將客戶父母的身體狀況傳給客戶。
- ■ 獲得醫療院所專家的分析。
- ■ 量測心跳、睡眠狀態。
- ■ 衣服能常常換洗、舒服。

2. 痛點解方：

- ■ 發現跌倒時立刻通知客戶。
- ■ 在呼吸中止症出現時警告。
- ■ 智慧裝置充電一次可以用很久。
- ■ 直接對應手機 APP 大字顯示。
- ■ 兒女透過 APP 得知父母的生理資訊。

3. 產品或服務：

- ■ 具備量測呼吸、心跳、姿勢異常、體溫、流汗狀況的智慧衣。
- ■ 搭配手機上主動告知狀況或警告的 APP。

故對應的商業模式會有以下價值主張：

1. 偵測運動狀況、呼吸動作、體溫偵測、肌電偵測、ECG 與緊張狀況偵測，以監控使用者生理狀況，將偵測到的狀況分析後，提出建議或推薦。

2. 在呼吸不正常時由智慧型手機發出警告。

3. 不用常常充電。

4. 給長者大字顯示的 APP。

5. 舒適，能常換洗。

6. 能量測睡眠、心跳狀況。

確認 AIoT 產品的結構

這節會介紹 AIoT 架構圖（圖 3.14）。AIoT 架構圖有實體層，也就是設備本體，包含家庭用品、生活用品、交通載具、醫療器材、學習媒介，以及一般基礎設施等等，內含各種感知器與網路傳輸器。感知器會填到感知層中，它們透過感知技術獲得數據。感知技術還分為環境感知、情境感等等一般的感知技術，以及辨識技術，包含影像辨識、文字辨識、一維或二維條碼辨識、RFID 辨識等等，另外還有更進一步的多媒體動作辨識分析。這些數據會透過網路傳輸器傳到雲端，顯示在網路層中。傳輸方式有無線通訊、有線通訊，以及傳輸時需考量網路安全以及多媒體需多考慮數位串流等等技術。傳到雲端伺服器群之後，平台層會將這些數據做雲端計算及人工智慧分析，甚至可能透過區塊鏈做認證，然後開始各類應用。

應用層	
平台層	
網路層	
感知層	
實體層	

圖 3.14：AIOT 架構圖（裴有恆製）

案例：智慧紡織品應用時的 AIoT 架構與價值藍圖

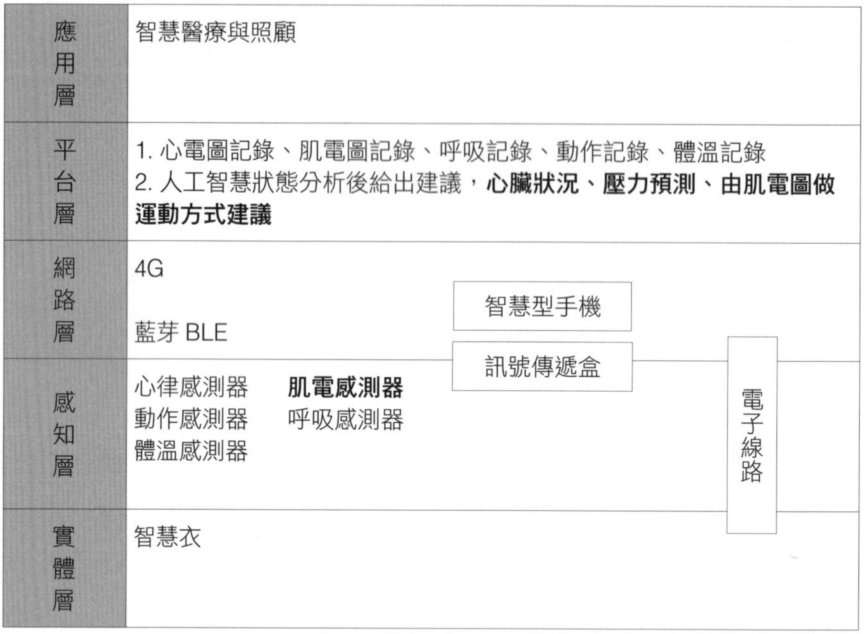

應用層	智慧醫療與照顧
平台層	1. 心電圖記錄、肌電圖記錄、呼吸記錄、動作記錄、體溫記錄 2. 人工智慧狀態分析後給出建議，**心臟狀況、壓力預測、由肌電圖做運動方式建議**
網路層	4G 藍芽 BLE 智慧型手機 訊號傳遞盒
感知層	心律感測器　**肌電感測器** 動作感測器　呼吸感測器 體溫感測器 電子線路
實體層	智慧衣

圖 3.15：智慧紡織品的 AIOT 架構圖

例子中的這套 AIoT 架構規劃，最後得到的結論如現在的圖，透過心律感測器與肌電感測器搜集心律與肌電數據，透過藍芽傳到智慧型手機，再由智慧型手機傳給平台層記錄心電圖與肌電狀況，再用人工智慧分析，最後依照分析結果，給予運動方式建議。架構看起來很不錯，不過很多東西需要跟夥伴一起合作。

要注意的是，客戶需要的是整套服務方案，不光是單一的智慧紡織品。整個服務生態系有感測器廠商、電子線路板合作商、整合平台，及人工智慧合作商，大家一起產生服務，然後透過保險公司跟醫院合作，把服務銷售出去。比較需要注意的是評估哪些廠商適合合作？為什麼生態系的廠商們會認真合作？這裡必須好好檢視，讓生態系的夥伴都能獲利，這個價值鏈才能正常運作。

AIoT 產品可行性研究

完成前面的分析後，接下來要做可行性研究。因為這是新事業，有很多東西對主管來說尚不熟悉，這時候必須做一些初步評估，已確定這個點子是否值得落實，確定可落實，才有更好的依據投入大量資源。這裡可以從「市場需求」、「工程技術可行性」、「成本」、「財務」及「AIoT 專案的衝擊」來考量。接下來以自由紡織的案例來說明。

項目	描述	動作	負責部門	到期時間
市場需求				
工程技術可行性				
成本				
財務				
新產品專案的衝擊				

表 3.5：可行性評估討論記錄表格

案例：智慧紡織品的可行性評估

針對自由紡織在智慧紡織品的新產品，其可行性評估要從市場需求、工程技術可行性、成本、財務與新產品專案的衝擊來分析。

1. 市場需求

項目	描述	動作	負責部門	到期時間
市場需求				
1	長者需求的市場夠大嗎？是否正在擴大中？	確認長者有需求、相關市場大小、是否持續擴大。	行銷	
2	心臟相關疾病病人的市場夠大嗎？是否正在擴大中？	確認心臟疾病相關市場大小、是否持續擴大。	行銷	
3	擔心因緊張引起疾病想要常常監控的市場大小夠嗎？是否正在擴大中？	確認緊張相關的市場大小、是否持續擴大。	行銷	
4	運動員對肌電偵測的接受度大嗎？是否正在擴大中？	以世界角度看，接受度擴大中，市場越來越大。	行銷	
5	上市時間與市場的搭配	確認何時可以上市，預估那時市場的大小。	行銷	

表 3.6：可行性評估討論記錄表單，填入市場需求

■ 市場規模確認：

➢ 設定的終端客戶是長者、呼吸中止者患者、心臟相關疾病患者、在乎自身緊張引起身體狀況的人，以及想得到更佳成績的運動員，在事前已跟使用者做過訪談，確認需求的存在，只是不確定市場大小，所以必須找出相關資訊，以確認這個市場的規模。

➢ 台灣預計在 2025 到 2026 年之間進入超高齡社會，而現在又有少子化的趨勢，年輕人變少，老年人變多，這樣的產品剛好符合時代需求。

■ 還有一項很大的考量：上市時間與產品品質否能配合，只要產品符合消費者的口味，就可以獲得不錯的收入。

■ 這是自由紡織股份有限公司智慧紡織品的第一棒，這款產品可以成為公司前進 AIoT 領域的領頭羊。先具備了相關技術與生產能力，並引導消費者認知我們的產品，日後就有擴大銷售的可能性。

■ 上市時間與市場的搭配：上市時間與市場接受度很有關，上市太早或太晚，都會導致銷量不佳。

2. 工程技術

項目	描述	動作	負責部門	到期時間
工程技術可行性				
1	智慧紡織相關技術	跟紡織產業綜合研究所學習	產研	
2	電子件的熟悉度	跟電子廠商合作	產研	
3	機器設備建置包含 AIoT 考量	根據設計選定本地端機器設備	產研	
4	跟平台合作	跟大平台討論合作	產研	
5	高素質人力加入公司的意願	找到可以協助公司強化智慧紡織能力的高素質人才	人資	
6	專利	相關專利列表，以及可能侵犯他人專利時的對策	產研	

表 3.7：可行性評估討論記錄表單，填入工程技術可行性

- 智慧紡織相關技術：因為過去沒有經驗，自由紡織股份有限公司必須尋找外援。台灣的紡織產業綜合研究所在這方面具備的能力很強，因此找談技術轉移合作。
- 電子件的熟悉度：紡織業是傳統產業，不熟悉電子與網路如何與智慧衣整合，必須尋找電子廠商討論合作；為了這些新技術，原來的工廠要添增新設備；電子通訊零件需要外包。
- 物聯網是整套系統，產品必須要能跟平台合作，而且需要用平台的資源做人工智慧分析。缺乏資源就去尋找合作夥伴，不要什麼都想自己做。
- 人才：公司有這樣的人才嗎？是否需要外聘？外聘人才如何願意為我們效勞？自由紡織股份有限公司是傳統產業，不容易吸引到高科技人才，需要製造薪資或股票等方面的誘因。

■ 專利：洞察相關專利，看如何推出產品又不侵犯他人專利，最好可以破解專利。

3. 成本

項目	描述	動作	負責部門	到期時間
成本				
1	紡織產業綜合研究所的技術移轉價格	跟紡織產業綜合研究所討論	產研	
2	與電子廠商合作的相關成本	找電子廠商洽談規格與合作拆帳	產研	
3	生產機器設備費用	找廠商估價生產機器設備，確認費用	製造	
4	外部人才聘雇費用	衡量公司願意支付的薪水、聘雇人員願意接受的薪資條件與業界水準	人資	
5	內部人才調用與訓練	確認內部人才，決定訓練方式，以及相關訓練費用	人資	
6	研發設計機器設備費用	找廠商估價研發設計機器設備，確認費用	產研	

表 3.8：可行性評估討論記錄表單，填入成本

■ 智慧紡織技術移轉價格：與紡織產業綜合研究所談技術移轉，相關金額與合約要清楚估算。

■ 電子廠商合作成本估算：找電子廠商洽談規格與合作拆帳的相關合約要估算清楚，並把權利義務考慮在合約中。

■ 生產機器設備費用：現有廠房與設備要生產製造智慧紡織品會有

困難。所以跟紡織產業綜合所談技術移轉時，也要相談什麼廠商較適合做機器設備，並且請相關設備廠商估價。

■ 外部人才聘雇費用及內部人才調用與訓練：公司可能沒有相關人才，要先部屬相關人力，看哪些人才要外聘，哪些人才可以內尋。找到的人才也必須安排相關訓練，都需要費用。另外要考慮業界相關人才的薪資水準。

■ 研發設計機器設備費用：估算設計機器設備，才有辦法做相關開發。

4. 財務

項目	描述	動作	負責部門	到期時間
財務				
1	投入資金	需要多少投入資金？	財務	
2	資金來源	確認多少自有資金，多少銀行貸款，是否可以結合政府補助？可獲得多少補助款項？	財務	
3	投資報酬率	計算這個案子的投資報酬率（ROI）	財務 + 產研	
4	投資整體吸引力	確認長期的投資整體回收期、未來發展潛力	財務 + 產研	

表 3.9：可行性評估討論記錄表單，填入財務

以財務的觀點要考慮四個面向：投入資金、資金來源、投資報酬率、投資的整體吸引力：

■ 投入資金：要小心估算投入資金。雖然是巨額花費，但是對自由紡織股份有限公司代表了未來的希望。

- 資金來源：這些資金怎麼來，哪些銀行願意貸款，有什麼條件，可以參與哪些政府的輔助專案，這類資金都需要規劃。
- 投資報酬率：第一款產品能賣出多少件，獲利多少，跟投入的資本結合來看的投資報酬率 ROI 是多少，都必須估算清楚，才能做好更多的計畫。
- 投資整體吸引力：觀察長期獲利、未來的發展潛力，也就是確認長期的投資整體回收期、未來發展潛力。

5. 專案

項目	描述	動作	負責部門	到期時間
新產品專案的衝擊				
1	人力、設備資源排擠效應	確認公司營運在設備、人力、相關資源上都能運籌無礙	產研 + 製造	
2	重新安排現有廠房與機台	規劃廠房機台與新機台結合	製造	
3	擴廠計畫	確認智慧紡織品的擴廠計畫	製造	
4	第一次要跟生態系廠商多方合作造成的衝擊	生態系廠商多方合作造成的人力、設備、費用的衝擊	產研	
5	生態系廠商合作的意願與組合	確認每個廠商都願意合作	產研	

表 3.10：可行性評估討論記錄表單，填入專案

- ■ 人力、設備資源排擠效應：新專案會衝擊到自由紡織股份公司的現有專案人力、設備及相關方面，尤其是產品研發人力及生產設備。因此產品研發與製造部門要盤點，到底衝擊到什麼部分？可以如何因應？
- ■ 現有廠房與機台的重新安排及擴廠計畫：自由紡織股份有限公司現有機房正在做很多舊產品。現在要增加一條新產線，廠房機台如何與新機台結合、重新安排，就會是計畫的重點。重點是有效利用現有廠房，盡可能不排擠到現有其他產線的產能。另外，一旦智慧紡織品的需求很大，就需要考慮擴廠計畫。
- ■ 跟生態系廠商多方合作造成的衝擊，以及生態系廠商的合作意願：自由紡織股份有限公司第一次做智慧紡織品，而且要跟電子業、雲端人工智慧廠商、紡織產業綜合研究所合作，要整理自家工廠之前，必須先評估這樣的多方合作會對公司造成多大的衝擊，需要多少額外人才、設備與費用。這方面要進更進一步評估，了解更多資訊，而且要與廠商洽談一段時間，才能確認合作。

總表

項目	描述	動作	負責部門	到期時間
市場需求				
1	長者需求的市場夠大嗎？是否正在擴大中？	確認長者有需求、相關市場大小、是否持續擴大。	行銷	
2	心臟相關疾病病人的市場夠大嗎？是否正在擴大中？	確認心臟疾病相關市場大小、是否持續擴大。	行銷	
3	擔心因緊張引起疾病想要常常監控的市場大小夠嗎？是否正在擴大中？	確認緊張相關的市場大小、是否持續擴大。	行銷	
4	運動員對肌電偵測的接受度大嗎？是否正在擴大中？	以世界角度看，接受度擴大中，市場越來越大。	行銷	
5	上市時間與市場的搭配	確認何時可以上市，預估那時市場的大小。	行銷	
工程技術可行性				
1	智慧紡織相關技術	跟紡織產業綜合研究所學習	產研	
2	電子件的熟悉度	跟電子廠商合作	產研	
3	機器設備建置包含 AIoT 考量	根據設計選定本地端機器設備	產研	
4	跟平台合作	跟 S-CARE 討論合作	產研	
5	高素質人力加入公司的意願	找到可以協助公司強化智慧紡織能力的高素質人才	人資	
6	自建電子通訊工程團隊的可能性	跟紡織產業綜合研究所討論可行性，自組團隊，或從業界挖人才，或由團隊來評估各種方案	產研	

成本				
1	紡織產業綜合研究所技術移轉的價格	跟紡織產業綜合研究所討論	產研	
2	電子廠商合作相關成本	找電子廠商洽談規格與合作拆帳	產研	
3	生產機器設備費用	生產機器設備找廠商估價，確認費用	製造	
4	人才聘雇費用	評估公司願意支付、聘僱人員願意加入的薪資條件與業界水準	人資	
5	內部人才調用與訓練	確認內部人才，決定訓練方式，以及相關訓練費用	人資	
6	研發設計機器設備費用	研發設計機器設備找廠商估價，確認費用	產研	
財務				
1	投入資金	需要多少投入資金	財務	
2	資金來源	確認有多少自有資金，多少銀行貸款，是否可以結合政府補助，補助款項可以多少。	財務	
3	投資報酬率	這個案子的投資報酬率 ROI	財務 + 產研	
4	投資整體吸引力	確認長期的投資整體回收期、未來發展潛力	財務 + 產研	
新產品專案的衝擊				
1.	人力、設備資源排擠效應	確認公司營運，設備、人力、相關資源都能運籌無礙	產研 + 製造	
2	重新安排現有廠房與機台	做廠房機台與新機台結合的安排計畫	製造	

3	擴廠計畫	確認智慧紡織品擴廠計畫	製造	
4	第一次跟生態系廠商多方合作造成的衝擊	與生態系廠商多方合作，對人力、設備、費用造成的衝擊	產研	
5	生態系廠商的合作意願與組合	確認每個廠商都願意跟合作	產研	

表 3.11：可行性評估的所有構面討論記錄

總結

本章針對智慧產品開發策略規劃提出六大步驟，這些步驟的目的是：

1. 剖析產業生態：透過產業價值鏈、產業生態分析的結果，搭配產品構面的工業 4.0 工具箱的指引，深入探討產業 AIoT 產品的機會所在。
2. 以圖解方式盤點現有 AIoT 產品的狀況與程度。
3. 分析 AIoT 產品未來智慧化的機會與未來發展潛力，繪製 AIoT 產品的目標輪廓圖（具備標示）。
4. 探討並確認 AIoT 產品是否具有商業的潛力與利益。
5. 確認 AIoT 產品工程的領域與結構。
6. 確認 AIoT 產品的專案是否可行。

走完這 6 大步驟，就可以找出適合的產品構想，完成計畫。落實的流程會在第 7 至第 11 章說明，各位可以就自己的需求讀取相關章節。

第 4 章

訂定智慧場域策略計畫

場域的智慧化

辦公室、工廠、農地與實體零售店舖，這類的場域要有智慧，可以透過布建感測器搜集數據，然後在雲端訓練人工智慧模型，直接在雲端反應，或布建到終端反應其智慧模型結果。

但是往往不是只在單一場域布建感測器，搜集數據建模就可以達成，還要搭配系統的其他數據，並整合其他場域的數據，才能有更完整的洞見。

數位轉型的終極做法是整合公司內生產、銷售、人力資源管理、研發、財務，各大功能的數據，然後建立一個應用公司整體數據最有效的模型，讓效率達到最大化，甚至可以創造以前沒能想到的新商機。

另外，就整個生態系價值鏈而言，生態系企業內的數據也可以共享，然後達成串接 AI 模型，達成最佳效率。

數據計畫

要做數據串接，數據計畫表是很重要的工具。

要做數據計畫之前需了解，數據就型態而言有結構化與非結構化（包含半結構化）數據。結構化數據是指資料庫內部直接可以存取的文字或符號資料；非結構化數據就是沒有結構的數據，例如影像、聲音、影片及網頁資料（網頁資料需要經過處理才能進入資料庫，所以一般叫它半結構化資料）。資料的來源可以分為組織內部與組織外部。

數據	內部	外部
非結構化		
結構化		

表 4.1：數據計畫表

舉例來說，內部的非結構化資料會有攝影機取得的影像及影片，外部的非結構化資料會有網路社群的評論；內部的結構化資料會有會員資料，外部的結構化資料會有政府機構數據。根據商業模式與整體流程的了解，協助我們完成數據計畫。

接下來以自由紡織直營店的零售數據計畫為例，協助大家更進一步了解。

案例：自由紡織直營店的零售數據計畫

零售業要知道客戶動向，掌握數據建模，了解消費者習慣，增加客戶的來店購買率，而且這些事越來越重要。物聯網可以了解客戶的到店行為，APP、網頁等線上數據可以與線下數據整合，做出更精確的預估模型，提供客戶更好的服務。表 4.2 是自由紡織直營店群的數據計畫。

數據計畫	內部	外部
非結構化	網頁導航、Call center 記錄、Chat bot 對話、產品銷售日誌、IoT 感測器數據、客戶影像分析、公司網頁評論	支付記錄、天氣數據、社群媒體情緒、線上媒體評論
結構化	會員基本資料、物流數據、Kiosk／APP 數據、交易數據、滿意度調查	政府靜態數據（納稅、人口資料）、其他合作機構的數據、交通數據

表 4.2：自由紡織直營店的數據規劃表

這張數據計畫針對了自由紡織的未來目標：了解會員客戶線上（網路虛擬世界）與線下的行為，並據以整合，希望產生價值。是在整合盤點現在已經做，或計畫要做的線上與線下獲取資料的機制。因為不確定 IoT 的感測器最後有哪幾種，所以先用 IoT 感測器做代表，不過這裡的 IoT 感測器不含數位攝影機數據。

智慧場域規劃

須先在場域中架設 IoT 感測器與攝影機等感測設備，才能獲取數據。

智慧場域中的數據規劃流程如圖 4.1，有 5 個步驟：

步驟 1：盤點現有狀況。

步驟 2：設計系統架構。

步驟 3：確認策略。

步驟 4：確認服務流程。

步驟 5：預估專案實作需求。

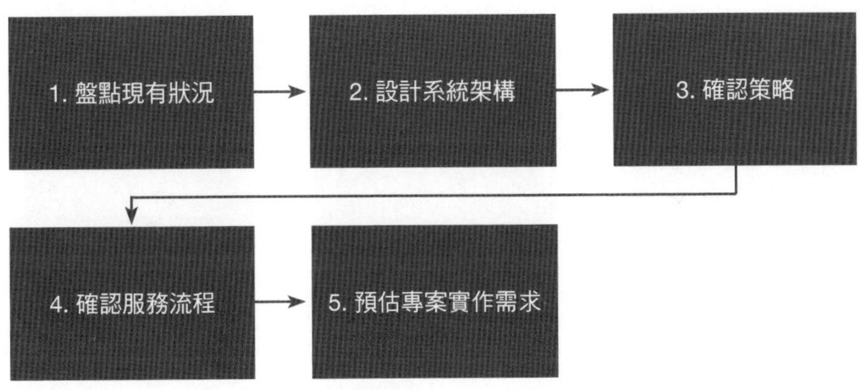

圖 4.1：智慧場域中的數據獲取規劃流程

盤點現有工廠狀況

第一步是盤點現有狀況。德國的工業 4.0 工具箱是一套很好的工具，之前在第 2 章講過產品版的做法，這裡要介紹的是製造格式版本。這樣的工具可以轉換到很多種場域，我在做企業輔導時，就是用這套工具轉換成各場域的版本，協助企業盤點現有場域狀況。（附錄 D 中提供了多個工具箱在多種用途上的版本，有需要的朋友可以自行參考。）

工業 4.0 工具箱製造格式版是專門用來看智慧生產的等級狀況，有六層，每層有五階（表 4.3）。在很多場域中，第 1 到第 5 層可以直接使用，但是第 6 層必須轉換；第 1 階到第 5 階的第 1 階代表沒有做，第 5 階是現有知道方法的最佳做法。

層／階段	1	2	3	4	5
生產中的數據處理	沒用到數據	儲存數據以當作文件	分析數據以監控流程	評估做為流程計畫／控制用	自動流程計畫／控制
機器與機器溝通	沒有溝通	現場匯流排接口	透過工業網路連接	機器接觸到網際網路	Web 網路服務（以 M2M 軟體）
全公司與製造聯網	製造沒有跟其他的事業單位有網路連接	訊息交流通過郵件／電信	統一數據格式和規則用於數據交換	統一數據格式和跨部門連接的數據伺服器	跨部門，完全網路化的 IT 解決方案
ICT 在生產的基礎建設的角度	訊息交流通過郵件／電信	有生產用的中心數據伺服器	基於網際網路有數據的門戶網站分享	自動化訊息交換	供應商跟客戶完全整合入流程設計
人機界面	人員與機器間沒有資訊交換	使用當地的使用者介面	集中／分散生產監測／控制	使用行動的使用者介面	擴增實境協助
小批量產品的效率	以小部分相同的零件和剛性生產系統	以同樣的零件做到彈性生產系統	彈性生產結合產品的模組化設計	在公司內元件驅動，彈性生產模組化產品	在加值網路內元件驅動模組化生產

表 4.3：工業 4.0 工具箱（製造格式）

資料來源 https://www.vdmashop.de/refs/VDMAGuidelineIndustrie40.pdf

案例：自由紡織品的狀況評估

這裡依然以自由紡織為例。在生產中的數據處理方面，自由紡織的工廠有搜集數據做產線生產分析；在機器與機器溝通方面，這間工廠做到生產匯流排連接；在全公司與製造聯網方面，訊息交流是透過郵件／電信；以 ICT 在生產的基礎建設的角度看，這間工廠有生產用的中心數據伺服器；在人機介面上，這間工廠有在工廠中使用的電腦，使用的是電腦的介面；在小批量產品的效率上，它現在是大量生產的剛性系統。

自由紡織公司的未來目標是把行銷與銷售部門的數據與生產的數據連接整合，這樣就可以根據行銷與銷售訂單數據來做生產。行銷有官網和實體店面的數據，加上整合分析，結合生產的數據系統，就可以做更精確而有效率的處理。

行銷部門要讓客戶能夠看到我們的生產狀況，這樣客戶對訂單就有信心。特別是現在客戶常常出現多樣少量的訂單，採購往往很難符合需求。希望透過模組化設計，結合彈性生產，來解決這個問題。

在生產中的數據處理方面，將行銷與銷售訂單的分析與工廠生產結合，用來評估流程計畫／控制；在機器與機器溝通方面，為了讓客戶可以看到生產數據，必須讓工廠連接網際網路以傳出生產數據，客戶可以在平板上看到生產狀態；在全公司與製造連網方面，為了讓行銷銷售與生產製造部門能夠數據整合，至少要統一數據格式和擁有跨部門連接的數據伺服器；以 ICT 在生產的基礎建設的角度來看，要能傳出生產數據，好讓客戶在平板或手機上看見生產狀態，也就是說，在人機介面上要做到客戶可以用平板或手機看；在小批量產品的效率上，至少要做到彈性生產結合產品的模組化設計，才能達到想要的成果。

層／階段	1	2	3	4	5
生產中的數據處理	沒用到數據	儲存數據以當作文件	分析數據以監控流程	評估做為流程計畫／控制用	自動流程計畫／控制
機器與機器溝通	沒有溝通	現場匯流排接口	透過工業網路連接	機器接觸到網際網路	Web 網路服務（以 M2M 軟體）
全公司與製造聯網	製造沒有跟其他的事業單位有網路連接	訊息交流通過郵件／電信	統一數據格式和規則用於數據交換	統一數據格式和跨部門連接的數據伺服器	跨部門，完全網路化的 IT 解決方案
ICT 在生產的基礎建設的角度	訊息交流通過郵件／電信	有生產用的中心數據伺服器	基於網際網路有數據的門戶網站分享	自動化訊息交換	供應商跟客戶完全整合入流程設計
人機界面	人員與機器間沒有資訊交換	使用當地的使用者介面	集中／分散生產監測／控制	使用行動的使用者介面	擴增實境協助
小批量產品的效率	以小部分相同的零件和剛性生產系統	以同樣的零件做到彈性生產系統	彈性生產結合產品的模組化設計	在公司內元件驅動，彈性生產模組化產品	在加值網路內元件驅動模組化生產

圖 4.2：自由紡織股份有限公司的工廠現狀與期望目標，以工業 4.0 工具箱製造格式標示（左邊細圈連線為現狀，右邊灰底連線為期望目標）

AIOT 架構設計

第二步驟是系統架構設計，這裡要用 AIoT 架構圖。

應用層	
平台層	
網路層	
感知層	
實體層	

圖 4.3：AIOT 架構圖（裴有恆製）

這裡的 AIoT 架構圖同第 3 章的圖 3.14，不過在第 3 章是用來規劃產品未來跟生態系合作的使用場域，這裡要規劃真正的使用場景該有的架構。一樣有實體層，也就是設備本體，包含工廠機器、IPCAM 網路攝影機、機器人、零售端有 Kiosk、POS 設備等，內含各種感知器與網路傳輸器。感知器會放到感知層中，它們透過感知技術獲得數據，這裡的感知技術還分為環境感知、情境感知等一般感知技術，以及辨識技術，包含影像辨識、文字辨識、一維或二維條碼辨識、RFID 辨識等，另外還有更進一步的多媒體動作辨識分析。這些數據會透過網路傳輸器傳到雲端，顯示在網路層中。傳輸的方式有無線通訊、有線通訊，傳輸

時需考量網路安全，以及多媒體需多考慮數位串流等技術。傳到雲端伺服器群之後，平台層會將在雲端計算這些數據，並做人工智慧分析，甚至可以透過區塊鏈做認證，然後開始各類應用。因為思考的出發點不同，架構完成的結果，會是找廠商來協助完成。

案例：自由紡織股份有限公司工廠與零售的 AIoT 架構

自由紡織股份有限公司的新廠做的 AIoT 架構規劃如圖 4.4。

應用層	智慧製造
平台層	1. AI 影像辨識，挑出不良品。 2. 以圖形顯示搜集到的數據，做判斷分析。 3. 搜集 PLC &震動、溫度及聲音數據，預估機器預訂保養時間點。 4. 製造模式最佳化。 5. 彈性生產，以對應客戶少量多樣的需求。
網路層	Cable（Ethernet/TCPIP） RJ45 Cable（Ethercat） BLE Wi-Fi
	訊號傳遞盒
感知層	影像辨識 震動、溫度、噪音感測 Barcode/RFID 讀取器
	Smart box
實體層	攝影機 Barcode/RFID 標籤 震動、溫度、噪音感測器

圖 4.4：自由紡織股份有限公司工廠的智慧製造 AIOT 架構圖

這次工廠的工業 4.0 升級針對已升級到工業 3.0 的新建紡織廠，升級計畫分為五個階段：

- 第一階段利用人工智慧的影像辨識，挑出產線上的不良品；第二階段先增加感測器以搜集數據，以圖形顯示搜集到的結果，以協助主管了解狀況，分析良率；第三階段用搜集到的 PLC& 震動、溫度及噪音數據，做人工智慧分析，以預估機器預訂保養時間點；接下來第四階段經過機器學習後，找出最佳製造模式，做製造模式最佳化。
- 為了達到這樣的應用目的，在第一階段會導入多台 IPCAM 攝影機（網路攝影機）；為了配合第二與第三階段，實體層要在製造機器上安裝震動、溫度感測器，機器附近安裝噪音感測器；為了達成第五階段的彈性製造目的，計畫以後產線上採用可重複使用的 RFID 標籤[1]取代 Barcode，強化現有的流程機制，以達成少量多樣彈性生產。
- 在傳輸方面，計畫使用藍牙 BLE、Wi-Fi 無線連結，以及 RJ45 電纜[2]實體線在工廠中跑 Ethercat[3]並以專線對外連接網際網路，以及 IPCAM 攝影機傳輸影像數據。

自由紡織股份有限公司計畫做到行銷銷售端與工廠製造端的串連，所以接下來我們來看它的智慧零售應用的 AIoT 架構（圖 4.5）。

---

1. 無線射頻辨識（Radio Frequency IDentification）是一種無線通訊技術，可以透過無線電訊號識別特定目標，並讀寫相關數據，無需識別系統與特定目標之間建立機械或光學接觸。
2. 一般常見的實體網路線
3. 工業互聯網的一種協定。

應用層	智慧零售
平台層	1. 大數據分析：針對搜集到的影像辨識數據（性別 / 年齡）& 氣候資料 &POS 銷售數據 & 會員數據 &KIOSK 數據，目標是建立銷售預測資料，並回饋到工廠，以增加生產精確率。 2. 分析客戶軌跡行為，了解客戶對產品的喜好度。
網路層	Cable（ADSL，光纖） Wi-Fi
	訊號傳遞盒
感知層	影像辨識 RFID 讀取器
實體層	攝影機 POS　　KIOSK RFID 標籤

圖 4.5：自由紡織股份有限公司的智慧零售 AIOT 架構圖（裴有恆製）

- 自由紡織股份有限公司在智慧零售上規劃了大數據分析，這個部分搜集了影像辨識數據（性別／年齡）、POS 及訂單的銷售數據，整合會員數據以及天氣數據，目標是建立銷售預測資料，最後回饋到工廠做精準生產，免得太多庫存，造成浪費。
- 這需要在零售端安裝多台 IPCAM 網路攝影機，做客戶性別／年齡分析與軌跡分析，RFID 標籤結合 POS 銷售資料，KIOSK [4] 得到的客戶互動資料。
- 這樣做的重點是整合銷售的資料與製造，達成彈性生產與精準生產，而且會讓兩邊的庫存量足夠精確，減少公司的損失。不過還

4. 資訊服務站，消費者可以互動查詢的電子介面。

需要人工智慧的人才，我認為公司應該派人去人工智慧學校學習，而所派的人要幫忙製造部門與銷售部門做大數據分析，才有機會完成我們規劃的做法。

確認策略

製作商業模式圖時，首先要選定客戶區隔，確定客戶是誰。這裡的客戶很多是內部客戶；然後要對客戶提供價值主張，以創造對客戶有用、客戶會買單的價值。其中需要維護客戶關係；通路是能接觸客戶、提供服務的通路；獲得是指如何從服務中獲取利益。另外，整體系統要運作，一定要有關鍵資源及關鍵活動，與關鍵的合作夥伴一起完成非常重要。

案例：自由紡織股份有限公司工廠與零售的策略

商業模式圖[5]最關鍵的是價值主張。之前的案例討論自由紡織股份有限公司的工廠升級，商業模式需對應到圖 4.4 的 AIoT 架構圖。其中最關鍵的價值主張有：

1. 以圖形顯示生產狀況，增加決策正確度，也增加客戶信任度。
2. 預訂機器保養，減少因機器突然損壞的損失。
3. 使用 AI 影像辨識，增加辨識效率。
4. 製造透過 AI 最佳化，增加產線效率。
5. 彈性生產，面對未來訂單。

5. 請參考《獲利世代》一書。

零售場域升級，商業模式會對應到圖 4.5 的 AIoT 架構圖。其中最關鍵的價值主張有：[6]

1. 以大數據分析提高銷售預測與生產精確率，並且依此機動在倉庫間調貨。
2. 分析客戶官網／實體店面內的行進軌跡與行為，以了解客戶對產品的喜好程度。接下來找出客戶喜好的產品，並強化客戶體驗，讓客戶逛得開心。

要注意的是，零售場域的第一個價值主張是大數據分析得跟工廠產生的數據整合。

確認服務流程

第四步驟是確認服務流程。這裡用到的工具是「AIoT 情境旅程圖」（圖 4.6）。AIoT 情境旅程圖是根據人工智慧之父約翰．麥卡錫（John McCarthy）所提出的人工智慧三大概念「感知、認知、行動」，考量物聯網系統及對應情境後呈現的流程圖。感知部分對應的是影像辨識、聲音辨識，還有物聯網的感知層所感測的結果；認知部分對應的是人工智慧的自然語言處理、大數據，及各種資料整合認知學習；行動部分對應的是認知後行動。根據使用情境的步驟，確認完成任務需搜集到的數據種類，是這張圖的最大作用。考量到人工智慧邊緣運算會成為未來主流，這裡將認知部分分為邊緣端的推論或總結的邊緣認知，與雲端的機器學習與重點處理的雲端認知。

6. 細節請參考《白話 AIoT 數位轉型：一個掌握創新升級商機的故事》第 3.2.3 節及圖 3.8 及圖 3.9。

情境	步驟一	步驟二	步驟三	步驟四	步驟五
感知					
邊緣認知					
雲端認知					
行動					

圖 4.6：AIoT 情境旅程圖

如圖 4.7，AIoT 情境旅程圖會對應到 AIoT 架構圖。其中 AIoT 情境旅程圖的「感知」對應到感知層的在實體設備中的感測器，以搜集數據；「認知」對應到邊緣端（一般是 Gateway 閘道器上的推論引擎的人工智慧運算，我們稱為 E 認知），或是雲端伺服器的人工智慧機器學

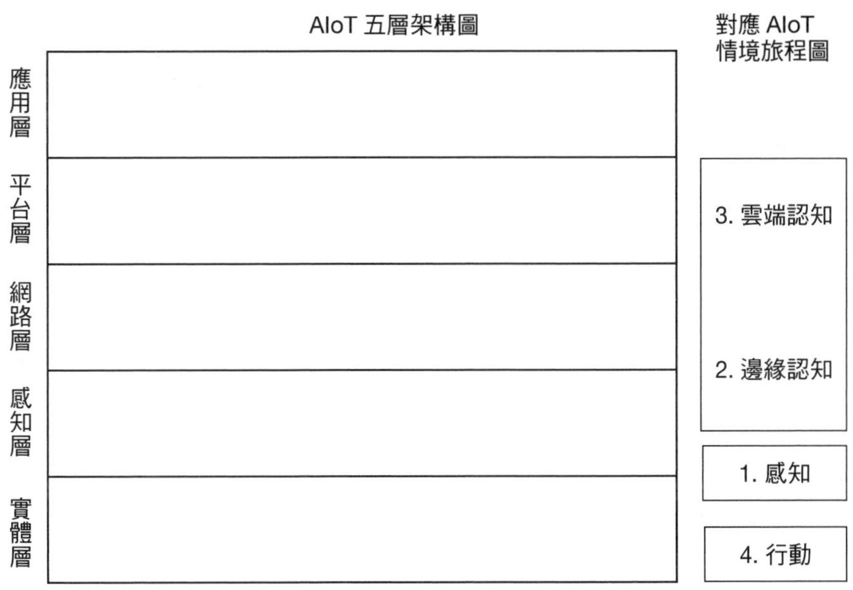

圖 4.7：AIoT 情境旅程圖的感知、認知（雲端認知＆邊緣運算與行動，對應到 AIoT 架構圖）

習（可以是學習，也可以是推論，這裡我們稱為 C 認知）;「行動」則是指在實體層的實體設備，包含閘道器 Gateway 實體，可能是圖表顯示、警示等，提供人類決策或提醒用，也可能是機器人主動開始動作。AIoT 情境旅程圖可以說是 AIoT 架構圖的步驟描述，透過這張圖，可以對應出相關的一步步動作。

案例：自由紡織股份有限公司工廠與零售端的 AIoT 情境旅程圖

自由紡織股份有限公司零售端規劃了兩套服務流程：圖 4.8 的「直營店收取非客戶軌跡數據」、圖 4.9 的「直營零售店搜集客戶軌跡數據」。

情境	步驟一	步驟二	定期訓練模型
感知	攝影機感知客戶臉孔。針對使用 Kiosk 的客戶，Kiosk 記錄客戶行為。	結帳時，POS 機得到消費數據、被購買物件對應 RFID 數據及會員卡讀取機之會員數據。	
邊緣認知	影像辨識，產生客戶性別、年齡帶數據。Kiosk 記錄分析客戶行為傳往雲端記錄。		
雲端認知	紀錄邊緣認知整理好傳上來的數據	根據性別、年齡帶、POS 銷售數據、會員數據、Kiosk 記錄的客戶行為數據，結合從外面收集到的天氣數據存取，並根據模型做統計與分析。被購買物件對應 RFID 數據記下已售出記錄。	定期將實體店得到的批量數據，結合網路端銷售相關數據、客戶訂單與其他銷售數據，最後根據模型做分析。
行動		產生實體店圖表協助決策。	產生圖表及預測分析，協助工廠生產訂單決策。

圖 4.8：「直營零售店搜集數據」的 AIoT 情境旅程圖

- 由步驟一與步驟二得知，數據來源有四種：攝影機 IPCAM、Kiosk、POS 機、會員卡讀取機，得到的有客戶性別數據、年齡帶數據（以每五歲為一個年齡帶），使用 Kiosk 行為記錄數據、POS 銷售數據、會員數據。

- 得到的五種數據結合之後打算購入的天氣數據，產生實體店銷售預測數據及圖表協助決策。每一段時間將搜集到的這些實體店數據，結合網路端銷售相關數據、客戶訂單數據，最後根據訓練出來的模型做分析。
- 結果產生的圖表與預測分析，將協助工廠生產訂單決策。這樣的系統需要定期根據新數據產生模型，不斷迭代優化。
- 定期訓練模型需要做多方資料整合，一般來說一週一次就足夠。

攝影機 IPCAM 的分析需要用到雲端或邊緣端人工智慧，以及 KIOSK 記錄的客戶使用軌跡，這些數據都會記錄下來送到雲端。如果訂單預測準確的話，這對公司購買材料、減少庫存很有幫助。

情境	步驟一	步驟二	步驟三	定期訓練模型
感知	攝影機感測到客戶進入	攝影機感測到客戶軌跡	客戶離店	
邊緣認知	影像辨識，確認客戶進店，開始產生客戶軌跡記錄。	影像辨識，確認客戶位置。		
雲端認知		記下客戶軌跡	根據客戶進店到離店軌跡做實體店軌跡記錄後分析。	定期將客戶軌跡資訊結合被記錄下的 POS 銷售數據、會員數據、網路銷售與客戶行為相關數據匯合分析，產生熱點、離店率、提袋率等等資訊。
行動				產生圖表，協助行銷決策。

圖 4.9：「直營零售店搜集客戶軌跡數據」的 AIoT 情境旅程圖

使用「直營零售店加入搜集客戶軌跡數據」的 AIoT 情境旅程圖，目的是增加客戶軌跡的記錄數據，並將此數據結合 POS 銷售記錄數據、會員數據、網路銷售與客戶行為相關數據，以產生圖表，協助行銷決策。這也可以說是我們原有 CRM 系統的強化。

自由紡織股份有限公司製造端規劃了各階段的服務流程，如圖 4.10 到 4.13。

情境	步驟一	步驟二	步驟三
感知	輸入在線製品之良品及不良品群像與相關標記	攝影機 IPCAM 獲得在線製品	
邊緣認知		針對在線製品以機器學習辨識	
雲端認知	產生辨識良品與不良品之機器學習模型，將模型送到邊緣端準備以後做推論。		
行動		分辨為良品或不良品	良品進入下一生產階段，不良品進入不良品處理流程。

圖 4.10：「第一階段，以 AI 影像辨識，挑出不良品」的 AIoT 情境旅程圖

圖 4.10 是針對第一階段「以 AI 影像辨識，挑出不良品」的第一步驟，是跟外部顧問及內部負責人員確認的。要做影像辨識前，需要先產生足夠樣本之良品與不良品，並標記出個別是「良品」及「不良品」。接下來根據學好的模型，才能以 IPCAM 攝影機做在線製品影像識別，找出線上的良品與不良品，再個別根據判斷結果處理。

情境	步驟一	步驟二	步驟三
感知	感測器得到震動、溫度、噪音數據，以及 PLC 參數。	要求顯示報表	要求訂定預訂保養時間
邊緣認知			
雲端認知	記錄相關數據	震動、溫度、噪音數據整合 PLC 參數等等其他數據，產生相關報表。	將震動、溫度、噪音數據整合 PLC 參數，比對現有模型。
行動		顯示相關報表	顯示預定保養時間

圖 4.11：「第二階段，數據整合以圖形化顯示」與「第三階段，預訂保養」的 AIoT 情境旅程圖

圖 4.11 是第二階段「將搜集到的數據整合，以圖形化顯示」及第三階段「預訂保養」的 AIoT 情境旅程圖。第二階段很單純，就是把感知到的震動、溫度、噪音數據結合 PLC 參數及其他數據，產生相關報表，之後依據報表協助決策。這些新數據可以幫我們根據既有模型，訂定預訂保養時間。

情境	步驟一	步驟二	步驟三
感知	感測器得到震動、溫度、噪音數據，以及 PLC 參數。		
邊緣認知			依照最佳模型參數操作人工智慧推論
雲端認知	記錄相關數據	每隔一段時間，將震動、溫度、噪音數據整合 PLC 參數及生產結果數據，產生最佳模型。將最佳模型參數送到邊緣端做推論。	
行動			根據推論引擎的最佳模型生產

圖 4.12：「第四階段，製造模式最佳化」的 AIoT 情境旅程圖

第四階段「製造模式最佳化」需要整個產線都具備感測器與制動器裝置，每隔一段時間，將震動、溫度、噪音數據整合 PLC 參數及生產結果數據，用機器學習產生最佳模型，並將最佳生產模型參數輸出到系統中，之後就根據最佳模型生產。

情境	步驟一	步驟二	步驟三
感知	在製品進入本站	讀取在製品的 RFID	
邊緣認知			
雲端認知		根據 RFID 資料讀取相關製程狀態，並依此確認本製造站製造程序。	
行動		實施本站製造程序	在製品進入下一站

圖 4.13：「第五階段，彈性生產對應客戶少量多樣需求」的 AIoT 情境旅程圖

第五階段「彈性生產對應客戶少量多樣需求」的計畫流程首先在製造產線上，在製品進入本站時，RFID 讀取器會先讀取在製品的 RFID，並根據 RFID 讀取雲端此製品的製造狀態，之後確認對應本站製造程序，然後實施本站製造程序，完成後就進入下一站。

專案實作需求預估

第五步驟是專案實作需求預估，也就是可行性研究。必須針對之前步驟的結果做一些評估，已確定是否值得落實，確定值得落實，才有更好的依據投入大量資源。我們要從「工程技術可行性」、「成本」、「財務」來考量。

項目	描述	動作	負責部門	到期時間
工程技術可行性				
成本				
財務				

表 4.4：工程、成本與財務的專案評估表

案例：自由紡織股份有限公司智慧場域的可行性評估

自由紡織股份有限公司在智慧場域的可行性評估，從工程技術可行性、成本、財務來分析的結果為表 4.5、4.6、4.7。

項目	描述	動作	負責部門	到期時間
工程				
1	系統合作廠商未定	確定系統合作廠商	製造 + 行銷	
2	規劃專案的系統架構	系統架構確認及是否使用公有雲？哪一家公有雲較合適？	資訊系統	
3	人工智慧運作人員	擴編及派人送訓	人資	

表 4.5：工程的專案評估表

針對「工程技術的可行性」，自由紡織股份有限公司計畫擴充資訊設備與架構，包含考慮需不需要租賃公有雲做人工智慧學習？如果選擇公有雲，是哪一家，需要多少預算？另外，人員需要擴編，如何訓練人員，如何找到人才，並且讓他加入？

項目	描述	動作	負責部門	到期時間
成本				
1	合作廠商	確認合作廠商費用	製造 + 行銷	
2	設備費用	設備規劃好後估價	資訊系統	
3	公有雲使用	估計公有雲使用費用	資訊系統	
4	人才聘雇費用	找出公司願意支付、聘僱人員願意加入的薪資條件	人資	
5	內部人才調用與訓練	確認內部人才，決定訓練方式，以及相關訓練費用	人資	

表 4.6：成本的專案評估表

「成本」需考量合作廠商會有合作費用，而設備、公有雲、人才聘僱、內部人才調用與人工智慧相關訓練，都會有相關費用產生。

財務				
1	投入資金	需要多少投入資金？	財務	
2	資金來源	確認多少自有資金？多少銀行貸款？是否可以結合政府補助？專案補助款項多少？	財務	
3	行銷方面投資報酬率	專案行銷方面投資報酬率 ROI	財務 + 行銷	
4	製造方面投資報酬率	專案製造方面投資報酬率 ROI	財務 + 製造	

表 4.7：財務的專案評估表

財務方面必須考慮三個面向，包括投入資金、資金來源、投資報酬率。估算投入資金之後，也需考慮這些資金怎麼來，哪些銀行願意借我們錢，貸款要具備什麼條件，政府有哪些輔助專案可以爭取等等。相關投資報酬率 ROI 是多少，必須先考慮清楚。

最後結合上面的三張表，可以完成表 4.8 的總整合表。

項目	描述	動作	負責部門	到期時間
工程技術可行性				
1	系統合作廠商未定	確定系統合作廠商	製造 + 行銷	
2	規劃專案的系統架構	系統架構確認及是否使用公有雲？哪一家公有雲較合適？	資訊系統	
3	人工智慧運作人員	擴編及派人送訓	人資	
成本				
1	設備費用	設備規劃好後估價	資訊系統	
2	合作廠商	確認合作廠商費用	製造 + 行銷	
3	公有雲使用	估計公有雲使用費用	資訊系統	
4	人才聘雇費用	找出公司願意支付、聘僱人員願意加入的薪資條件	人資	
5	內部人才調用與訓練	確認內部人才，決定訓練方式，以及相關訓練費用	人資	
財務				
1	投入資金	需要多少投入資金？	財務	
2	資金來源	確認多少自有資金？多少銀行貸款？是否可以結合政府補助？專案補助款項多少？	財務	
3	行銷方面投資報酬率	專案行銷方面投資報酬率 ROI	財務 + 行銷	
4	製造方面投資報酬率	專案製造方面投資報酬率 ROI	財務 + 製造	

表 4.8：自由紡織股份有限公司針對工程、成本、財務的專案可行性評估總表

總結

本章先從數據計畫開始，透過商業流程估算需要的數據種類，接著規劃獲取智慧場域數據與對應步驟，並依此提出五大步驟，而這些步驟的目的是：

1. 透過工業 4.0 工具箱盤點現有狀況。
2. 透過 AIoT 五層架構圖完成系統架構設計，接下來決定如何獲取數據，如何應用數據，以及如何找合作夥伴建置。
3. 確定策略與商業價值。
4. 確定對應 AIoT 五層架構圖的服務流程。
5. 針對工程技術可行性、成本、財務三個構面，評估專案實行需求。

走完 5 大步驟，就可以找出適合的升級做法與對應策略。

第 2 部

新產品開發流程與未來產品線規劃

我在2009年拿到NPDP（New Product Development Professional）認證，接下來從2010年起，我開始了至今十年的產品創新課程教學。這裡介紹我在企業輔導與教育訓練中使用的流程與對應工具。

數位轉型在產品／服務方面，除了要像第二章做好策略規劃方法，還有這一章要談的新產品／服務創新開發管理流程。DEEM是我多年教學的架構，其中的D是Discover，也就是發現市場方向，透過趨勢、觀察訪談客戶，找出客戶痛點，也找出可能的機會，也就是市場的方向；E是Evaluate，也就是透過發散想法，收斂成可行的結果，加上競爭者與競品比較，得出可行的產品，並且依此完成產品企劃書；E是Execute，也就是產品執行，在產品範疇中做到如期如質如預算，並且利

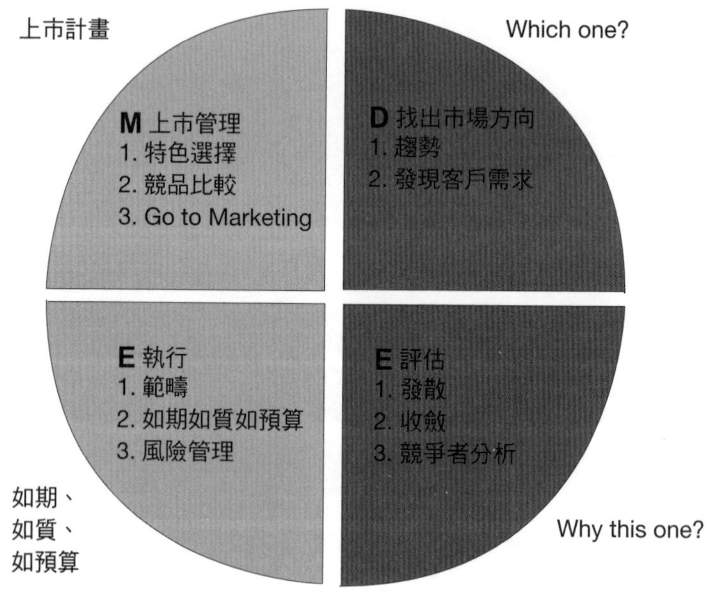

新產品開發流程 DEEM

用風險管理降低風險，順利完成；M 是 Market，這裡指的是上市，談的是如何以產品角度與行銷整合，產生最大的價值。

接下來各章會分別就找出「市場方向」、「評估」、「執行」、「上市管理」四個角度切入。執行部分除了專案管理流程，我也會介紹 TRIZ 的解決問題方法，另外也增加了從評估到執行中的專案企劃書章節。

因為產品發展是長期的事，考慮對應的產品與技術，我們會緊接在 DEEM 的各節介紹之後，介紹技術路線圖這套工具。

第 5 章

找出市場上有機會的產品或服務

市場上的機會

時代一直在變，科技不斷進步，人類需求也隨之不斷在變，機會往往就是這樣來臨。

在 AIoT 的時代，透過 IoT 系統的感測器搜集資料，傳送到雲端，用 AI 建模，預測與判斷異常的能力大大改善，市場機會自然增加。要找出適合的市場方向，可以從「趨勢」與「發現客戶需求」兩大方面著手。

從大環境趨勢著手

從趨勢著手是從總體角度看大環境可能出現的未來走向，用第二章的 STEEPLE 分析法對應社會（Society）、科技（Technology）、經濟（Economic）、環境（Environment）、政治（Political）、法律（Legal）、倫理（Ethics）七個構面分析，可以得到不錯的結果。在第三章有很詳盡的七個走向分析，這邊就不再贅述，而是以新冠肺炎疫後發展與數位轉型的大方向來舉例說明。

1. 社會：

- 在第 2 章的案例中，我們談到了個性化、高齡化、少子化，以及現代人壓力大的特色，這都是社會狀況。
- 女性主管越來越多，男女平等成為現實。
- 年輕人用手機或平板看影片，接觸電視媒體的年輕人很少，也造就年輕人有自己的主張，希望展現自己，但相對缺乏耐性等等社會狀況，像是中國的抖音及美國的 Instagram 就是因應年輕人特性的社群應用。

- 台灣的中小企業主因為年紀偏大，不曉得數位科技的重要，像陳來助、李紹唐等有識之士就組織了二代大學。

2. 科技：

- 數位轉型就是要導入新科技，讓很多之前做不到或要做到很貴的做法變得可能，而且成本合宜。1995 年我在研究所主修人工智慧，當時有修到深度學習的前身類神經網路。當年的電腦很慢，整個學校很多人共用的大電腦運算速度，比不上現在我使用的手機，當然當年什麼都做不了。後來處理器運算越來越快，電子元件越做越小越便宜，莫爾定律讓電腦的指數型成長每 18 個月可以快一倍，一切都不同了。
- 運算方法越來越完備：Google 2003 年起推出了大數據平行運算的論文；後來 Yahoo 出資支持開源社群，[1] 以這套演算法為根據，做出 Hadoop 系列算法，讓很多台機器平行運算大數據，讓大家都可以學習；美國加州柏克萊大學推出 Spark 的另一套開源算法，[2] 運算比 Hadoop 快許多，適合人工智慧的即時運算。因為開源，使用者可以修改成自己的人工智慧運算引擎，因此使得人工智慧進入很多企業，不再是大企業才能研究。
- 2012 年在 Stanford 主辦的 Image Net 比賽中，獲得第一名的 AlexNet 使用的 GPU [3] 大大加快深度學習運算速度與辨識準確

1. 支持電腦程式碼公開的程式設計師社群，社群裡的人都會響應開發程式公開其程式碼。
2. 公開電腦程式碼，讓大家都可以看到與使用。

率，讓 GPU、FPGA[4]，以及用專用晶片做人工智慧運算成為新一代的主流。特別是 Alpha Go 打敗了人類棋王，讓更多人注意到人工智慧深度學習的卓越能力。

- 物聯網的各類感測器越來越便宜，獲取大量數據越來越不是問題。現在各領域與產業應用機器學習與深度學習，大大提高了效率與精確率，這就是人工智慧與物聯網引領的科技趨勢。
- 行動通訊 5G 具備了 10 倍於 4G 的連結能力、低延時速度，以及高傳輸網速。5G 時代已經到來，一定要納入新產品規劃（例如第 2 章討論的智慧紡織品）。

3. 經濟：

- 2020 年新冠肺炎襲擊全球，大經濟趨勢出現巨變，全球化的經濟逆轉，進入逆全球化的時代。各國發現，很多原料或產品太依賴中國，造成醫療物資與其他物品短缺；美國、日本準備出錢補助廠商將工廠從中國移回母國。這與工業 4.0 的未來發展目標一致，剛好可以整合科技的趨勢目標發展。
- 新冠肺炎造成許多地方封閉，人與人之間要保持安全距離，出入戴口罩，很多活動改成遠距，很多人必須在家上班／上課，這讓使用數位工具連網、遠距開會、購物變成主流，數位轉型的速度因此加快。

4. **環境**：地球暖化、極端天氣變成常態，智慧型數位產品可以根據環境

---

3. Graphic Process Unit，原專門做圖形運算的運算器，做矩陣簡單運算很強。
4. Field Programmable Gate Array 的縮寫。系統設計師可以根據需要，透過可編輯的連接，連接起 FPGA 內部邏輯塊，就好像電路試驗板被放在一個晶片裡。出廠成品 FPGA 的邏輯塊和連接可以按照設計者的需要而改變，所以 FPGA 可以完成所需要的邏輯功能。

主動因應。針對環境的智慧城市，以及糧食生產的智慧農業，將會越來越受重視。

5. 政治：

- 新冠肺炎疫情蔓延，讓世界看到了台灣的防疫表現。捐贈口罩給海外國家，讓台灣的國際地位上升。《商業周刊》報導：「疫情中的台灣，表現出一個有管理能力的成熟社會風貌，將有國際『印象加分』效果。」[5]
- 疫情後，全球化結構會重組，Google 前總經理簡立峰就在商業周刊專訪中提出「台灣＋ 1」，善用自己在東亞中心的優勢，上接東北亞，下接東南亞，製造可以「台灣＋越南」，服務可以「台灣＋日本」。[6]
- 日本在智慧紡織品上也跟台灣的紡織產業綜合研究所合作，協同智慧紡織品產品的數位轉型。

6. **法律**：台灣的法律向來注重防弊，很多事情要有法律規定才能做，要推動數位的新商業模式會很辛苦。但是隨著監理沙盒等機制建立，相關法律與條例相繼通過，數位轉型需要的環境慢慢成形，投資者的資金慢慢進來，越來越堆海外投資機構能進入台灣，更帶領台灣業者出國獲得資金，使台灣數位創新越來越蓬勃。想要數位轉型的業者，也越來越有機會跟數位創新者合作，達成數位轉型的目標。

7. **倫理**：台灣的防疫表現極佳，讓世界各國更有意願合作。

---

5. 出自《商業周刊》1692 期。
6. 同上。

發現客戶需求

要發現客戶需求，現在最常用的方法是訪談、觀察，並與客戶共創。以下各節一一說明。

訪談

訪談要直接訪到對的人，也就是真正的潛在客戶。如果是 B2B 的企業，就要想辦法問到跟目標企業相關的決策者；B2C 的企業就要問到意見領袖或是確定客戶。

設計思考的手法來自 IDEO，我參加過它的設計思考課程，其中特別強調要去訪談 6 至 12 個客戶或潛在客戶，這樣才可以知道客戶真正的需求。

訪談要設計問卷，用來找到客戶的痛點與想要獲得的東西。訪談並不一定能得到客戶的真心話，客戶可能連自己都不了解自己的需求，所以要搭配觀察。訪談 6 至 12 個客戶，可以減少被一兩個沒說實話的資訊誤導的可能。另外還有受訪者記錯的風險，如能在相關發生地點直接訪談更好，例如 IDEO 有名的設計思考展示影片「設計新的購物車」，就直接到購物車的使用賣場，直接訪問現場客戶及賣場職員。

為了讓大家進一步了解，所以用以下例子說明。

案例：智慧紡織品的訪談問卷設計與結果案例

台灣將在 2026 年進入超高齡社會，智慧紡織品可以針對長者提供醫療照護服務。會買這樣產品的多為使用者的子女，所以圖 5.1 的問卷即針對有年長父母的人，圖 5.3 的問卷是針對長者本身。

給子女的訪談問卷

1. 您跟父母一起住嗎？如果不是，請問父母住在哪裡？
2. 您平常會擔心父母的健康嗎？如果是，想知道哪類資訊？
3. 如果是，您有沒有想過用科技產品來協助，隨時掌握父母狀況？如果有，您父母使用的狀況如何？使用的科技產品有什麼優點與缺點？
4. 如果可以給父母穿上舒適貼身的衣服，又可以得知父母的身體狀況，您覺得如何？您會希望這樣的衣服具備哪些功能？

圖 5.1：年長父母子女的訪談問題

問卷解析：

一開始要確認客戶是否為目標客戶，是否和父母一起住。這樣可以看出一起住、住很近，跟住很遠的差別。

問題二是想知道被訪者是否具有擔心父母身體這項痛點。

問題三要深入問出客戶對智慧型產品的應用與使用狀況。

問題四個是針對客戶對產品功能的感受、客戶希望產品能具備哪些功能。

用這樣的問卷去訪談目標客戶 Peter，得到的結果如圖 5.2。

被訪談人：Peter，48 歲，任職於高科技業。

問：您跟父母一起住嗎？如果不是，請問父母住在哪裡？

答：現在沒跟父母一起住，父親已經過世，母親住台中。

問：您平常會擔心父母的健康嗎？如果是，想知道哪類資訊？

答：很擔心我媽的身體狀況。之前帶我媽在台北做健康檢查，她有三高，所以我很關心她的健康。

問：如果是，您有沒有想過用科技產品來協助，隨時掌握父母狀況？如果有，您父母的使用狀況如何？使用的科技產品有什麼優點與缺點？

答：有的，我買了一個很貴的智慧型手錶給我媽，好處是可以量心跳，但是因為每天都需要充電，螢幕又小，我媽媽很不喜歡，就不戴了。讓我很後悔買了這個產品，浪費錢。

問：如果可以給父母穿上舒適貼身的衣服，又可以得知父母的身體狀況，您覺得如何？您會希望這樣多衣服具備哪些功能？

答：衣服當然比手錶更適合我媽，可是一定要很舒服，能常常換洗，而且充電一定要充一次可以用很久。

圖 5.2：被訪者 Peter 的訪談記錄

從 Peter 的訪談記錄知道，他父親已過世，他擔心母親的健康，所以是我們的目標客戶。他的家人有使用過其他裝置，因為需要天天充電而有挫折感，也認為智慧衣適合他的家人。確認是目標客戶。

因為長者也是客戶族群，故也需設計針對長者的訪談問卷如下：

給長者的訪談問卷

1. 您跟子女一起住嗎？
2. 子女平常會擔心您的健康嗎？如果是，您想知道哪類資訊？
3. 如果是，您的子女有沒有購買科技產品協助您了解生理狀況？如果有，這樣的科技產品有什麼優點與缺點？
4. 如果您可以穿上舒適貼身的衣服，同時可以讓子女獲知您的身體狀況，您覺得如何？您會希望這樣的衣服具備哪些功能？

圖 5.3：對長者的訪談問卷

問卷解析：

一開始要確認客戶是否跟子女一起住。

問題二是想知道，受訪者是否有子女擔心自己身體健康這項痛點。

問題三想深入問出客戶子女是否購買過智慧型產品，以及應用與使用狀況。

問題四是針對客戶對產品功能的感受，客戶希望產品能具備哪些功能。

觀察

觀察的目的是了解客戶的需求，也就是觀看現象之後的需求洞察。如何得知客戶的需求呢？一個方向是從客戶做事不自然的地方，直接觀察客戶解決問題的臨時方法。例如，我之前在神達的 Mio GPS 單位工作，神達 2003 年開發了第一台 GPS PDA Mio 168，是因為發現很多歐洲客戶買 PDA 會搭配 G-Mouse 衛星接收器，以便讓 PDA 具備導航功能。神達推出直接具備 GPS 功能的 PDA，在市場上大受歡迎。當年我們的單位立刻轉換方向做 GPS 設備，也成就了後來的 Mio GPS 盛世。

另外可以從標語中看出一些特別的需求，因為會用標語強調，一定是做不好的事。例如：貼著「不要亂丟垃圾」標語的地方，表示這裡一定有人常亂丟垃圾造成其他人的困擾，所以才有這樣的標語。這種解決方案通常作用不大，往往無法收到嚇阻的效果。

觀察一定要設定客群，研究客群的行為，公司的產品可以為他們解決什麼樣的問題。觀察到的結果切忌猜想，自己發現的洞察一定要小心求證。有些情況需要長期追蹤觀察，這時可以在定點裝攝影機，或使用感測器。透過感測器或數位攝影機獲取數據，以人工智慧解析，是應用現代科技的觀察方法。

案例：IDEO 在購物車的觀察與訪談案例

1999 年 7 月，美國廣播公司的著名晚間節目《夜線》找了著名設計公司 IDEO 做專題報導，任務是用五天時間重新設計人們日常使用的購物車。

IDEO 確認任務之後，立刻組建了一支跨領域人士的設計團隊。在第一天，團隊成員確定要找專家訪談討論與實際觀察，所以全都走出辦公室。他們到超市做了深入的觀察和訪談後有幾點發現，影片中展現了三點：

1. 工作人員告訴訪談者：「手推車的問題是很容易被風拖著走，它可以以時速 35 英里在停車場狂奔。」
2. 帶著嬰兒的爸爸在訪談時說道：「據我所知手推車並不安全，也許這座椅需要重新設計。」
3. 一名 IDEO 專案成員觀察發現：「讓我覺得很有趣的是，人們其實不想離開他們的手推車，除了專業的購物者，他們的策略是把不同的手推車放在不同的地方。」

他們不只訪談，也拍下了大量照片，藉此獲得人們的購物習慣、使用購物車的方式等方面的大量洞察。然後團隊成員開會討論觀察結果，決定將設計改進的方向定在三方面：對兒童更具親和力和安全性、讓採購過程變得更有效率、減少偷 。

接著團隊透過腦力激盪的方式構想出數以百計的創意，並從中選出幾個最不錯、適合在短時間內製作出來的主意，依照主意製作出實物模型。然後整個團隊提煉出模型裡最棒的部分，整合成一個更加完善的產品，最後再找商家確認，這是否是他們所要的購物車。[7]

以上過程也是 IDEO 設計思考的做法：靠訪談與觀察獲知客戶的問題與需求，而觀察的部分都會透過照相來記錄。[8]

與客戶價值共創

與客戶價值共創是發現客戶需求、產生產品或服務很有效的方法。

訪談與觀察可以間接獲知客戶的需求。但是與客戶價值共創，是客戶直接參與，一起找解決方案。一般有三種做法：客戶諮詢委員會、與客戶一起腦力激盪、客戶一起參與設計。

從社群著手是個好方法，網路上的社群媒體聚集了對相關議題有興趣的同好，可從中搜集意見，找出客戶最在乎的問題，產生對應的產

---

7. 資料來源：https://www.youtube.com/watch?v=z720hSIJN7o
8. IDEO 訪談與觀察實錄，參考 YouTube 影片 https://www.youtube.com/watch?v=z720hSIJN7o

品與服務。小米會針對相關社群媒體的客戶需求，提出解決方案，這是小米產品受客戶歡迎的原因。另外可以邀請社群的意見領袖一起參與，提供產品／服務的意見與改善方向。參與者會覺得設計出來的產品／服務裡有自己的心血，接下來會在社群中努力宣傳，塑造產品／服務的好口碑。把這樣的社群意見領袖聘雇為公司職員、顧問，或是長期合作夥伴，也是一個不錯的方式。

案例：樂高的開放創新

樂高 2008 年在日本推出樂高創意平台（LEGOIDEAS），之後在 2011 年推出全球版。這個網站平台註冊方便，用戶可在平台上提交創意方案。這些業餘設計師的創意會在平台上開放用戶投票，選票超過一定標準的案子可以進入審核階段，最後由樂高決定是否生產。

樂高也積極與外部機構合作，藉助外部的研發力量縮短開發時間，例如麻省理工的媒體實驗室，雙方就曾經合作，開發出大受歡迎的 Mindstorm 機器人玩具。但是這個產品被顧客公開了程序碼。一開始樂高不樂見，最後它選擇了開放平台，並成立了樂高 Mindstorm 交流社群，讓愛好者創造出更多有趣的點子。樂高也和教師共同開發課程，讓 Mindstorm 成為許多學校老師的教材，用以啟發學生，寓教於樂。

樂高的開放創新採用利潤共享模式，並且成功應用在許多專案中，讓外部參與成員更願意發揮創意。[9]

9. 資料來源：https://zi.media/@yidianzixun/post/YGJApb

總結

要發現市場機會，本章介紹了「從大環境趨勢著手」與「發現客戶需求」兩大方法：從了解大環境趨勢著手，並直接接觸客戶，以訪談、觀察與客戶價值共創等方式，發現客戶的需求。

確定機會方向之後，接下來就可以用發散及收斂的方法考量，而且要進一步考慮產業的競爭環境，進入評估階段。

第 6 章

評估可能機會

進入評估階段

第 5 章的趨勢與發現客戶需求是在尋找產品／服務的機會方向，接下來要如何找到適當的產品／服務，就是這個階段的重點。

所有的創新都會發散點子後再評估收斂，而這些點子必須要考慮產業環境，對應的「競爭者分析」以及「可行性評估」也是這個階段的重點。

發散&收斂

先用發散方式找出所有可能的產品或功能點子，然後再用收斂方式，篩選出好的產品或服務，是創意到創新必經的過程。

發散的方法可以用腦力激盪，就如第 3 章的 KJ 法腦力激盪，用以找到各種可能的方案。收斂的方法可以找到適當的過濾及比較標準，這在第 3 章中以「公司做衣服為主的策略」與「市場夠大可以賺到錢」做過濾，以及「技術可行性」、「競爭優勢」、「商業成功機率」，以及「投資報酬率」來做排序標準，一般對排序標準還會考慮權重。因為在第 3 章討論過細節，這裡就不再多述。

篩選結果出爐，確定要發展的產品／服務類別後，就可以進行競爭者分析，以及可行性評估。

競爭者分析

競爭者分析要針對產業環境，並要考慮所有可能。有好幾種做法，SWOT 分析、財務分析是坊間大家較熟悉的方法。這邊要介紹我在產品創新流程管理輔導時常用的表格：「競爭者比較表」及「競品比較表」。

競爭者比較表

競爭者比較表是以產品面（主力產品、目標市場或客戶、營業額、產量、市場占有率或客戶占有率、績效）、行銷面（產品策略、價格、通路、推廣四個構面）、經營面優缺點，三大構面來了解競爭者的能力、底氣、行銷戰術，以及經營能力。

<table>
<tr><th colspan="2">競爭者</th><th></th><th></th><th></th></tr>
<tr><td rowspan="6">主力產品類</td><td>主力產品</td><td></td><td></td><td></td></tr>
<tr><td>目標市場／客戶</td><td></td><td></td><td></td></tr>
<tr><td>營業額</td><td></td><td></td><td></td></tr>
<tr><td>產量</td><td></td><td></td><td></td></tr>
<tr><td>市場／客戶占有率</td><td></td><td></td><td></td></tr>
<tr><td>績效（成長率）</td><td></td><td></td><td></td></tr>
<tr><td rowspan="4">行銷</td><td>產品策略</td><td></td><td></td><td></td></tr>
<tr><td>價格</td><td></td><td></td><td></td></tr>
<tr><td>通路（依重要次序）</td><td></td><td></td><td></td></tr>
<tr><td>推廣</td><td></td><td></td><td></td></tr>
<tr><td rowspan="2">經營</td><td>優勢</td><td></td><td></td><td></td></tr>
<tr><td>劣勢</td><td></td><td></td><td></td></tr>
</table>

表 6.1：競爭者比較表格

我以底下的案例來協助大家了解這個表格的使用方法。

競爭者分析案例：蘋果與三星的穿戴式裝置分析

以蘋果與三星的穿戴式手錶為例：在 2016 年時，蘋果的穿戴式產品是 Apple Watch，三星的穿戴式產品是 Galaxy Gear。在做競爭者分析的時候，為了看見競爭者的實力，競品比較就要納入重點產品。所以蘋果除了 Apple Watch 以外，還要比較 iPhone、iPad、Mac；三星的競品則是 Phone、Galaxy Tab、Galaxy Note，以及 Galaxy Gear。這張表裡的視角是行動產品：

競爭者		Apple	Samsung
主力產品類	主力產品	iPhone iPad Mac Apple Watch	Phone Galaxy Tab Galaxy Note Series Galaxy Gear
	目標市場／客戶	年齡層從 4-80 歲	所有的電話使用者
	營業額	1827 億美金	1958 億美金
	產量	iPhone 2.3 億台 iPad 約 4960 萬台 Mac 約 2060 萬台 Apple Watch約 1160萬支（IDC）	Smart phone 3.2 億台 Galaxy Tab 3340 萬 Galaxy Gear 230 萬
	市場／客戶占有率	iPhone 17.5% iPad 24% Mac 7% Apple Watch 46%	Smart phone 24% Galaxy Tab 16.2% Galaxy Gear 13%
	績效（年成長率）	iPhone 20.2% iPad 21.8% Apple Watch 無限大	Smart phone 2.1% Galaxy Tab 16.1% Galaxy Gear 系列 92%
	市占率變化	iPhone 15.3% → 17.5% Apple Watch 0% → 46%	Smart phone 28.8%→24% Gear 系列 17.5% → 13%

表 6.2：競爭者主力產品比較

- 目標市場：購買蘋果的客戶年齡層是從 4 歲到 80 歲；三星則是設定，只要用手機的人都是客戶。
- 營業額：蘋果在 2015 年的營業額是 1827 億美金；同年三星是 1958 美金。其實三星的人數規模大得多，當年只在營業額略高於蘋果。
- 主力產品產量：蘋果的 iPhone 產量 2.3 億台（當時占有率 17.5%），iPad 約 5480 萬台（當時占有率 36%）、Mac 約 2060 萬台（當時占有率 7%）、Apple Watch 約 1160 萬台（當時智慧手錶類占有率 46%）；三星公司的主力智慧型手機產量 3.2 億台（當時占有率 24%），Galaxy Gear 系列有 230 萬台（當時智慧手錶類占有率 13%）。
- 績效年成長率（跟前一年 2014 年比）：iPhone 在 2015 年比 2014 年成長了 20.2%，但是市占率僅微幅成長。因為當年的 iPad 銷量大為衰退，原因是 iPhone 推出較大尺寸機種 6 plus，智慧型手機的市占率增加，卻影響到平板電腦的市占率。當年 Apple Watch 第一次推出，前一年產量為 0，所以出現了績效無限大的錯誤，到了 2016 年就恢復正常；三星的智慧型手機當年只成長了 2.1%，市占率由 28.8% 下降到 24%。這現象刺激三星想做更好的手機，2016 年推出了具備虹膜辨識功能的 Galaxy Note 7，但是大家只記得它的電池爆炸事件。Galaxy Gear 在當年成長 92%，市占率卻由 17.5% 降到 13%，可見蘋果的智慧型手錶吸走一些三星的原有客戶。現在回頭看，Galaxy Gear 已經掉出了智慧型手錶銷售前五名，從趨勢中可見一斑。

分析績效和市占率可以反映出對手的市場能力及財務狀況，總結成對手在市場上的氣。我們研究對手的主力產品，是為了更加了解對手的實力，以及它產品發展的未來可能性。主力產品是對手在市場上的主要武器，由主力產品的表現，可以反映出對手在市場上的實力與未來發展。

接下來看**行銷**，依產品策略、通路、價格、推廣四個方面來探討。

競爭者		Apple	Samsung
行銷	**產品策略**	創新，好的使用者體驗	技術導向，但 Galaxy Note 創造好的使用者體驗
	價格	Apple Watch 新台幣 11000 元	Gear S2 新台幣 9900 元
	通路（依重要次序）	Apple 專賣店、官網、燦坤等 3C 專賣店，家樂福、愛買等大賣場	各大通路管道
	推廣	廣告、發表會、口碑、網路	廣告、發表會、口碑、網路

表 6.3：競爭者行銷比較

1. 產品策略：

- 蘋果在賈伯斯時代就以創新與使用者體驗為主要策略。賈伯斯在世時，每年會親自主持產品發表會，這些新產品都引起粉絲「哇！哇！哇！」的驚嘆。而讓使用者產生「哇！哇！哇！」驚嘆，在現在代表了良好的使用體驗。
- 三星以技術為導向，雖然當年具有很高的市場占有率，但是高階產品一直沒有得到消費者認可。大尺寸的 Galaxy Note 推出，創造出良好的使用者體驗，獲得了消費者的好評。但是 iPhone 6 Plus 以相近尺寸搶走了 Galaxy Note 的市場，造成 iPhone 系列手機的占有率上升，Galaxy 系列的占有率下降。

- ■ 這反映出賈伯斯以「品味」為產品主軸的設定成功，讓定位為高階產品的 iPhone 獲得約 75% 的利潤、iPad 約 50% 的利潤。雖然從績效數據推知，副作用是 iPad 的出貨率下降，但是品牌形象延伸到 Apple Watch，也搶下了 Galaxy Gear 原本的市占率。現在 Apple Watch 的銷售已是穿戴式手錶／手環類的的第一名，而且其最低階的價格依然高於 Galaxy Gear 的對應機種。
- ■ 三星明白使用者體驗的重要性，延請了 MIT 的使用者體驗專家，但仍挽不回在消費者心中的形象，產品市占率越來越差。從績效來看，Galaxy Gear 的產品成長率不錯，那是因為市場大幅成長，消費者逐漸接受穿戴式裝置，而且有可能是因為 Apple Watch 加入戰場，讓消費者才較容易接受這樣的裝置。

2. 通路：

- ■ iPhone 剛推出的時候，賈伯斯認為把 iPhone 交給一般手機通訊行會引起價格戰，而且通訊行店員沒法講出 iPhone 的好。於是他決定成立蘋果專賣店，由稱作 Genius（天才）的員工為客戶教學、解說、服務。蘋果專賣店設計有落地窗，加上簡潔的擺設、舒服的動線，不僅展現品牌形象，更讓消費者樂於前往購買。
- ■ 蘋果官網介面易於操作，消費者能獲得很好的購買體驗。除此之外，蘋果產品也在燦坤、愛買、家樂福等大賣場的特約專櫃販售。

3. 行銷推廣：

- ■ 賈伯斯生前非常重視每一次的蘋果產品發表會，甚至花兩個月的時間準備，以確保萬無一失。由賈伯斯奠定風格的蘋果發表會往往成為話題與焦點，發表會上的主力產品與創新亮點容易熱銷。

■ 果粉會在新產品上市時漏夜排隊購買，不僅造成新聞事件，也會發表開箱與使用經驗，形成口碑行銷。

■ 蘋果的廣告從情感面切入，讓客戶感動，進而分享，強化其品牌形象。例如在 2019 年聖誕節前夕推出溫馨廣告 The Surprise，講述一家人的奶奶過世，孫女為了對失去摯愛的爺爺表達關懷與愛，用 iPad 做了一段家庭回憶短片。[1] 三星廣告相對就沒有相同的訴求，雖然曾利用贊助奧斯卡金像獎的時機，安排主持人艾倫找了許多大明星使用 Galaxy Note 合影。照片上傳至社群網站造成瘋傳，成為 Twitter 當時最熱門的照片，也造成了話題。但是艾倫回到後台用 iPhone 自拍，讓人知道她的舉動是因為三星的贊助，因此降低了這則新聞的影響力。

最後談經營，這個部分顯示出製表者對競爭對手的了解程度。

競爭者		Apple	Samsung
經營	優勢	1. 品牌強，用戶忠誠度高。	1. 垂直整合能力強。
		2. 專利強。	2. 技術強，功能多。
		3. 產品間整合度高。	3. 品牌強。
	劣勢	1. 創新已走向技術導向。	1. 消費者忠誠度不高。
		2. 市面上已有其他智慧型手錶，進入市場較晚。	2. 創新時多以技術為思考重點。
		3. Google Fit 協助 Android 裝置跟 Apple Watch 接軌，Apple 封鎖市場優勢不再。	3. 沒有強力的品牌形象。

表 6.4：競爭者經營比較

1. 影片請見蘋果官方 Youtube 頻道：https://youtu.be/LDeRyyDrS40

1. 在優勢方面：

- ■ 蘋果在賈伯斯下養出不少鐵粉，申請了許多關於易於使用性與其他方面的專利。蘋果所有產品之間的整合度高，消費者的黏著度大。
- ■ 三星強在垂直整合能力，集團有多種產品與元件，而且在上個世紀 90 年代找俄國專家導入 TRIZ、Technical Roadmap、Technical Tree，因此技術是業界有名。三星品牌很強，各個產品線在當年很多是產業中前幾名，但是高階品牌的形象就不敵主打「品味」的蘋果。

2. 在劣勢方面：

- ■ 在賈伯斯過世後，蘋果的產品很少能引領創新，越來越以技術為主，也讓它跟三星之間的差距越來越少；Apple Watch 當年是市場的後進者，進入市場必須攻城掠地，但是它的銷量已連續好幾年獨拔頭籌，可見 Apple Watch 突破後進的劣勢；現在 Google Fit 協助 Android 與 Apple Watch 接軌，蘋果用自家系統封鎖市場的優勢不在。
- ■ 三星消費者的忠誠度不高，而且其創新時多以技術為考量；三星沒有很強烈的品牌形象，消費者的忠誠度與黏著度是其最弱的一環。

以上舉例是簡單的競爭者比較。只要是公司認定的競爭對手都需要做比較，而且不限於同一個產業。在 AIoT 時代，跨域的競爭對手非常多。只要對同樣的客戶提出同類的價值主張，就可能是你的競爭對手。列出這些競爭對手之後，就可以找出市場機會是否存在，再依此發展。

競爭者產品比較表

	新產品	競品 1	競品 2	…
重要規格 1				
重要規格 2				
重要規格 3				
重要規格 4				
重要規格 5				
重要規格 6				
重要規格 7				
重要規格 8				
重要規格 9				
…				

表 6.5：競品比較表

表格最上方是產品名，左邊欄位是相關規格，「新產品」欄是自己家產品，第三列以後是對手的產品規格。從產品規格比較可以看出自家產品的優劣點，但要注意的是，這是在比較已上市的競品，對手的產品自然也會推陳出新。如果新品規格設計不夠完善，一上市可能就會被對手的新品壓制，搶不到亮眼的成績。

表中影音導航系統 AAA 為自家新產品，他家的影音導航系統有

XXX、YYY，以及 ZZZ，共四家做客戶在乎的重要規格比較。例子列出的規格參數有 3 D導航支援、影音格式硬體支援、輸出解析度、影片外接輸出格式、藍芽、SD 介面、USB 接頭，以及觸控螢幕控制。不需要比較所有的規格參數，只要比較客戶在乎的特性。

車內影音導航系統	AAA	XXX	YYY	ZZZ
3D 導航支援	有	有	無	無
影音格式硬體支援	H.264/ MPEG1/ MPEG2/ MP4/ WMV	MP3/ MP4/ WMA/ ASF/ WMV	MP3/ MP4/ WMA/ ASF/ WMV	MP3/ PCM/ WMA/ ASF/ WMV/ DIVX
輸出解析度	800x480/ 400x240	800x480/ 400x240	320x240, 400x234, 480x234, 480x272, 640x240, 640x480, 800x480	320x240/ 400x234/ 480x234
影片外接輸出	有（RGB/ YPbPr）	有（RGB）	有（RGB）	有（CVBS/ YPbPr/RGB）
藍芽	有	無	無	無
SD 卡接頭	有（最多 32GB）	有（最多 32GB）	有（最多 32GB）	有（最多 32GB）
USB 接頭	有	無	無	無
觸控螢幕控制	有	有	無	有

表 6.6：車內影音導航系統的競品比較表例

可行性評估

可行性評估在第 3 章末尾討論過，包含市場需求、如表 6.7 的工程技術可行性、成本、財務，以及對新產品專案的衝擊。

項目	描述	動作	負責部門	到期時間
市場需求				
工程技術可行性				
成本				
財務				
新產品專案的衝擊				

表 6.7：可行性評估討論記錄表格（同表 2.5）

一般我們在執行例行性專案之前，會把評估的相關結論整理成風險分析表，在專案中繼續追蹤。

風險管理的做法有風險識別、風險分析、風險計畫三大部分。我們可以用下表 6.8 來完成。

<table>
<tr><th colspan="11">風險管理表 Risk Table</th></tr>
<tr><th colspan="5">風險識別</th><th colspan="3">風險分析</th><th colspan="3">風險計畫</th></tr>
<tr><th>序號</th><th>功能部門</th><th>風險描述</th><th>可能影響描述</th><th>風險狀況</th><th>發生機率等級</th><th>影響（金額）</th><th>排序</th><th>行動計畫</th><th>負責單位</th><th>到期日</th></tr>
<tr><td></td><td></td><td></td><td></td><td></td><td></td><td></td><td></td><td></td><td></td><td></td></tr>
<tr><td></td><td></td><td></td><td></td><td></td><td></td><td></td><td></td><td></td><td></td><td></td></tr>
<tr><td></td><td></td><td></td><td></td><td></td><td></td><td></td><td></td><td></td><td></td><td></td></tr>
<tr><td></td><td></td><td></td><td></td><td></td><td></td><td></td><td></td><td></td><td></td><td></td></tr>
<tr><td></td><td></td><td></td><td></td><td></td><td></td><td></td><td></td><td></td><td></td><td></td></tr>
<tr><td></td><td></td><td></td><td></td><td></td><td></td><td></td><td></td><td></td><td></td><td></td></tr>
</table>

表 6.8：風險管理表

- 風險識別是要找出有哪些風險：「功能部門」欄位指的是風險跟哪個部門主要有關；「風險描述」要對風險做概略描述，並對應到風險一旦發生會造成的「可能影響」；最少要設定兩種「風險狀況」，例如用 O 代表未解決，C 代表解決。
- 風險分析：「發生機率等級」要分成有高（H）、中（M）、低（L）三個等級，可以設定機率為 1%-33% 為 L，機率 34%-66% 為 M，機率 67%-100% 為 H；「影響（金額）」是把影響到的部分換算成金額。寫出發生機率等級與影響金額後，就可以排出重要順序，可以知道哪一項風險需要優先處理。
- 風險計畫：包括「行動計畫」、「負責單位」、「到期日」，針對風險如何處理，由哪個單位處理，以及執行完成的時間設定。這裡的負責單位跟前面的功能部門並不一定相同。

案例：車內影音導航系統的風險分析

風險識別					風險分析		
序號	功能部門	風險描述	可能影響描述	風險狀況	發生機率等級	影響（金額）	排序成績
1	研發	開發時程延遲	成本增加，上市時程延遲	O	H	0.2 億	0.6 億
2	採購	供應商延遲交貨	工廠生產開發樣品時間延遲，開發時程延遲	O	M	330 萬	660 萬
3	採購	國際匯率大變動	元件成本上升	O	M	400 萬	800 萬
4	研發	客戶驗收不過	驗收時程延遲	O	L	330 萬	330 萬
5	產品經理	競爭對手先推出類似產品，因應此競爭而降低產品售價	預期營收下降	O	M	300 萬	600 萬

表 6.9：車內影音導航系統新產品的風險管理表，風險識別與風險分析處理例

如表中所示有五條風險：

1. 研發開發時程延遲，影響上市時間，並且因為時間加長，人力薪資等成本增加。根據估算，一旦延遲半年，損失將達 2000 萬，且因為是新技術，所以發生的機率很高，以 H 等級標註。
2. 供應商因為產能不足或是其他原因，產品送到公司工廠的時間延遲，造成工廠生產開發樣品時間延遲，整體開發時程延遲。發生的機率中等，以 M 等級標註，估計延遲一個月，損失將達 330 萬。
3. 國際匯率突然有高變動，買入元件的成本大大升高，產品本身的成本提高，如果必須維持售價，將會造成不小的損失。估算匯率變化

10%，損失是 400 萬。發生的機率中等，以 M 等級標註。

4. 汽車廠客戶驗收不過：根據以往的經驗跟客戶討論，找出他們的關切點，盡快修正。這個案例的廠商跟客戶很熟，機率很低，以 L 等級標註。如果一旦發生，估計延遲一個月將會造成 330 萬的損失。
5. 競爭對手搶先推出了類似產品，我們的產品晚出，必須靠降價才賣得動。降價會造成收入減少，假設降低 50 美金，估計一年將損失 300 萬。發生的機率中等，以 M 等級標註。

風險管理表 Risk Table											
風險識別					風險分析			風險計畫			
序號	功能部門	風險描述	可能影響描述	風險狀況	發生機率等級	影響（金額）	排序	行動計畫	負責單位	到期日
1	研發	開發時程延遲	成本增加，上市時程延遲	O	H	0.2 億	1	安排訓練強化管控＆能力調用／雇用人才	研發人資	4/1
3	採購	國際匯率大變動	元件成本上升	O	M	400 萬	2	採取財務方式避險	採購／財務	3/8
2	採購	供應商延遲交貨	工廠生產開發樣品時間延遲，開發時程延遲	O	M	330 萬	3	與供應商合約上設計分擔風險制度及罰則	採購	3/8
5	產品經理	競爭對手先推出類似產品，因應此競爭而降低產品售價	預期營收下降	O	M	300 萬	4	注意對手動作加速開發時間	產品經理	3/22
4	研發	客戶驗收不過	驗收時程延遲	O	L	330 萬	5	承受此風險	研發	3/22

表 6.10：針對車內影音導航系統新產品的風險管理表例

根據以上資料進行排序，排序方式是將發生機率等級 H 的值對應到 3，M 的值對應到 2，而 L 值對應到 1，然後跟影響金額相乘，分別得到第一項 6000 萬，第二項 660 萬，第三項 800 萬，第四項 330 萬，以及第五項 600 萬。結果的順序是 1、3、2、4、5。為了方便之後討論，表格中的順序依此排列，並根據排序做資源處理的優先順序：

- 第 1 項因為風險高，要強化相關能力與尋找資源，與人資合作是這時的要點。
- 第 3 項「國際匯率大變動」一般需要採用遠期匯率避險等工具，因此需要財務部門配合，以財務手法避開風險。
- 第 2 項「供應商延遲交貨時間」要看與供應商之間的關係。商場很現實，有錢賺，關係好，問題發生的機率少。這裡要透過合約讓供應商一起分擔風險。
- 第 5 項「競爭對手先推出產品，必須因應降價」，這在市場上很常見。必須盯緊應針對手動作，一旦有新產品時及時因應，減少風險。
- 第 4 項「客戶驗收不過」出現的機率低，衝擊也不大，加上很難預防，所以選擇承受風險。一般針對這類難避開但又衝擊小的風險，都是選擇承受。選擇承受還有一種原因，是因為對應對策的成本勝過承受的代價。兩害相比取其輕，因此選擇承受。

總結

因為所有創新點子都要經過發散＆收斂的過程，而且要對產業競爭者做競爭者分析，使用「競爭者比較表」與「競爭者產品比較表」可達到此目的。在執行前，一定要做可行性評估，確認可行才進入執行步驟。

執行階段會花費大量金錢。要進入執行之前，通常會經過高階主管開會確認，這時候就需要下一章的產品企劃書。

第 7 章

產品企劃書

產品企劃書的製作

因為 DEEM 的執行部分花費巨大，所以要先總結之前的結果，產生產品企劃書。

產品企劃書的主要目的是贏得負責此專案決策的高階主管認可，讓這個案子可以進行，為公司在市場上贏得占有率、賺取利潤、獲得新技術，或是達成其他特別目的。

如圖 7.1 所示，產品企劃書從市場分析、競爭對手分析、使用者需求與想要的研究開始，也就是要考慮客戶真實需求、市場跟競爭對手，而最終的企劃書中要包含專案計畫、專案理由與產品及專案定義，其中專案理由是最關鍵的一項，因為這項是要拿來說服投資者或高階主管，這個案子值得投資，讓它真正有成果，而中間的過程需要做到技術細節評估、產品需求列表、市場與生產需求列表、產品概念測試客戶是否有購買意願、財務分析，以及銷售與收入分析等等步驟。

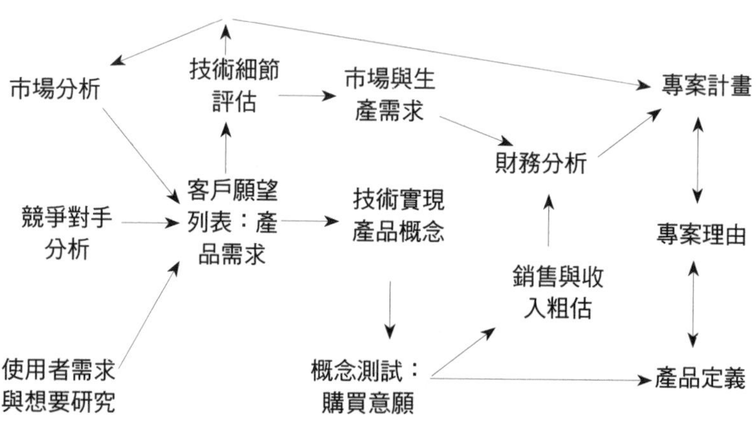

圖 7.1：AIoT 產品企劃書實現步驟

- 產品定義包含設計需求及特性定義、專案範圍、確定的目標市場、定位的策略，以及產品規格；
- 產品規格設定必須要考慮目標市場、產品定位、產品特性、競爭比較、未來擴張、上市時機、市場需求、所需財務、如何生產、對應法規、公司策略，以及相關障礙等部分，這也必須在專案理由中闡述；
- 這個階段的專案計畫在一定要找相關負責功能主管一起討論，尋得承諾，得出對的專案時間表。

產品企劃書

下表顯示出由圖 7.1 步驟對應出的產品企劃書參考架構：

產品企劃書參考架構例

1. 產品介紹
2. 一般描述
3. 初步規格
4. 競爭者比較與競品比較
5. 市場規模與預估占有率
6. 建議價格
7. 專案計畫
8. 期待產品生命週期
9. 風險

- 第 1 至 3 項是產品定義：「產品介紹」會對產品做基本介紹，「一般描述」指的是產品功能的巨觀描述，「初步規格」指的是從細部功能描述，例如使用什麼材質，以多少比例混紡，用什麼織法，搭配的電路板的規格，輸入輸出方式，相關的電子元件規格等等。
- 「市場規模與預估占有率」需要搭配市場調查報告，由市調機構提供的產業資訊，告訴我們未來可能的發展，並透過我們計畫的可能市場占有率，來獲取可能的銷量／訂閱量當成設定目標。不過這個部分變動很快，必須要隨時修正。舉例來說，市場估計 2020 年全世界會有 2000 萬件智慧內衣，而我們預計要拿下 0.1%，所以打算在 2020 年出貨 2 萬件。
- 有了這個設定目標，搭配第 6 項的「建議價格」，例如智慧衣一件 300 美金，可以算出目標銷售金額是美金 600 萬元。
- 「專案計畫」可以用微軟專案軟體完成，也可以用 Excel 完成。因為會規畫產品上市時間，可銜接上「產品生命週期」規劃，預估產品可能的銷售量與週期。
- 「風險」是預估這個案子可能遭遇的不確定危機，細節如第 6 章的「可行性評估」。

我們用以下案例幫助大家做更進一步了解。

案例：智慧紡織品產品企劃書

接下來以智慧衣一號為案例，分段說明產品企劃書，在附錄 A 可以看到整段產品企劃書內容。

智慧衣一號的產品企劃書：產品介紹與一般描述

1. **產品介紹**：智慧衣一號具備智慧居家內衣與智慧運動衣兩種類別，居家內衣聚焦長照市場。
2. **一般描述**：具備感測裝置的智慧紡織品，感測 ECG 心律、呼吸、動作、體溫、肌電指數，並透過 App 顯示感測結果，並且跟雲端平台結合，利用搜集到的感測數據監測身體健康，並給予建議。

初步規格

項目	智慧衣一號
使用範圍	居家內衣與運動用
材質組成	居家型：54% 棉、40% 全聚酯涼感纖維（TopCool+）、4% 彈性纖維、2% 銀纖維 運動型：90% 聚酯纖維、8% 彈性纖維、2% 銀纖維
感測裝置	感測布片
生理數據量測	ECG 心律、呼吸、動作、體溫、肌電指數
類別	男一般內衣、女一般內衣、男運動內衣、男運動背心、女運動內衣
App 需求	大字體，傳輸數據並適當顯示，人工智慧模型在雲端建立好的學習模型，將有手機端對應功能

圖 7.2：自由紡織股份有限公司智慧衣一號產品初步規格

我們設定這款產品為運動用與長者照護用兩款，這樣設定是由競爭者分析得出的結果。針對材質，居家型考慮舒適、夏日涼爽為主，成分為 54% 棉、40% 全聚酯涼感纖維（TopCool +）、4% 彈性纖維、2% 銀纖維；運動型的考慮彈性、排汗，使用 90% 聚酯纖維、8% 彈性纖維、2% 銀纖維。我們結合感測裝置與感測布片，生理數據量測為商業模式規劃的 ECG 心律、呼吸、動作、體溫、肌電指數，來自於紡織產業綜合研究所的技術轉移。App 需適當顯示大字體、傳輸數據，人工智慧模型在雲端建立好的學習模型，將有手機端對應功能。

競爭者比較與競品比較

競爭者比較

<table>
<tr><th colspan="2">競爭者</th><th>南緯</th><th>三司達</th><th>三緯國際</th><th>潤泰全球</th></tr>
<tr><td rowspan="5">主力產品類</td><td>智慧衣主力產品</td><td>AIQ Smart Clothing</td><td>CABALLERO
高機能智慧衣</td><td>XYZlife
BCX
智慧衣</td><td>CorpoX 智慧衣</td></tr>
<tr><td>目標市場／客戶</td><td>運動員</td><td>運動員</td><td>運動員與長照需求人員</td><td>有長照需求人員及一般人員</td></tr>
<tr><td>營業額</td><td>智慧衣未知，全公司 74 億</td><td>查無資料</td><td>智慧衣未知，全公司 1342 億</td><td>智慧衣未知，全公司 104 億</td></tr>
<tr><td>產量</td><td>智慧衣查無資料</td><td>智慧衣查無資料</td><td>智慧衣查無資料</td><td>智慧衣查無資料</td></tr>
<tr><td>市場占有率</td><td>智慧衣查無資料</td><td>智慧衣查無資料</td><td>智慧衣查無資料</td><td>智慧衣查無資料</td></tr>
</table>

圖 7.3：自由紡織股份有限公司智慧衣一號產品競爭對手分析之主力產品對應表

自由紡織股份有限公司在智慧紡織品產業上的競爭對手，我們挑了南緯、三思達、三緯國際、潤泰全球四家，從不同角度切入來做分析。表格中的資料為 108 年度資料。

1. 主力產品：

- 南緯原來就是有名的紡織大廠，主打產品為 AIQ Smart Clothing 智慧衣，著重於運動員市場。這個市場很大，因為所有人都可以運動，只是專業跟業餘的差別。由於智慧紡織品產業剛起步，年產量還很小，很難獲得目前的年產量與占有率資料，所以欄位以「智慧衣查無資料」顯示。全公司營業額 74 億台幣，顯示此公司的體質強健。
- 三司達以 CABALLERO 為智慧衣品牌主攻。因為本身經營運動市場多年，主要客群跟南緯一樣是運動員。因為找不到財報與相關資料，用「智慧衣查無資料」與「查無資料」來表示。
- 三緯國際是新金寶集團的子公司，以 BCX 品牌智慧衣為主力產品，因為發現長照市場很有未來，所以切入長照市場，也切入了運動員的大市場。找不到這家公司的財報資料，所以以母集團新金寶集團的 1342 億營收來說明其公司集團體質很好。跟南緯類似，智慧衣年產量與占有率資料很難獲得，所以欄位以「智慧衣查無資料」顯示。
- 潤泰全球原本就是有名的紡織代工大廠，找上紡織產業綜合研究所合作切入智慧紡織品，以經營線上訂製出名的 CorpoX 品牌來經營智慧衣。產品針對長照人員跟一般人員，而不是運動員。潤泰全球所有產品營業額為 105 億。跟南緯及三緯國際類似，目前的智慧衣年產量與占有率資料很難獲得，所以欄位以「智慧衣查無資料」顯示。

競爭者		南緯	三司達	三緯國際	潤泰全球
行銷	產品策略	為一紡織公司，在亞、美、非三洲擁有設計研發、染紗、織造、染整、貼合、成衣製造。智慧衣為試水溫產品，但已看見完整規劃。 算是業界早切入的廠商，也擁有相關專利。	有自行車、釣具運動部門，跟紡織產業綜合研究所合作，打入機能衣與智慧衣的運動市場，可說是從原自行車運動產品領域的延伸。	電子大廠金寶轉投資企業，原主業為 3D 印表機，跨入智慧衣為布局穿戴式裝置與智慧醫療發展。找聚陽代工智慧機能衣。感測器與機能衣可分開購買，也可合併購買。	為大廠代工服飾，代理國際名牌進入台灣。銷售機能服飾、運動服飾。智慧衣為試水溫之作。
	價格	BioMan 100 男款智慧路跑衣、自行車衣、女性運動內衣，定價均為 3980 元。	心跳感測高機能壓縮衣 1880 元，心跳感測半網運動背心折扣價 2370 元，心跳感測全網運動背心定價 1880 元。	男款運動短袖、女款運動內衣結合感測器價格為 4800 元，單賣感測器 2800 元，單賣衣服 2000 元。	男女款 24 小時居家照護涼感智慧衣 1 件組＋ 1 感應器優惠價 2999 元（定價 3999 元），2 件組＋ 1 感應器優惠價 4999（定價 6999 元），5 件組＋ 1 感應器優惠價 7999 元（定價 12999）。
	通路	網路、專賣店	網路、專賣店	網路	網路、專賣店
	推廣	展覽、臉書粉絲頁（宣傳差）	展覽、YouTube（宣傳差）、臉書粉絲頁「2pir x Caballero」粉絲數約 7500 人（2020/ 02/18）	展覽、YouTube（點閱一千多次 20200218）、Flying V 群眾募資（未達標）、臉書約粉絲 1000 人（2020/02/18）	展覽、YouTube（品牌點閱超過一萬次，2020/02/18）、臉書「Corpo 線上訂製」粉絲數超過 8000 人（2020/02/18）

圖 7.4：自由紡織股份有限公司智慧衣一號產品競爭對手分析之行銷對應表

就競爭對手的行銷產品策略、價格、通路、推廣四個構面來看：

1. 產品策略：

- ■ 南緯是大公司，具備設計研發、染整等能力，實力很強，在智慧紡織品相關專利也有著墨，進入智慧紡織品界也很早；
- ■ 三思達為創辦人在日本成立的公司，產品原以自行車與釣具運動產品為主，在多年跟紡織產業綜合研究所合作後，切入機能衣與智慧衣市場，在台灣自創品牌 CABALLERO [1]，是原運動產品領域的延伸；
- ■ 三緯國際主業本是 3D 印表機，後來切入智慧衣，衣服跟聚陽合作，本身以強大的電子業能力切入感測裝置；
- ■ 潤泰全球原是大廠代工服飾夥伴，並代理國際名牌，最近幾年開始做智慧衣，可說是在試水溫。

2. 價格：

- ■ 南緯 BioMan100 有智慧衣、自行車衣、女性運動內衣三款，價格統一為 3980 元；
- ■ CABALLERO 心跳感測高機能壓縮衣 1880 元，心跳感測半網運動背心折扣價 2370 元，心跳感測全網運動背心定價 1880 元，是南緯的 5 折至 6 折，看來是用較低價格搶市場；
- ■ 三緯國際 XYZlife BCX 男款運動短袖、女款運動內衣結合感測器價格為 4800 元，單賣衣服 2000 元，單賣感測器 2800 元，沒有組合銷售特別價，可能也是因為衣服跟感測器來自不同公司；

---

1. 資料來源：https://running.biji.co/index.php?q=news&act=info&id=94457&subtitle= https://running.biji.co/index.php?q=news&act=info&id=94457&subtitle=【產品】心率帶結合機能衣 + 臺灣品牌 +CABALLERO+ 改變你的運動體驗

■ 潤泰全球官網上顯示男女款 24 小時居家照護涼感智慧衣 1 件組＋ 1 感應器優惠價 2999 元（定價 3999 元），2 件組＋ 1 感應器優惠價 4999（定價 6999 元），5 件組＋ 1 感應器優惠價 7999 元（定價 12999），以一件至多件衣服搭配感測器銷售。官網上的定價讓人覺得是晃子，優惠價才是重點，用此搭配每件衣服才 1400，感測器可分開重複使用，讓人覺得衣服買多件更划算。

3. 通路：四家都有網路通路；目前只查到三緯國際 XYZ Life 沒有專賣店，可能是因為金寶系統跟聚揚都以代工為主，所以沒有品牌銷售門店。
4. 推廣方式跟客戶很有關係，南緯靠展覽跟臉書粉絲頁，但粉絲數量不多；三司達以展覽、YouTube、臉書粉絲頁推廣，其中 YouTube 點擊率低，臉書有 7500 名左右的粉絲，水準尚可；三緯國際的推廣除了靠展覽、YouTube，還使用群眾募資。YouTube 有 1000 次以上點閱，而且上 FlyingV 上做群眾募資，不過募資未達標；潤泰全球有展覽、YouTube 及臉書粉絲頁，其中 YouTube 跟臉書行銷效果都不錯，分別具備 YouTube 點擊超過 10000，粉絲超過 80000 人的佳績。

總結這四家的比較，可以看出各有千秋。南緯有先發者優勢；三司達由運動主業衍生，起步得算早；三緯國際 XYZlife 是從電子業結合聚揚代工公司，從代工轉為智慧醫療品牌，電子能力最強，感測功能多；潤泰全球最後進場，感測功能多，而且跟網路族群的互動強。

競爭者		南緯	三司達	三緯國際	潤泰全球
經營	優勢	傳統紡織業起家，紡織技術佳。 專利技術強。	原運動品牌形象佳。 與網路族群溝通順暢。 產品性價比高。	電子技術佳。 已通過 ISO13485 醫療認證，及獲得歐洲醫療認證。	線上訂製與 YouTube 抓到年輕族群。 紡織技術佳。
	劣勢	電子技術較弱。 對網路族群接觸力道小。	主力為腳踏車與釣具，服飾類為新進，耕耘不夠久，相關技術都依賴紡織產業綜合研究所的合作。	紡織部分找聚陽代工，掌握較弱。 線下門市店體驗機會少。 品牌經營不強。	剛進入智慧紡織，相關技術還在發展。 對長照需求者的宣傳不強。

圖 7.5：自由紡織股份有限公司智慧衣一號產品競爭對手分析之經營對應表

關於競爭對手分析的經營對應表：

- 南緯的優勢是紡織技術好，專利技術強；劣勢是電子技術較弱，而且對網路族群處理力道小。
- 三司達的優勢是原來在自行車及釣魚方面的運動相關產品，品牌做得久，形象不錯，與網路族群溝通算好，產品性價比高；劣勢在於對紡織類耕耘時間不夠，相關技術都依賴紡織產業綜合研究所的合作。
- 三緯國際電子與傳輸技術佳，而且已通過 ISO13485 認證，2017 年拿到歐洲醫療認證；缺點是紡織找聚陽代工，這部分的掌控較弱，從他的產品定價中沒有整合優惠，又沒有線下門市可以體驗，之前做群眾募資又沒達標，在品牌經營上的力道不強。
- 潤泰全球本身的紡織能力強，與最有可能購買運動智慧衣的網路族群有很強的溝通能力，但是現有產品並非運動系列；劣勢是剛進入智慧紡織，相關技術與生態夥伴還在發展。這個產品主打長照族群，與醫院通路溝通應該要更強，不過現在沒看到太多訊息。

競品比較

	智慧衣一號	南緯 AIQ BIOMAN 100	三司達 CABALLERO 心跳感測運動衣	三緯國際 XYZlife BCX 智慧衣	潤泰全球 Corpo X 智慧衣
量測的生理數據	ECG 心率、呼吸、動作、體溫、肌電指數	心率	心率	心率、運動效能、壓力指數、疲勞狀況	心率、呼吸、溫度、記步、熱量、姿勢異常
材質組成	居家型：54% 棉、40% 全聚酯涼感纖維（TopCool +）、4% 彈性纖維，2% 銀纖維 運動型：90% 聚酯纖維、8% 彈性纖維、2% 銀纖維	88% 聚酯纖維、12% 彈性纖維	89% 聚丙烯纖維、9% EA、2% 銀纖維	聚陽紡織代工生產之機能布料	54% 棉、42% 全聚酯涼感纖維（TopCool +）、4% 彈性纖維
感測裝置	感測布片	感測器	感測織帶	感測器	感測布片
產品類別	男一般內衣、女一般內衣、男運動內衣、男運動背心、女運動內衣	男自行車衣、慢跑衣、男智慧衣、女運動內衣	高機能壓縮衣、心跳感測半網運動背心、心跳感測全網運動背心	男運動背心、男運動短袖、女運動內衣	男一般內衣、女一般內衣

圖 7.6：智慧衣一號競爭產品分析表

這裡比較的是南緯 AIQ BIOMAN 100、三司達 CABALLERO 心跳感測運動衣、三緯國際 XYZlife BCX 智慧衣、潤泰全球 Corpo X 智慧衣四個競品，比較規格有量測的生理數據、材質組成、感測裝置與產品類別四項。因為自由紡織的智慧衣一號是後進產品，而且基於競爭者分析的結果，我們得出了以上規格。我們同時主打舒適寬大的長照用內衣市場與運動服市場，先以單賣運動服獲得市場認可，同時找醫院或與長照機構合作的平台，獲得分析數據結果。

5. 市場規模與預估占有率：

根據 MarketsandMarkets 網站資料，2019 年全球智慧衣有 16 億美金的市場，預估到 2024 年會成長到 53 億美金。[2] 我們的產品預計 2022 年上市，那時的全球市場預估，從 2022 年到 2024 年約有 135 億美金。我以市占率 0.05 % 估計，認為我們從 2022-2024 年可以銷售到 675 萬美金。

智慧衣一號建議價格資料、專案計畫，與期待產品生命週期

6. 建議價格：

居家智慧衣 1 件組＋ 1 感應器定價 3500 元，2 件組＋ 1 感應器定價 5000 元，4 件組＋ 1 感應器定價 7500 元。運動衣也是同價格。

7. 專案計畫：

預計 2 年開發時間，規劃進入醫療體系的時間為 2023 年。

8. 期待產品生命週期：5 年。

2. 資料來源：https://www.marketsandmarkets.com/Market-Reports/smart-clothing-market-56415040.html

第 6 項「建議價格」：參考了材料成本與競爭者們的價格，我們這邊的建議價格是居家智慧衣與運動衣同價格，1 件組＋ 1 感應器定價 3500 元，衣服 1500 元，感應器 2000 元。可以組衣服 2 件組＋ 1 感應器定價 5000 元，4 件組＋ 1 感應器定價 7500 元。

第 7 項「專案計畫」：規劃在 2 年內完成；因為是醫療使用，規劃進入醫療體系的時間為 2023 年。可以更細部規劃，標明各項里程碑，或附上專案計畫表，視各個公司需求而定。

第 8 項「期待產品生命週期」是 5 年。產品生命週期通常要觀察競爭對手。因為南緯產品在市場上已經 3 年，基於過去的經驗，設定 5 年為期待產品生命週期。

風險管理表

風險管理表 Risk Table										
風險識別					風險分析			風險計畫		
序號	功能部門	風險描述	可能影響描述	風險狀況	發生機率等級	影響（金額 NTD）	排序	行動計畫	負責單位	到期日
1	研發產品	新技術掌握時間超過預期	開發時間延遲	O	H	1200 萬	2			
2	研發產品	TFDA 太晚拿到	上市時間延遲	O	M	600 萬	3			
3	研發產品	找不到合適的醫療合作夥伴	開發時間延遲	O	L	600 萬	4			

4	行銷銷售	產品銷量不如預期	營收低於預期	O	H	2000 萬	1			
5	生產製造	工廠產線量產時間延遲	影響量產計畫	O	L	300 萬	5			

圖 7.7：智慧衣一號的風險管理表初版

關於風險管理：

- 第 1 高的風險是產品銷量不如預期，影響到營收：假設營收只有我們預估的 90%，影響金額約 2000 萬。經過內部討論後，覺得風險發生的機率很高。
- 第 2 高的風險是掌握智慧紡織的新技術的時間超過預期：因為是第一次跟紡織產業綜合研究所與合通電子合作，我們先預估影響時間 4 個月，相關影響金額會是 1200 萬。經過內部討論後，覺得風險機率很高。
- 第 3 高的風險是 TFDA 太晚拿到，會影響到產品正式進入醫療院所的時間。初估影響 2 個月，影響金額 600 萬。討論後覺得機率中等。
- 第 4 高的風險是找不到適合的醫療合作夥伴，初估影響 2 個月，影響金額 600 萬。因為正在跟醫療夥伴討論中，討論後覺得發生機率很低。
- 最後一個風險是工廠產線量產時間延遲，影響量產計畫，初估影響 1 個月，影響金額 300 萬。經過討論後，覺得機率很低。

總結

本章以產品企劃書的製作步驟與架構，實際演練架構 AIoT 產品企劃書的步驟，從獲取到的產品相關資訊，完成產品企劃書。

這裡要特別強調，架構只是用來參考。您當然可以採用書內建議的架構寫企劃書，也可以依照公司的實際需要，在基礎架構上添加需要評估的項目。架構基本上要具備專案計畫、專案理由、產品及專案定義三大要素，而且專案理由能夠說服高階主管給予資源，這樣就很足夠了。

第 8 章

執行流程：體驗設計與專案管理

執行流程工具

完成「產品企劃書」之後，要向公司高層或投資者提出報告，確認獲得了執行資源，就可以進入執行階段。

執行階段是專案管理的範疇，我們要談「研發專案管理」及「敏捷專案管理」兩種重要的流程工具：敏捷專案管理特別適合需求變化快速的現代；研發專案管理則是我在工業技術研究院教課的內容，是根據我工作 20 多年來針對研發專案管理的方法整理而成。

現在客戶在乎體驗，所以這裡也會介紹一套我設計的「AIoT 體驗設計」的工具。

在正式進入兩套流程工具之前，要先讓各位了解專案管理的流程。一個專案的完全過程或專案階段，都需要有一個專案管理流程。一般是由五個不同的工作流程構成：

1. **啟動流程**：定義專案階段的工作與活動、決策專案或專案階段的起始與否，以及決定是否繼續進行專案或專案階段等工作。
2. **規畫流程**：擬定、編制、修訂專案或專案階段的工作目標、工作計畫方案、資源供應計畫、成本預算、計畫應急措施等。
3. **執行流程**：組織和協調人力資源與其它資源，組織和協調各項任務與工作，激勵專案團隊完成既定的工作計畫，生成專案產出物等。
4. **監控流程**：包含有制定標準、監督和測量專案工作的實際情況、分析差異和問題、採取糾偏措施等。都是保障實現專案目標，防止偏差積累而造成專案失敗的管理工作與活動。
5. **結案流程**：制定專案或專案階段的移交與接受條件，專案或專案階段成果的移交，使專案順利結束的管理工作和活動。

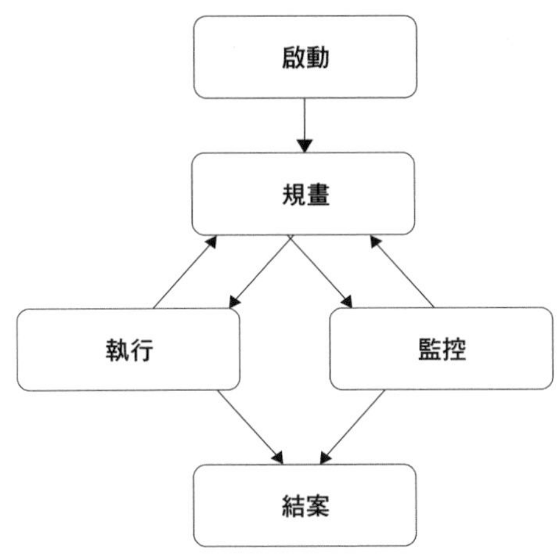

圖 8.1：專案管理五大流程

研發專案管理

針對公司新產品或服務的研發而做的專案管理，叫做「研發專案管理」。專案管理是由專案經理執行，但是高效產品開發流程的精髓，強調產品開發不僅是研發人員的職責，也要有市場、研發、工程、製造、客服和投資分析等相關部門的跨部門合作，產品競爭力體現在開發流程的管理上。

研發專案管理的完整過程包括以下工作：制定技術目標、組建專案團隊、制訂專案計畫、處理範圍變化、控制實際進展，以及整理、完善技術檔案。

研發專案管理過程中往往有以下重大挑戰：

1. 系統規模與複雜性不斷增加。
2. 技能專業化要求增加，包含科學家、工程師、技術員、經理。
3. 組織及專案成員的目標不同。

4. 組織難以適應快速變化的環境，特別是現在科技變化越來越快。

5. 無法繼承過去研發成果的獨特性：

    - 缺乏由經驗得來的標準，無法在嚴格的時間、費用限制下，有目的地研究發展工作。
    - 被不確定性工作所主導。

研發專案要成功，專案經理可以先問自己以下問題：

1. 專案的目標、範圍是否明確？
2. 是否獲得高階主管的積極支援？
3. 專案的組織是否健全、穩定？
4. 是否建立了有序、有效、良好的溝通管道？
5. 是否具有有效、全面的專案管理，嚴格的變更控制？
6. 是否建立了良好積極的團隊合作工作氛圍？
7. 專案經理的經驗是否足夠？

此外，研發專案管理需要了解公司的企業文化、策略、業務、流程、組織結構與職責、人員狀況等，才有利於提高專案管理的效率和專案成功率。要了解公司的組織結構與職責，需要明確誰是直屬主管、直屬下屬，如何對上級有效彙報、給予下屬明確的指示，以及怎樣與各級人員有效溝通。

所以研發專案經理必須要具備概念性技能，包含分析問題的能力、正確決策的能力、解決問題的能力，以及靈活應變的能力；也必須具備人際關係能力，包含溝通能力、激勵能力、影響他人行為的能力、人際交往能力，以及處理矛盾和衝突的能力。

接下來各節要討論研發專案管理需要的文件與技能。PMP 雖然有提到專案人力資源管理與採購管理，但這裡因為一般企業的專案是透過人力資源部門與採購部門統籌管理，所以不在討論之列。

專案啟動：設定專案章程

我們在第 6 章談過了專案可行性評估。評估通過後，專案要按照計畫執行。

在開始執行之前，設定如表 8.1 的專案章程，可以讓所有參與成員了解專案的目標，所有人員才能一心往前。

專案名稱	
專案描述	
專案目標	
專案里程碑	
資源需求	
專案負責人	

表 8.1：專案章程

為了讓大家了解智慧產品的研發專案開發流程，我們以智慧衣一號專案為例說明。

案例：智慧紡織品智慧衣一號專案章程

智慧衣一號的專案章程是專案經理設定，設定完之後，找所有專案成員一起討論，以完成表 8.2 的智慧衣一號專案章程例如下：

專案名稱	智慧衣一號
專案描述	智慧衣將成為紡織業未來的希望，智慧衣一號為自由紡織股份有限公司切入智慧裝置市場的重點項目。
專案目標	在 2022 年 12 月前完成智慧衣一號系統
專案里程碑	紡織產業綜合研究所完成智慧衣技術轉移 完成訊號傳送盒 導入銀線技術 確定衣服質料 完成 APP 上架 完成雲端系統對應初版 完成初版原型 完成第二版原型 啟動大量生產
資源需求	公司成員、紡織產業綜合研究所成員、訊號傳送盒製作公司成員、特殊紡織用機器、APP 成員、雲端系統公司成員
專案負責人	Joe

表 8.2：智慧衣一號的專案章程

專案範疇管理

執行專案計畫要召集執行人員，制定專案，確定專案範疇。專案範疇的定義主要有：

1. 專案產出物描述。
2. 組織的策略計畫。

3. 方案的選擇標準。

4. 相關的歷史資訊。

透過工作分解技術可以展開所有專案工作，是專案範疇定義的方法技術。

工作分解技術是指將專案產出物（或專案目標）逐層細分為更小、更易管理的子專案或專案要素，直到分解出的要素非常詳盡，能夠支援下一步的專案活動分析與定義為止。

專案工作分解技術的主要步驟如下：

1. 識別主要的專案要素。
2. 分解專案的構成要素。
3. 檢驗工作分解結果的正確性。

專案工作分解的作用在於：

1. 將大系統變成具體的小工作單元，複雜→簡單，難以預測→易於預測，難以控制→易於控制。
2. 制定專案計畫、編制專案預算、確定專案組織、分配工作的基礎。
3. 更深入了解開發專案情況，特別是對應做的工作產生更透徹的概念。
4. 便於了解整個專案開發系統的結構，便於合作、協調。

專案工作分解結果的標準為：

1. 分解後的活動結構清晰。
2. 邏輯上形成一個大活動。
3. 整合了所有關鍵因素。
4. 包含臨時的里程碑和監控點。
5. 所有活動定義清楚。

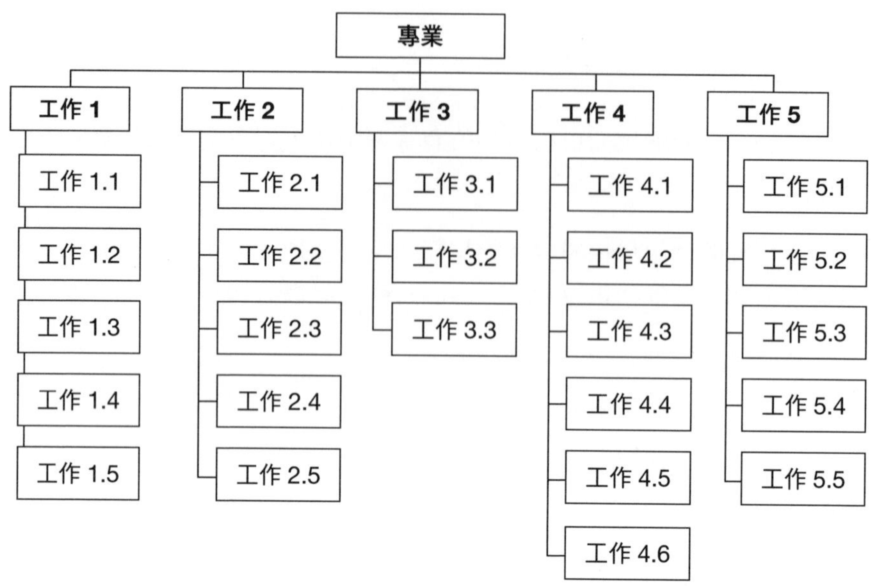

圖 8.2：專案分解樹狀結構

這裡要使用專案分解樹狀結構，來達成專案工作分解技術。

在專案的執行與監控過程中，可能會因為需求而改變專案的範疇管理，這時候就要考量是否增加或減少工作項目。另外，範疇改變時需要管理變更需求，一般可以用變更請求文件申請，經過公司內部人員確認變更的影響，並跟相關客戶達成共識。圖 8.3 為一個變更請求的案例。

<table>
<tr><td colspan="3">變更請求 CR</td><td>SN：</td></tr>
<tr><td colspan="4"></td></tr>
<tr><td>CR Type：（✓）
__✓__需求 ____缺陷</td><td>專案名稱：</td><td colspan="2">功能：</td></tr>
<tr><td colspan="4">變更請求標題：</td></tr>
<tr><td colspan="2">申請日期：</td><td colspan="2">嚴重度：（✓） ✓致命 ____高____中
低</td></tr>
<tr><td colspan="4">申請人：</td></tr>
<tr><td colspan="4">變更描述：</td></tr>
<tr><td colspan="4">評估結果：</td></tr>
<tr><td>批准</td><td colspan="2">批准</td><td>日期</td></tr>
<tr><td>同意與否</td><td></td><td>客戶：</td><td></td></tr>
</table>

圖 8.3：變更請求表例

為了讓大家更深入了解專案分解樹狀結構，我們用以下案例做細部講解。

案例：智慧紡織品智慧衣一號的專案分解樹狀結構

根據自由紡織股份有限公司的智慧衣一號的專案章程，我們得知有以下的里程碑設定：

1. 與紡織產業綜合研究所合作，完成智慧衣技術轉移。
2. 完成訊號傳送盒。
3. 導入銀線技術。
4. 確定衣服質料。
5. 完成 APP 上架。
6. 完成雲端系統初版。
7. 完成初版原型。
8. 完成第二版原型。
9. 啟動大量生產。

對應出來的工作有五類：

1. 智慧衣技術轉移：可分解為線材技術、感測器技術、整合技術，以及生產技術。
2. 製作訊號傳送盒：可分解為規格確認、EVT 原型完成、DVT 原型完成、大量測試用原型完成，以及量產。
3. 製作智慧型手機 APP：可分解為 Alpha 版、Beta 版、Pre-Release 版，以及上線版。
4. 製作混合雲系統：可分解為雲端系統程式製作、AI 數據訓練、AI 上線版模型建立、混合雲系統規劃、混合雲系統建置，以及 AI 服務上線。

5. 製作智慧衣原型與準備量產：可分解為原型設計、初版原型完成、第二版原型完成、整合系統測試完成，以及大量生產。

依此做專案分解結構如圖 8.4：

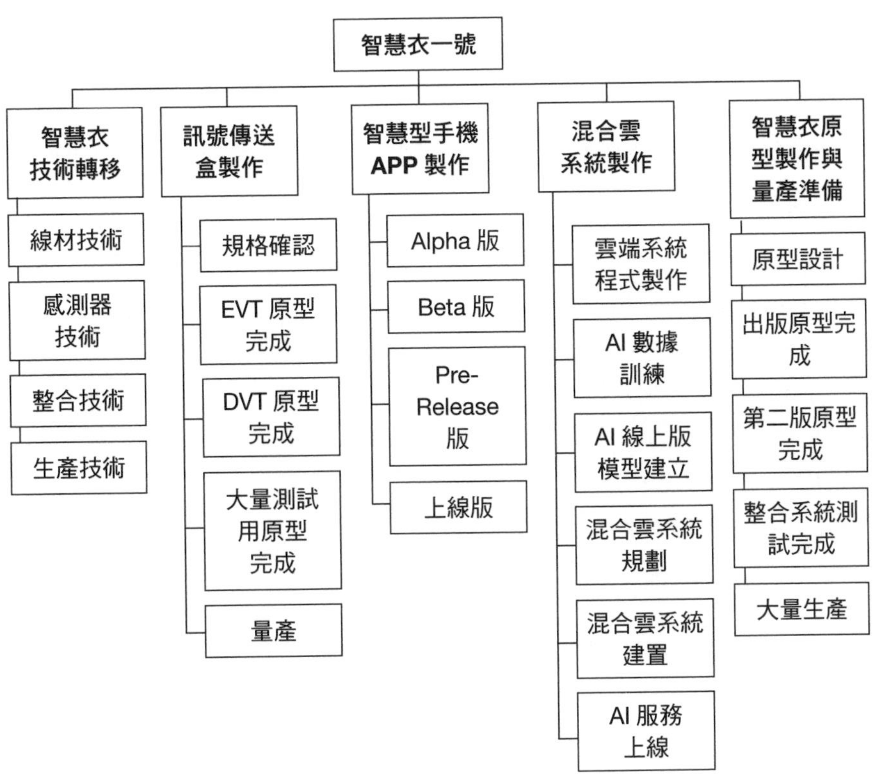

圖 8.4：智慧衣一號專案分解樹狀結構

專案時間規劃

確認專案分解樹狀結構之後，相關工作要做時間與負責人分配，然後要把時間安排做成甘特圖。

專案時間的估算有以下原則：

1. 讓某項活動的負責人預估該項活動的工期是較好的做法。
2. 任命一位有經驗的人預估他們負責的專案工期。
3. 可以參考歷史資料。
4. 工期估計應富於挑戰性，又符合實際，稍微激進的估計比過分不保守的估計要好一些。

甘特圖是考慮相依關係，依照時間順序排列出來的表格式圖形，活動中的相依關係有四種：

1. 結束－開始：工作 A 結束後，工作 B 才開始。
2. 開始－開始：工作 A 跟工作 B 一起開始。
3. 結束－結束：工作 A 跟工作 B 一起結束。
4. 開始－結束：工作 A 開始後，工作 B 才結束。

也就是說，甘特圖可以把任務羅列出來，標明任務名稱、開始時間、完成時間、工期、資源名稱等。

序號	工作	開始日	結束日	日數	資源名稱
1					
2					
3					
4					
…					

圖 8.5：甘特圖

根據相依關係也可以排出網狀圖 PERT。從網狀圖上可以看到時間上的第一個任務到最後一個任務的連結關係，因此可以找出最長的路徑，這也就是所謂的關鍵路徑。關鍵路徑上的每個任務都要特別關注，因為一旦任務超過應有的完成時間，就會延長整個專案的時間，影響到上市時間。

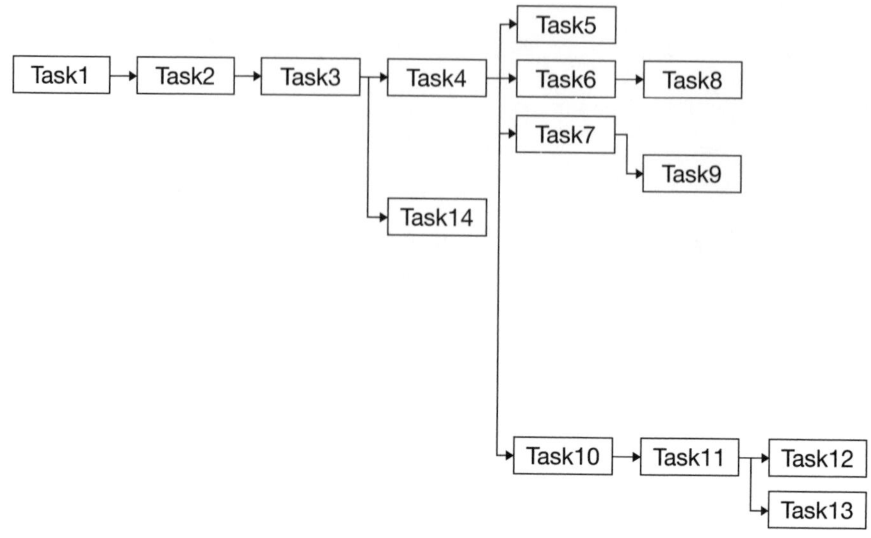

圖 8.6：PERT 網狀圖例

接下來以智慧衣一號的例子來做甘特圖與網狀圖。

案例：智慧紡織品智慧衣一號的甘特圖與網狀圖

因為新冠肺炎的影響，智慧衣一號的進度延後了。專案團隊重新跟夥伴廠商協調，並和內部成員討論後，新做出以下的甘特圖計畫：

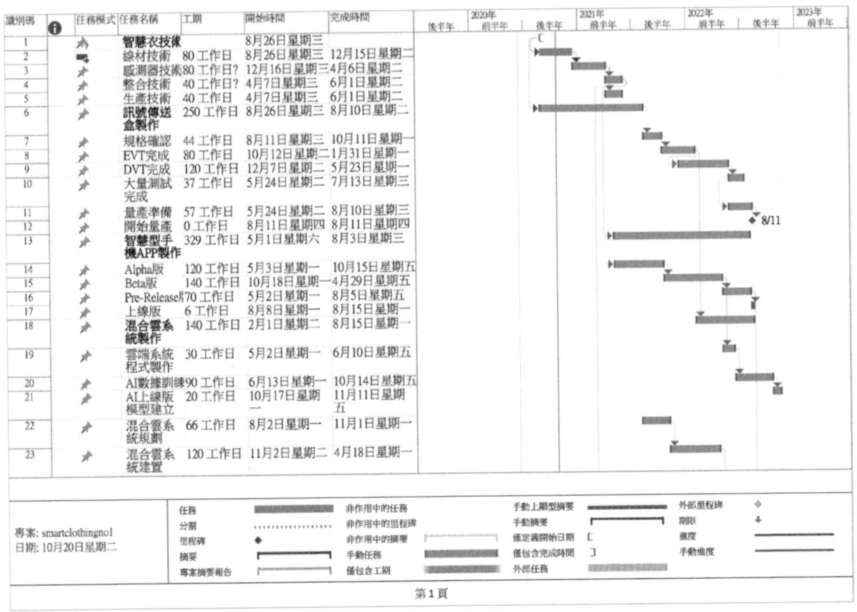

識別碼	任務模式	任務名稱	工期	開始時間	完成時間
1		**智慧衣技術**		8月26日星期三	
2		線材技術	80 工作日	8月26日星期三	12月15日星期二
3		感測器技術	80 工作日?	12月16日星期三	4月6日星期二
4		整合技術	40 工作日?	4月7日星期三	6月1日星期二
5		生產技術	40 工作日	4月7日星期三	6月1日星期二
6		**訊號傳送盒製作**	250 工作日	8月26日星期三	8月10日星期二
7		規格確認	44 工作日	8月11日星期三	10月11日星期一
8		EVT完成	80 工作日	10月12日星期二	1月31日星期一
9		DVT完成	120 工作日	12月7日星期二	5月23日星期一
10		大量測試完成	37 工作日	5月24日星期二	7月13日星期三
11		量產準備	57 工作日	5月24日星期二	8月10日星期三
12		開始量產	0 工作日	8月11日星期四	8月11日星期四
13		**智慧型手機APP製作**	329 工作日	5月1日星期六	8月3日星期三
14		Alpha版	120 工作日	5月3日星期一	10月15日星期五
15		Beta版	140 工作日	10月18日星期一	4月29日星期五
16		Pre-Release版	70 工作日	5月2日星期一	8月5日星期五
17		上線版	6 工作日	8月8日星期一	8月15日星期一
18		**混合雲系統製作**	140 工作日	2月1日星期二	8月15日星期一
19		雲端系統程式製作	30 工作日	5月2日星期一	6月10日星期五
20		AI數據訓練	90 工作日	6月13日星期一	10月14日星期五
21		AI上線版模型建立	20 工作日	10月17日星期一	11月11日星期五
22		混合雲系統規劃	66 工作日	8月2日星期一	11月1日星期一
23		混合雲系統建置	120 工作日	11月2日星期二	4月18日星期一

識別碼	任務模式	任務名稱	工期	開始時間	完成時間
24		混合雲系統上線確	10 工作日	4月19日星期二	5月2日星期一
25		智慧衣原型製作與量產準備	100 工作日	4月7日星期三	8月24日星期二
26		原型設計	40 工作日	8月25日星期三	10月19日星期二
27		初版原型完成	100 工作日	10月20日星期三	3月8日星期二
28		第二版原型完成	100 工作日	3月9日星期三	7月26日星期二
29		整合系統測試完成	20 工作日	8月4日星期四	8月31日星期三
30		大量生產開始	0 工作日	9月1日星期四	9月1日星期四

2020年 2021年 2022年 2023年
後半年 前半年 後半年 前半年 後半年 前半年 後半年 前半年
9/1

專案: smartclothingno1
日期: 10月20日星期二

任務 分割 里程碑 摘要 專案摘要報告
非作用中的任務 非作用中的里程碑 非作用中的摘要 手動任務 僅包含工期
手動上期型摘要 手動摘要 僅定義開始日期 僅包含完成時間 外部任務
外部里程碑 期限 進度 手動進度

第2頁

圖 8.7：智慧衣一號專案的甘特圖

其對應的 PERT 網狀圖會是圖 8.8 樣式。因為太長，所以拆成兩段，第一段的線會接到第二段的（a）、（b）、（c）、（d），以及（e）：

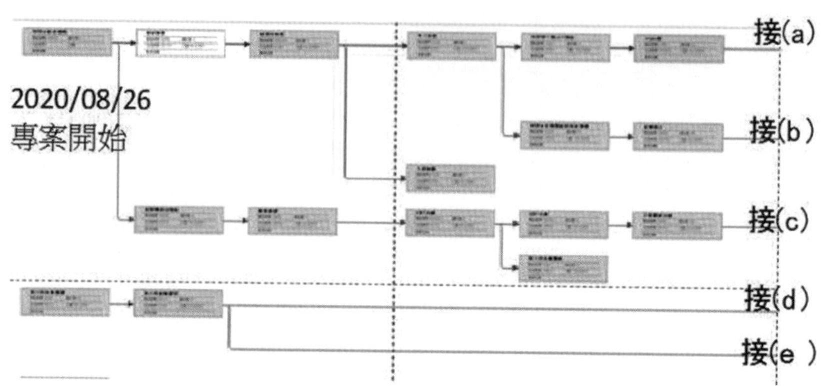

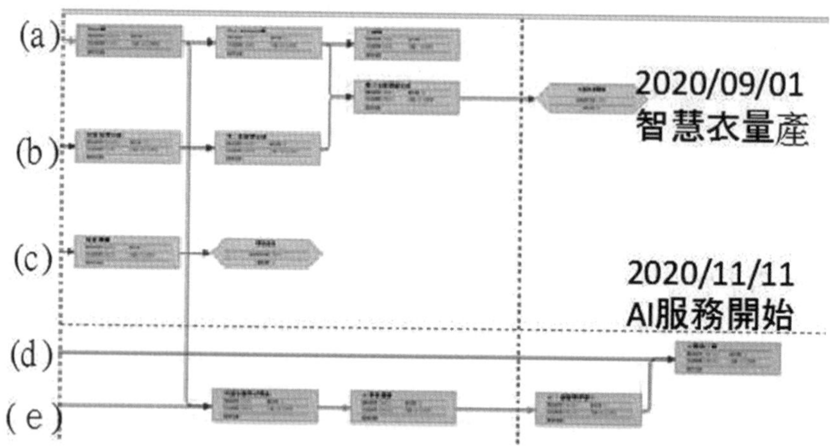

圖 8.8：智慧衣一號專案的網狀圖

專案計畫實行與監控

制定出專案計畫的同時，必然產生與專案計畫匹配的資源需求計畫。包含以下內容：

1. 人力資源需求計畫。
2. 儀器設備需求計畫。
3. 物料需求計畫。
4. 環境、場地需求計畫。

資源需求計畫是產品研發預算的基礎，也是財務分析的依據。

對於專案計畫的監控，我喜歡使用甘特圖。在使用專案管理軟體[1]排定時可以設定相依關係，只要每次更動甘特圖，相關計畫就會跟著連動；在做監控管理時，真實的時間與計畫的時間可以做對應調配。展開甘特圖後，確認專案時間計畫符合需求，每次專案會議就可以依此計畫檢討，確認工作進度是否準時完成。

一旦發現有工作項目超出預期時間，且會影響到專案的進程，進而造成延遲，就需要立即處理。縮短開發週期的任務通常有三種方式：

1. 多投入資源（人力資源、環境等），特別是關鍵路徑上的任務。
2. 根據任務的重要程度，取消／延遲某些開發任務。
3. 細分工作任務。

計畫監控需設定監控點。監控點為重要的里程碑，且時間間隔要合乎常理。

1. 使用工具是 Microsoft Project。

依專案需求，可在每週、每月末，或每個階段末做檢討會議，進行情況彙報和檢查等，透過網狀圖和甘特圖、預算報告和工作總結、階段評審的報告等，及時發現問題和進行評審。專案監控要搭配工作以外的交流和溝通進行控制，在非正規監控的場所會得到比在辦公室更坦率、更誠實的回饋，能了解到醞釀中的問題，且要比問題出現在情況報告中或某次會議上快得多。也就是說，透過良好的溝通，特別是私下的溝通，更容易了解狀況。不管正式與非正式，專案監控有五個步驟：

1. 及時掌握最新情況和專案進展。
2. 分析計畫進度和品質產生偏差的原因。
3. 處理偏差。
4. 公布修改方案及滾動的計畫。
5. 每周報告管理部門。

為明確計畫和方案，專案經理要定期與不定期召集例會。例會中可討論以下問題以達到監控目的：

1. 里程碑計畫為什麼沒有完成？
2. 沒有完成的影響如何？
3. 工作何時可以完成？
4. 是否需要啟動備案？
5. 哪一天才能趕上計畫中的進度？

專案檢討會議是專案執行很重要的會議，檢討有以下要點：

1. 專案明確界定會議的目的。
2. 議程要明確，並要提前準備。

3. 邀請必要的人到會，尤其是關鍵人物入會，如果他沒到，整個會議可能就白開了。
4. 如果有重要人物參加，最好讓發言人預先演練，給重要人物留下好印象。
5. 以對你最有利的方式組織專案回顧檢查會，不要拿石頭砸自己的腳。
6. 先讓所有人明瞭議程，並在會議中遵守議程。
7. 自上次會議以來的主要成就，表揚執行者。
8. 檢討進度、成本狀況（實際與計畫相對照）。
9. 討論重大問題及對應的行動計畫。
10. 討論下個階段的計畫。
11. 討論特殊議題（具有緊迫性的議題）。
12. 總結本次會議討論出來的各項行動事項，確認負責人和執行時間。
13. 會議時間切勿超時，否則會讓人認為你管控時間的能力不佳，而且參加者可能會認為你浪費他的時間。

風險管理

專案風險管理要做的是識別風險並提出計畫，好讓風險最小化。風險發生主要在以下三項：

1. 專案風險影響專案時程或是資源。
2. 產品風險影響開發軟體品質或表現。
3. 企業風險影響組織開發或獲取軟體。

專案經理控制風險是很重要的一環。風險控制得好，緊急救火的事件就少。

風險管理流程有四個步驟：

1. 風險識別：識別專案、產品，或是企業風險。
2. 風險分析：評估風險的相似性及序列性。
3. 風險計畫：提出計畫，以避免或減少風險的效應。
4. 風險監視：採用專案全程監控。

第 6 章的風險管理表描述過「風險識別」、「風險分析」、「風險計畫」的細節，此處不贅述，這裡要著重於實務管理，也就是風險監視。

風險監視需定期識別每個風險，以判別它實際成形的機率，並且評估風險效應是否改變。在管理專案進度會議中，特別要針對每個關鍵風險進行討論。

案例：智慧紡織品智慧衣一號的風險管理

在案子正式開始後，智慧衣一號的專案小組就在圖 7.11 的風險管理表上填入相關的負責單位，以完成風險計畫。

風險管理表 Risk Table										
風險識別					風險分析			風險計畫		
序號	功能部門	風險描述	可能影響描述	風險狀況	發生機率等級	影響（金額 NTD）	排序	行動計畫	負責單位	到期日
1	研發產品	新技術掌握時間超過預期	開發時間延遲	O	H	1200 萬	2	跟紡織所完成計畫	研發產品	2022/8/26
2	研發產品	TFDA 太晚拿到	上市時間延遲	O	M	600 萬	3	積極尋找	研發產品	2023/1/1
3	研發產品	找不到合適的醫療合作夥伴	開發時間延遲	C	L	600 萬	4	已找到	研發產品	2020/8/8
4	行銷銷售	產品銷量不如預期	營收低於預期	O	H	2000 萬	1	做市場測試	行銷銷售	2022/9/1
5	生產製造	工廠產線量產時間延遲	影響量產計畫	O	L	300 萬	5	新增產線能量	生產製造	2022/5/10

表 8.3：2020 年 8 月的第一次專案檢討會議，智慧衣一號的風險管理表

合作夥伴已確定為 X X 醫院，所以第 3 條的狀態由 O（Open）轉為 C（Close）。接下來在每次的專案會議上，除了討論專案的甘特圖、網狀圖，也要討論此風險管理表。

智慧財產權管理

智慧財產權包含有專利權、商標權、版權，以及專有技術（技術祕密）。而在情報檢查、合約評審、專利申請、商標註冊，以及保密等進程中，會涉及到智慧財產權。

專案開始，就要從觀念意識、行為規範和制度執行等方面入手，以加強保密管理：

1. 專案經理要重視專案團隊開發人員的保密意識和保密制度的宣傳教育工作，特別是加強對新進人員的保密教育。
2. 在專案開發過程中，專案經理要按照流程要求，及時檢查文檔的審核、歸檔、驗收和使用等工作。同時要加強來源程式的集中管理，防止來源程式任意擴散。
3. 建立和完善開發人員工作記錄和報告制度。
4. 加強對實驗室、機房等重要區域的安全管理。
5. 重視保密制度的執行檢查工作。

對供應商的智慧財產權保密上，要特別注意：

1. 在與供應商交流時一定要有保密意識，言談或提供資料的內容，都應當限定在業務往來所必需的範圍之內。
2. 提供公司保密檔更要慎重，只提供給與公司簽定了「供應商保密協議」的供應商，且提供時要經過嚴格審查，相關文件材料上要標注密級，以提醒對方保密。
3. 限制供應商在公司內的活動範圍。

這件事要非常小心，一但沒處理好，可能會因為違反合約條款而吃上官司。此外，如果沒保護好客戶的機密，更有可能失去往後的生意。

在 NPDP 認證的 *Body of Knowledge* 一書中，提到專利管理有五種情境，四個階段（詳見表 8.4）。五種情境是研究與開發、智慧財產權組合管理、智慧財產權取得及用來賺錢、競爭情報、風險管理與訴訟；四個階段是被動反應、積極應對、成為策略，以及最佳化。

	被動反應	主動應對	成為策略	最佳化
研究和產品開發	專利做為事後思考	自由操作	與業務策略保持一致	智慧財產權推動策略優勢一研發投資
智慧財產權組合管理	簡易投資組合追蹤	將投資組合與業務聯繫起來。建立智慧財產權意識	投資組合管理對研發和許可的輸入	競爭優勢的組合管理
智慧財產權取得和用來賺錢	對智慧財產權授權機會的特別回應	主動識別授權合作夥伴	智慧財產權版稅和收入目標	業務推動 IP 來賺錢和取得目標
競爭情報	臨時或情況驅動的情報	關鍵產業參與者的競爭情報	持續分析完整的知識產權競爭全景	競爭情報是業務策略的關鍵
風險管理和訴訟	回應意外訴訟	風險設定檔監控。防衛性專利	保護性許可	不必減輕風險，而且被保險

表 8.4：專利管理四階段，資料來源：NPDP Body of Knowledg

若是沒做好專利管理，與國外大廠打專利戰會被打得很慘。之前宏達電因為輸掉對蘋果的專利官司，對整個公司造成了重大影響，不可不謹慎！

溝通管理

專案管理非常需要做好溝通，不論是正式會議還是非正式會議上，溝通都很重要。而開正式會議常常是為了下決定，所以很多時候會透過非正式會議先行溝通。

要做好溝通管理，首先要弄清楚溝通對象，也就是重要的利害關係人。在專案的早期就識別關係人，並分析他們的利益、期望、重要性和影響力，這對專案成功非常重要。接下來可以透過圖 8.9 的關係人權力與利益方格圖，制定一個策略，用來接觸每個關係人，並確定其參與專案的程度和時機，以便盡可能提高他們的正面影響，降低潛在的負面影響。最後用表 8.5 的關係人一對一跨部門溝通計畫來做對應。

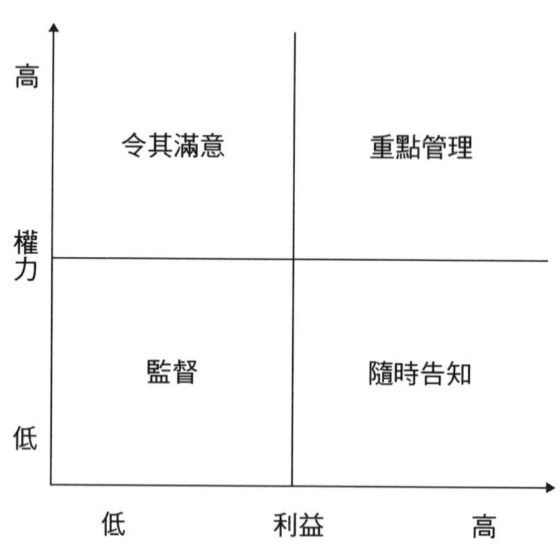

圖 8.9：關係人權力與利益方格圖
資料來源：PMP 考試用的 PMBOKS

關係人	關係人在專案中的利益	影響評估	獲得支持或減少障礙的潛在策略

表 8.5：關係人一對一跨部門溝通計畫，資料來源：PMP 考試用的 PMBOK

規劃溝通是確定專案利害關係人的資訊需求，並定義溝通方法的過程，旨在對關係人的資訊和溝通需求做出應對安排，如誰需要何種資訊，何時需要，如何傳遞給他們，以及由誰傳遞。雖然所有專案都需資訊溝通，但是各專案的資訊需求和資訊發布方式可能差別很大。識別關係人的資訊需求，並確定滿足這些需求的適當方法，是決定專案成功的重要因素。溝通規劃不當，將會導致資訊傳遞延誤、向錯誤的受眾傳遞敏感資訊，或與某些關係人溝通不足等問題。

專案規劃溝通需求的資訊有：

1. 組織圖：不只對公司內部，甚至對 B2B 客戶的組織圖都要清楚。
2. 專案組織以及關係人職責間的關係：確定角色跟職責。
3. 專案涉及的學科、部門和專業：確定涉入的相關專業與部門。
4. 有多少人在什麼地點參與專案：確定地點與溝通方式（比如說為了跟歐洲的成員討論，常常要在傍晚電話／視訊會議）。
5. 內部資訊需求：如橫跨整個組織的溝通。
6. 外部資訊需求：如與媒體、公眾或承包商的溝通。
7. 來自關係人登記冊和關係人管理策略的關係人資訊。

專案溝通管理的重點是管理關係人期望。管理關係人期望是為滿足關係人的需要而與之溝通和協作，並解決所發生的問題。透過與關係人談判，並對關係人實現專案目標的意願施加影響，來積極管理關係人的期望，提高關係人驗收專案的可能性。負責管理者是專案經理，透過積極管理，可以降低因關係人之間的未決問題而使專案不能達成的風險，並減少專案過程中的混亂。

在專案過程中報告績效是重要的管理行為。報告績效是搜集並發布績效資訊（包括狀態報告、進展測量結果和預測情況）的過程。績效報告過程包括定期搜集、對比和分析基準與實際資料，以便了解和溝通專案進展與績效情況，並預測專案結果。

對專案經理而言，跨部門溝通確認是完成產品的重要能力：全力達成得到負責成員的承諾、讓專案成員在遇到問題時願易主動告知，尋找補救方案，並針對溝通不良的可能性做好風險控管。

品質管理

專案在執行階段確定品質達標時，要針對重要產出做階段評審。在研發專案之中，階段評審[2]是保證品質，提高效率的好辦法，但要真正讓它發揮作用，要考慮四大要素：

1. 何時進行評審？
2. 誰來評審？
3. 評審什麼？小心不要陷入非重點的細節。
4. 下什麼結論？小心避免會議沒結果，或是做不成決議、無人下結論或拍板。

2. 階段評審（Stage review），評審檢視階段產出是否已經達成設定的品質目標。

研發專案在不同的階段，有不同種的測試報告、方案與工具產出。以下以各階段依發生順序展開：

1. 產品計畫階段：這時候可以產生概略的「工作分解結構 WBS」，以確定哪些工作需要測試。
2. 需求分析階段：針對客戶需求提出「系統測試計畫」。
3. 概要設計階段：這時已有了概要的設計架構（如方塊圖、流程圖），所以可以做出「整合測試計畫」；之前的「系統測試計畫」會進階到「系統測試方案」。
4. 詳細設計階段：設計已經進入單元，所以要有「單元測試計畫」;「整合測試計畫」會進階到「整合測試方案」,「系統測試方案」會進階到「系統測試用工具或程式」。
5. 編碼和單元測試階段：之前的「單元測試計畫」會進階到「單元測試方案」，接下來直接測試完畢，產生「單元測試報告」。
6. 整合測試（執行）階段：「單元測試」完後做「整合測試」，產生「整合測試報告」。
7. 系統測試（執行）階段：整個系統在最後出貨前做系統測試計畫，產生「系統測試報告」(有時候還會做「系統預測試」，會產生「系統預測試報告」)。

階段	產出
產品計畫階段	WBS
需求分析階段	系統測試計畫
概要設計階段	整合測試計畫、系統測試方案
詳細設計階段	單元測試計畫、整合測試方案、系統測試用工具或程式
編碼和單元測試階段	單元測試方案、單元測試報告
整合測試（執行）階段	整合測試報告
系統測試（執行）階段	系統預測試報告、系統測試報告

表 8.6：各階段的階段評審的階段與計畫、方案、報告與工具產出對應

評審的項目、要求會因為產業、產品及專案不同而不同。

成本管理

費用或支出為資源的消耗，費用按確定物件歸集為成本。研發專案的成本有這五類：

1. 設計成本
2. 物料成本
3. 人工成本
4. 設備成本
5. 管理成本

專案預算是開發成本的事前控制，以貨幣計量方式來反映一定時期內完成經營目標的方法。進行專案預算時，要從實際情況出發，正確處理各專案指標核算額。

1. 具備消耗定額資料的科目（物料消耗等），可根據需要量、單價確定。

2. 凡有規定費用開支標準的科目（如辦公費等），可根據專案團隊的人數和規定的標準確定。

對專案進度的控制決定了專案完成所需的工期，它直接關係到成本的大小。一般說來，成本分為直接成本和間接成本（見圖 8.10），直接成本包括開發人員工資、儀器設備購置、物料材料費，間接成本包括：辦公費用、房租、管理費用，會隨著時間拉長而增加。因此，工期縮短，間接費用就會降低。但另一方面，直接成本會提高，因為想縮短開發時間，必須增加開發人員或加班、增加設備及元件等。由於總成本等於直接成本與間接成本之總和，因而存在一個總成本最低的最佳工期。

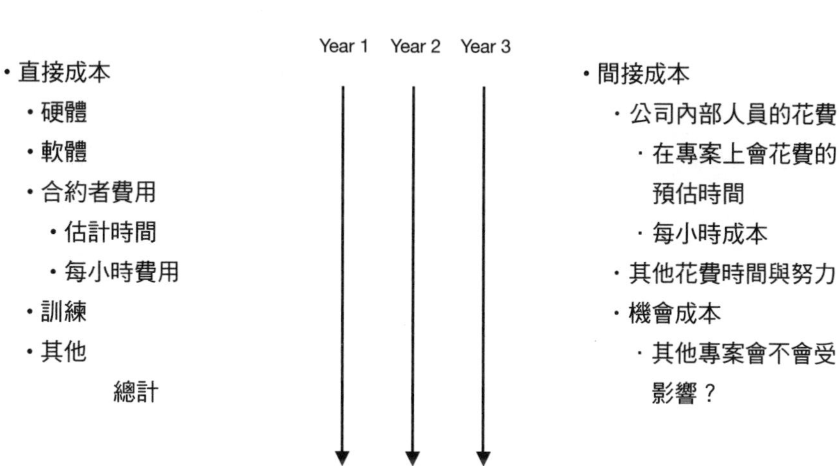

圖 8.10：直接成本與間接成本

產品絕大部分的成本在設計階段就已基本確定。設計者的思想、產品結構所反映的思維方式、擬選用的材料，決定了產品成本中占最大部分的物料成本，甚至生產方式。能否降低產品成本取決於設計階段，並在很大程度上取決於設計者是否具備成本意識及認識程度。減少零件數量是個減少成本的好方法，Swatch 就是這方面的最佳實例。如能減少 50%的零件種類數量，統計結果是至少可以減少 3%的基本製造成本，而且可以達成更多的採購量，因而壓低採購價格，強化製造運作效率，減少庫存及廢料等。特別是要減少只在此案中使用的零件，盡量與其他案子共用零件。

專案撤案或結案

專案的終結會做撤案或結案管理。

專案撤案：通常是因為此專案已經不具繼續執行的價值，軟體或服務在啟動一段時間後，決定停止相關服務。專案經理要先與團隊成員舉行專案最後的會議，總結所有的學習教訓，並開會討論，將相關文檔歸檔，然後讓團隊人員歸隊。結束後，讓公司知道已完成撤案流程。

專案結案：在產品上市一段時間後可做結案，如果有合約的需做合約結案，並總結所有的學習教訓，開會討論，將相關文檔歸檔，然後讓團隊人員歸隊。專案結案一般會有慶祝儀式。

敏捷式專案管理

敏捷式專案管理一開始是由軟體業開發，針對軟體業特性的一種專案管理方式，強調「個人與互動」重於「流程與工具」、「可用的東西[3]」重於「完善的文件」、「與客戶合作」重於「合約協商」，以及「回應變化重於「遵循計畫」。也就是說，其核心思維是「自組織」、「透明化」、「顧客導向」，以及「持續學習」。這樣的專案管理很適合多變時代使用先進科技的 AIoT 產品系統，特別是這樣的專案本身很難一次到位。敏捷式專案管理來很適合做迭代式開發，以逼近消費者需求，因為它有以下特色：

1. 價值驅動：此時此刻對客戶最重要的是什麼，就做什麼。
2. 不同於傳統的管理，敏捷知道大方向，但是沒辦法寫出詳細規格，細節慢慢補充。
3. 在專案過程中隨著目標逐漸清晰，了解了外在環境，越來越知道需要什麼，也知道如何做出來。
4. 透過不斷修正，讓產品更貼近客戶的期望。

現在最常用的是 Scrum，以下各節將講述 Scrum 的角色與職責，以及流程，並且對比前面講述的研發專案管理，幫助大家更進一步了解。

敏捷開發團隊的角色與職責

敏捷開發團隊的角色有產品擁有者（Product Owner）、Scrum 大師（Scrum Master），還有 Scrum 團隊的其他成員。以下針對這些角色一一說明。

產品擁有者有以下職責：

1. 訂定產品功能。

---

3. 原來是「可用的軟體」，這裡因為講的是系統，所以擴大到「可用的東西」。

2. 決定產品發布的內容及日期。

3. 負責產品的利潤。

4. 根據市場價值決定產品功能優先順序。

5. 視需要調整每個迭代（Iteration）的產品功能和優先順序。

6. 接受或拒絕工作產出。

Scrum 大師有以下職責：

1. 專案直接管理。

2. 領導團隊實現 Scrum 的實踐及價值。

3. 排除團隊遇到的困難。

4. 確保團隊能勝任工作，並保持高生產率。

5. 促使團隊中所有角色及其功能緊密合作。

6. 保護團隊不受外來打擾。

可以說是將研發專案經理跟研發團隊中的技術團隊領導[4]的角色職責，在 Scrum 中分配給產品擁有者跟 Scrum 大師。

Scrum 團隊具有以下特性：

1. 一般是 5 至 9 人的團隊。

2. 跨功能團隊，包含程式、測試、用戶經驗設計等。

3. 全職團隊成員，但是特殊職能可以例外（例如資料庫管理員）。

4. 團隊自我組織和管理。

---

4. 研發團隊的領導者，協助處理技術方面的問題，主導技術團隊功能。

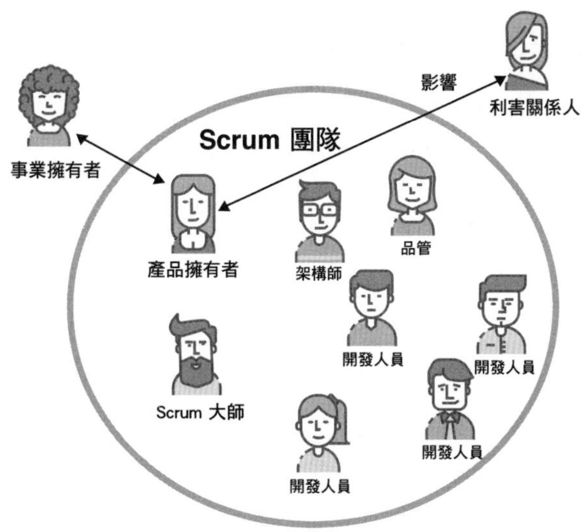

圖 8.11：Scrum 角色及其對外關係

Scrum 流程

接著我們來談 Scrum 流程，如圖 8.12 所示，Scrum 總共有 4 個步驟：

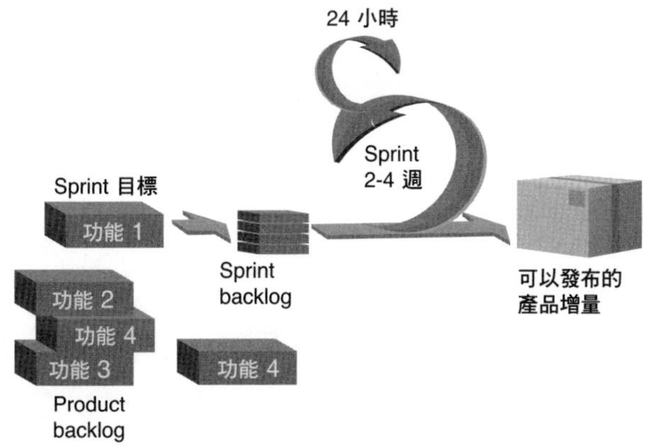

圖 8.12：Scrum 流程

資料來源：www.mountaingoatsoftware.com/scrum

步驟 1. 將需求拆解成若干個產品訂單（product backlogs）：Scrum 使用功能拆解架構 FBS（Functional Breakdown Structure，如圖 8.13），不同於傳統專案管理使用工作拆解架構 WBS（Work Breakdown Structure），以訂單（Backlog）來分切所有要做的功能，Product Backlogs 就是以功能切分來看的產品規格，然後執行時排定執行順序，選出 Backlog 來執行。

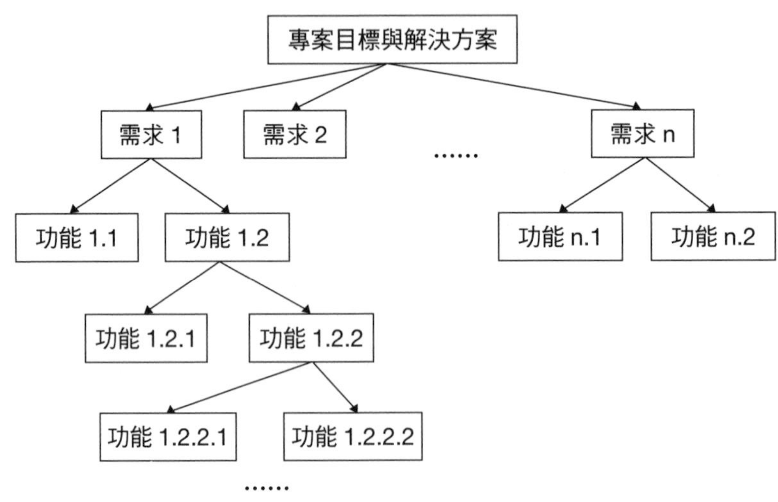

圖 8.13：功能拆解架構 Function Breakdown Structure

步驟 2. 規劃每個衝刺（sprint）要完成的訂單物件（backlog item），及訂單物件的切確需求：每個執行週期叫做 Sprint（衝刺），所以被選出的訂單叫做 Sprint Backlog。每個執行週期約 2 至 4 週，幾個衝刺週期負責完成一個發布版本。圖 8.14 解釋產品功能拆解後如何展開成 release 計畫。

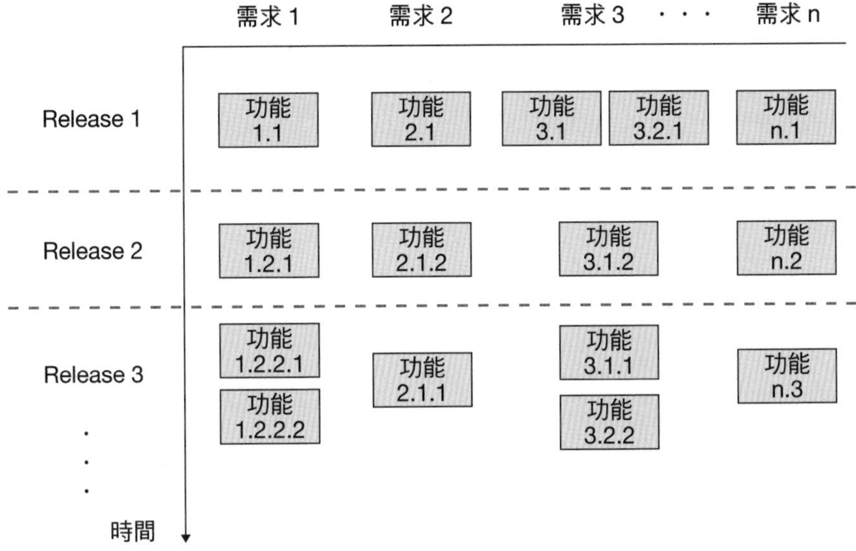

圖 8.14：功能拆解後對應的 release 計畫例

步驟 3. 在衝刺週期中，每天舉行 daily scrum 會議：敏捷開發強調以小團隊（5 到 9 人），每天開站立會議 15 分鐘，討論「昨天做了什麼？」、「今天要做什麼？」，以及「有什麼困難需要幫忙？」，然後透過此會議完成看板。看板上有四種狀態：Backlog、To Do、Doing、Done。看板由每個成員自主更新自己負責的項目。我們用圖 8.15 舉例說明。

步驟 4. 進行回顧檢討會議（retrospective meeting）：團隊提出在衝刺中所完成工作，一般是直接 demo 新功能或實作底層架構。此為非正式會議，會議時間最多 2 小時，且不需要投影片。整個團隊都要參加，也要邀請所有關注產品的人參加。

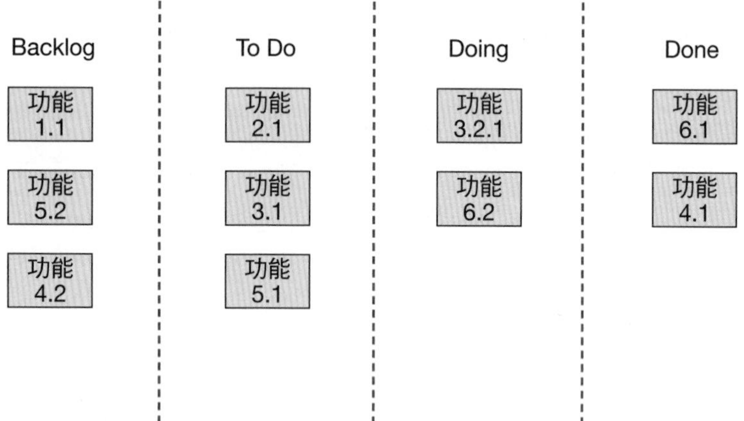

圖 8.15：看板例

專案進度會用燃盡圖[5]（如圖 8.16）來表示目標與現況的差距。

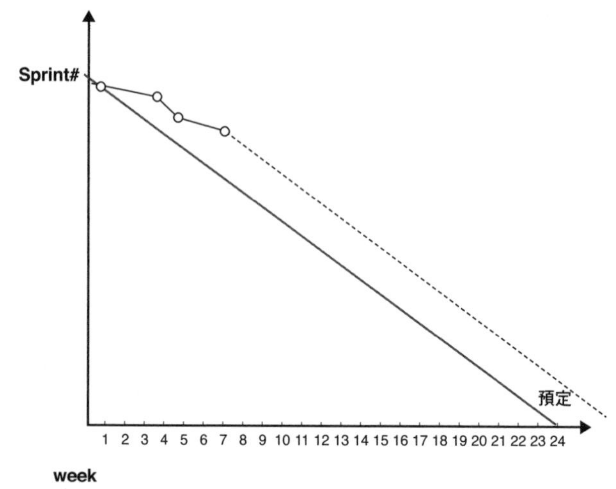

圖 8.16：燃盡圖例

5. 燃盡圖（Burn Down Chart）用於表示剩餘工作量，由橫軸（X）表示時間，縱軸（Y）表示工作量。從圖表曲線可以預測何時可以完工。

案例：智慧紡織品智慧衣一號 App 的 Scrum 管理

智慧衣一號規劃 Alpha 版的時間是 2021 年 5 月 3 日（week 1）到 2021 年 10 月 15 日（week 24），預計 24 週，而 Alpha 版必須有完整可執行的基本功能。於是軟體專案團隊的產品擁有者及 Scrum 大師找了團隊成員制定了圖 8.17 的功能拆解架構，以及圖 8.18 的功能拆解後對應的 release 計畫。

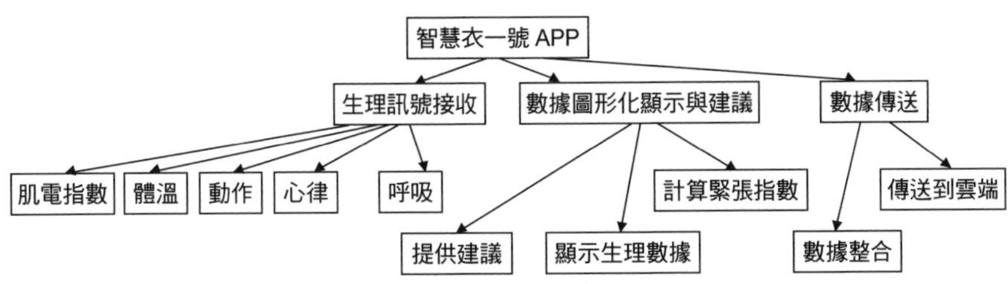

圖 8.17：智慧衣一號 App 專案的功能拆解架構

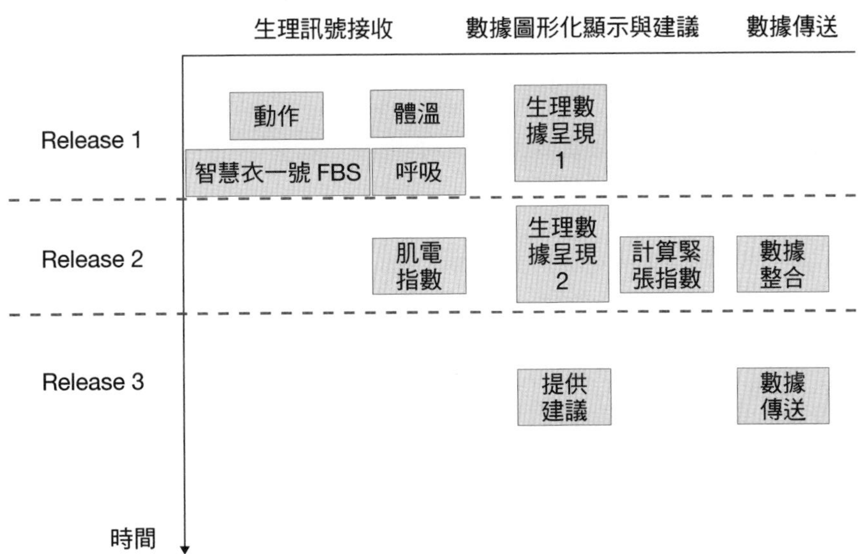

圖 8.18：智慧衣一號 App 專案對應的 release 計畫

AIoT 體驗設計

現在市場上充斥各類產品／服務，消費者已經不只想要便宜，平價奢華是現代人的必然選擇，同樣的價錢，人們會選讓體驗最好的產品或服務。AIoT 的產品必須考慮強化客戶體驗，做法是從流程／體驗的角度深入了解客戶需求，然後提出解決方法，再依此方法實作。因為實作不會一次到位，所以需要迭代修正。

人物誌

人物誌這個工具是用來找到真正的使用者，了解他們的使用歷程。當然，這個使用者必須代表我們的目標客群。

人物誌可包含以下內容：

1. 客戶圖像：用來表達客戶的特徵，如果經受訪人同意，可以使用照片也不錯，重點是拿來確認受訪者。
2. 主要意見：整理受訪者在訪談過程中的意見。
3. 姓名、年齡、頭銜：依訪談時得到的資訊做真實記錄。
4. 描述：受訪者在訪談中顯示的狀況。
5. 目的／動機：受訪者如果會用／不用我們新產品的目的／動機是什麼？
6. 想要達成的任務：受訪者想完成的事。
7. 目前的工具／流程：受訪者已經用過但不滿意的工具／流程。
8. 獲得：受訪者在訪談中提到想獲得的東西。
9. 痛苦：受訪者在訪談中所提到的困難問題。
10. 行為：受訪者在訪談過程中描述自己做了什麼。

其中可能會有些內容重複，但是不要緊，重點是把受訪者的狀況描述清楚。

	描述	目前的工具 / 流程
主要意見	目的／動機	Gain 獲得 Pain 痛苦
姓名： 年齡： 頭銜：	想要達成的任務	行為

圖 8.19：人物誌表格

案例：智慧紡織品智慧衣一號人物誌例

我們以之前提到的長者訪談 Sandra 為例，得到圖 8.20 的訪談結果。

受訪者：Sandra，76 歲，從公務員退休在家。

問：您跟子女一起住嗎？

答：我現在跟兒子一起住。

問：子女平常會擔心您的健康嗎？如果是，想知道哪類資訊？

答：擔心，年紀大了很容易跌倒，如果一跌倒就讓兒女知道是很好。另外，我老是睡不好。

問：兒子有沒有買科技產品協助你了解生理狀況？如我有，產品有什麼優點與缺點？

答：我兒子之前買了個小米手環給我，就是看看睡眠狀況的，不過用了一陣子後，覺得效用不大，我就不用了。

問：如果今天給您穿舒服貼身的衣服，又可以協助兒子跟您得知身體狀況，您覺得如何？您會希望這衣服有哪些功能？

答：這很棒呀，如果好穿好用的話，我就可能用久一點，而功能上，我聽醫生朋友說有心跳量測、姿勢異常、運動狀況等等數據很不錯，不過聽說有的需要常常充電，我哪記得呀！最好充電一次可以用很久。

圖 8.20：Sandra 的訪談記錄

Sandra 在訪談中提到她跟兒子一起住，也發現到自己年紀大了容易跌倒，而她兒子很希望知道她的身體健康狀況，於是把這些記在描述欄中。主要意見是希望有工具可以量心跳、姿勢異常、運動狀態等資料，讓家人可以隨時能掌握而安心。所以目的／動機是希望有好穿好用，不用常常充電的量測裝置，且能定期傳送資料好讓家人知道，想要達成的任務是讓家人安心。目前使用的工具／流程是小米手環，不過因為覺得效用不大，後來就沒用了。希望獲得的是充電一次可以用很久，而且可以量測生理訊號的工具。痛點是讓兒女擔心，以及一旦跌倒沒人及時救助。行為是用了小米手環，只用了一陣子就不用了。

針對之前的訪談結果，轉換成如下圖 8.21 的人物誌。

<table>
<tr><td rowspan="1"></td><td>描述
跟兒子一起住。年紀大了很容易跌倒。兒子會擔心健康。</td><td>目前的工具／流程
小米手環，覺得效用不大，所以不用了。</td></tr>
<tr><td rowspan="2">主要意見
希望有工具可以量心跳、姿勢異常、運動狀況等等資料，讓家人放心。</td><td rowspan="2">目的／動機
希望有好穿好用，不用常充電的量測裝置，能定期傳送資料。</td><td>Gain 獲得
充電一次用很久，可量測生理訊號的裝置。</td></tr>
<tr><td>Pain 痛苦
讓兒女擔心。一旦跌倒沒人處理。</td></tr>
<tr><td>姓名：Sandra
年齡：78
頭銜：退休公務員</td><td>想要達成的任務
讓家人安心。</td><td>行為
用小米手環一陣子就不用了。</td></tr>
</table>

圖 8.21：Sandra 的人物誌

客戶旅程地圖

「客戶旅程地圖」是描述客戶需求或使用其他產品／服務的歷程，找出其中的痛點，或未被滿足之處的工具。「客戶旅程地圖」包含五層架構：

1. 旅程階段：受訪者表達的痛點，或是想得到的流程。
2. 接觸點：流程與受訪者接觸的實體點。
3. 心情狀況：客戶在使用過程中的心情狀況，以高低曲線表達，狀況低的通常是好的機會。
4. 客戶洞見：客戶在使用過程中的想法，靠觀察與詢問得出。
5. 最後機會 & 點子：基於客戶洞見，找到可能的機會與解決的方法。

旅程階段						
接觸點						
心情狀況	＋ —					
客戶洞見						
點子 & 機會						

圖 8.22：客戶旅程圖

案例：智慧紡織品智慧衣一號客戶旅程圖例

針對自由紡織的潛在客戶 Sandra，我們用訪談完成了圖 8.23 的客戶旅程圖：

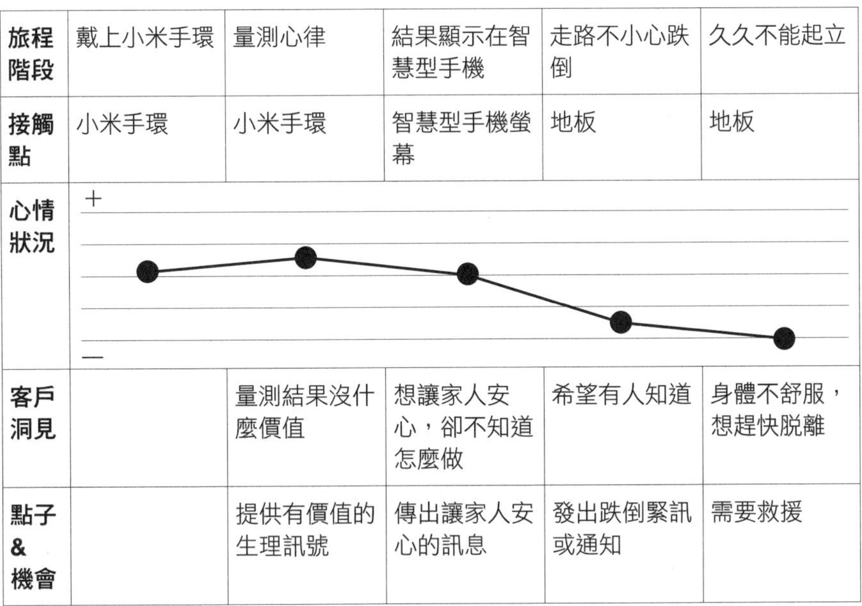

旅程階段	戴上小米手環	量測心律	結果顯示在智慧型手機	走路不小心跌倒	久久不能起立
接觸點	小米手環	小米手環	智慧型手機螢幕	地板	地板
心情狀況					
客戶洞見		量測結果沒什麼價值	想讓家人安心，卻不知道怎麼做	希望有人知道	身體不舒服，想趕快脫離
點子 & 機會		提供有價值的生理訊號	傳出讓家人安心的訊息	發出跌倒緊訊或通知	需要救援

圖 8.23：訪談 Sandra 得出的客戶旅程圖

這張旅程圖描述 Sandra 戴上了小米手環後的歷程：小米手環可以量測心律，結果可以顯示在智慧型手機的螢幕上，後來走路不小心跌倒，但是久久不能站起。她的心情狀況一開始是平靜，用手環量了心跳，但是不知道能做什麼，於是有點沮喪。當量測結束，健康 App 顯示結果，她想起兒子希望知道，但是不知道怎麼傳結果給他，她有點著急，結果這時一不注意就跌倒了，心情更沮喪，而跌倒後久久不能站起來，沒有人來救援，讓她很難過。

從這個訪談中，我們發現在她心情低於中間線時都是機會。心情狀況越低，越是客戶的大痛點，需要趕快解決。跌倒時的救援與通知是很大的需求，而將生理訊號資料收取後的分析定時傳給家人是另一個機會。」

服務藍圖

服務藍圖是針對從客戶旅程地圖中找到的痛點，尋找解決方法的工具。跟客戶旅程地圖一樣包含五層架構：

1. 實體環境展示：整個流程中看到的實體證據或展示，製作時第二個完成的部分。
2. 顧客行為：顧客在服務藍圖中的使用產品／服務的行為，製作時需要最先完成的流程。
3. 前台接觸互動：產品跟客戶接觸的前台互動行為，在物聯網指具感應器的實體裝置對客戶行為的立即對應動作。
4. 後台接觸互動：指對應前台的後台處理程序，在 AIoT 通常指雲端程序，即時性高。
5. 支援程序：系統上支援後台的程序，在 AIoT 通常是資料庫動作與人工智慧的學習，即時性低。

接下來把找到的機會重新規劃，導入解決要素，影響顧客行為，讓客戶滿意，強化體驗。

實體環境展示	
顧客行為	
前台接觸互動	
後台接觸互動	
支援程序	

圖 8.24：服務藍圖

案例：智慧紡織品智慧衣一號服務藍圖例

針對 Sandra 的客戶旅程地圖，可以使用服務藍圖重新設計流程，如圖 8.25：

圖 8.25：針對 Sandra 使用智慧衣一號重新設計服務藍圖流程

客戶 Sandra 穿上智慧衣一號後，感應裝置啟動，同時在後台記錄啟動的時間；

接下來，智慧衣開始量測生理訊號，前台的智慧型手機會顯示此狀況，後台會做記錄，並啟動支援程序分析量測結果。分析完後送給後台，後台傳出分析結果，前台的智慧型手機會顯示以及傳送此結果給 Sandra 的家人，而 Sandra 則在智慧型手機上看到結果。

另一段描述是從 Sandra 跌倒開始，此時智慧衣一號偵測到動作，送到後台分析，後台經過支援程序分析，確認跌倒行為，傳送出緊急通知給 Sandra 的家人，並且由智慧型手機的前台顯示出緊急訊號。緊急訊號可以讓周圍的人協助 Sandra，送出的緊急通知會通知家人趕來看 Sandra。

總結

本章講的是執行步驟，執行前要使用產品企劃書完成產品企劃，然後開始執行，接下來進行專案管理。本章強調體驗設計、研發專案管理，以及敏捷式專案管理。

在研發專案管理中，本章有各個階段與相關領域的管理要訣。敏捷式專案管理跟研發專案管理不同之處在於專案團隊的角色與職責、執行流程。

在體驗設計上以人物誌描述客戶，以客戶旅程地圖找出客戶痛點或想要的需求，然後以服務藍圖提供客戶流程解決方案。

但是研發過程中常常有很多困難點，需要用創意解決，所以在下一章要介紹解決困難點的工具：TRIZ。

第 9 章

執行手法：用 TRIZ 創新與解決工程問題

TRIZ

TRIZ[1]的含義是發明問題解決理論，是由前蘇聯發明家阿奇舒勒（G. S. Altshuller）在 1946 年創立，他也因此被稱為 TRIZ 之父。1946 年時，阿奇舒勒在前蘇聯裏海海軍的專利局工作，因為處理世界各國著名的發明專利過程，他認為解決技術難題時，可以找到可遵循的科學方法和法則，從而能迅速實現新的發明創造或解決技術難題。他窮其畢生的精力，致力於 TRIZ 理論的研究和完善。

阿奇舒勒從研究中發現，所有科技系統的發展都是隨著可以預期的型態演進，這個發現使得科技演化加速進行。他同時也發現，問題解決的原理是可預期的，也可以一再重複應用。他找出了其中的規則，這就是 TRIZ 的原理。

針對發明創新，我們可以概分為五種層級：

1. 層級五「發現」：新科學的發明。
2. 層級四「範式之外的創新」：解決極度困難的設計問題。
3. 層級三「範式內的創新」：解決困難的設計或生產製程上的矛盾。
4. 層級二「改進」：解決直接、簡單的矛盾問題。
5. 層級一「明顯的解法（無發明）」：解決簡單的工程設計問題。

TRIZ 適用於發明層次二、三、四的問題，發現的層次在第 5 章「找出市場方向」就提到了發現「趨勢」跟「客戶需求」這兩種方式。當然，很高深的新科學發明必須來自專業人員的洞察，不是一般人可以

1. 俄文原文為 теории решения изобретательских задач，以英語標音可讀為 Teoriya Resheniya Izobreatatelskikh Zadatch，縮寫為 TRIZ。轉換成英文為 Theory of Inventive Problem Solving，英文縮寫為 TIPS。

做的。也是因為 TRIZ 具備這麼強的功能，所以要在這裡為各位介紹。

如圖 9.1，TRIZ 產生解決方案的流程跟傳統方法透過腦力激盪與試誤法不同。TRIZ 是將特定發明問題轉換成標準問題，透過知識庫及 TRIZ 模式，轉成對應的標準解法，再將標準解答轉換成特定發明問題解答，就可以解決問題了。

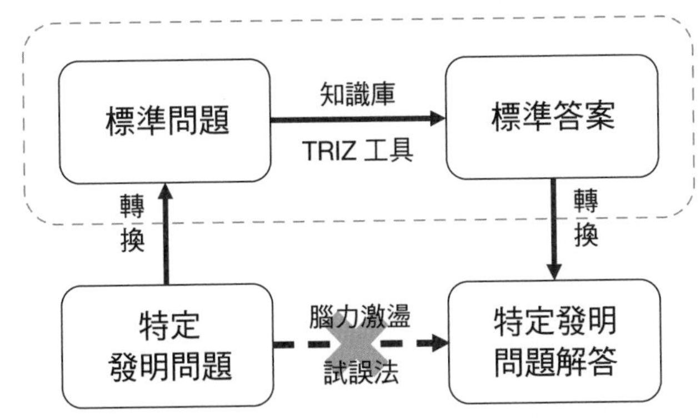

圖 9.1：TRIZ 解決方案的流程

TRIZ 的工具十分強大，圖 9.2 是一整套 TRIZ 工具箱的架構。在這裡我們介紹 TRIZ 常用的幾種簡單法則：理想化、系統方法論、矛盾分析，以及專利分析。而我把技術系統進化法則放在附錄 E 中介紹，有興趣的朋友可以閱讀參考。本章還有做質場分析與 76 個發明問題標準解答的基本介紹，對應簡表也放在附錄 E。發明問題解決步驟（ARIZ）（9 個解決步驟）是針對很高難度問題的解決方法，這裡就做流程介紹。

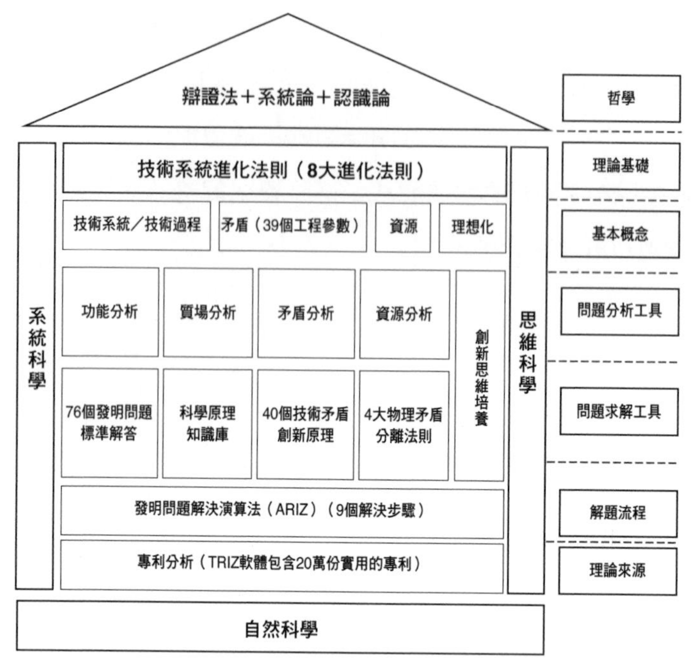

圖 9.2：TRIZ 工具箱

資料來源：i 平方創新學院的 TRIZ 的工作與生活思維應用課程講義

理想化與資源

所有問題解決或創新發明皆朝向理想化的方向前進。一個理想的系統是能執行所要的功能但卻不實際存在，這個功能通常是透過使用既存的資源加以執行（這樣就不增加成本）。另外，所有系統的演化都是透過解決系統的矛盾而朝向理想化邁進。

所以我們可以把理想性化為以下公式：

$$\text{理想性（Ideality）} = \frac{\Sigma \text{ 有用功能}}{\Sigma \text{ 有害功能} + \Sigma \text{ 成本}}$$

式 9.1：理想性公式

資料來源：i 平方創新學院的 TRIZ 的工作與生活思維應用課程講義

理想性的值越大，越代表這個產品符合未來需求。所以有害功能趨近於零，成本趨近於零，會得出最終理想解（Ideal Final Result，簡稱IFR）。

IFR 可以用來幫助我們逆推出解決方法，以 IFR 為終點，找出現在技術可做到的可用解決方法。

在不增加系統複雜性的狀況下，TRIZ 提供達到趨近理想化的三種方法為：

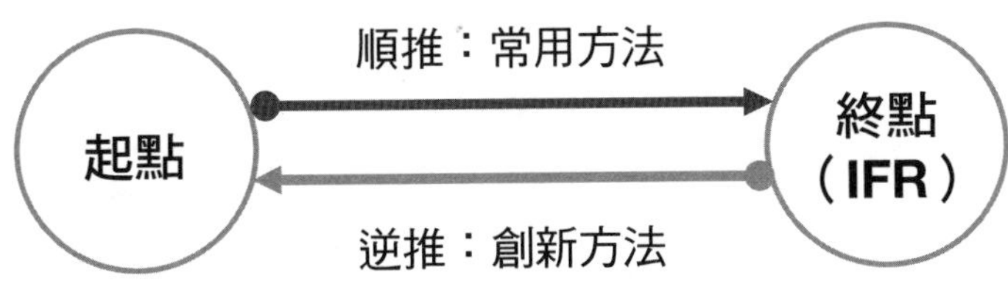

圖 9.3：TRIZ IFR 逆推方式

資料來源：i 平方創新學院的 TRIZ 的工作與生活思維應用課程講義

1. 資源的應用。
2. 技術矛盾的解決（利用矛盾矩陣）。
3. 物理、化學、幾何與其他效應的應用（質場分析）。

由此可見資源在理想化中的重要性。TRIZ 觀點中的資源有以下三種類型：

1. 可以在系統或系統環境中取得的任何物質（包括浪費的）。
2. 有功能或科技上的能力來共同執行額外的功能。

3. 一種能量儲存、閒置的時間、空閒的空間與資訊等等。

案例：紡織品清潔使用 IFR 逆推

衣服清潔的最終解應該是衣服自己會洗淨，也就是衣服不會髒，這可以透過奈米科技達成。如果一定要用水，就牽扯到是否要用清潔劑，可以只用一點點，搭配超音波技術，或是用電解水來洗淨。這都是由不用洗開始倒推的解決方案。

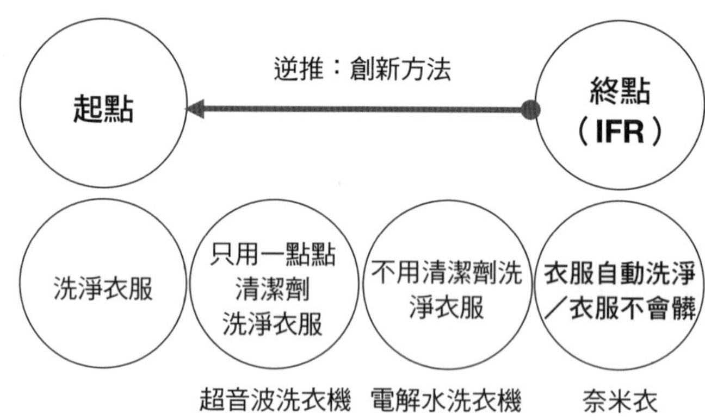

圖 9.4：TRIZ IFR 逆推方式

資料來源：i 平方創新學院的 TRIZ 的工作與生活思維應用課程講義

系統方法論

系統方法論是以時間與空間的系統化方式描述問題，從空間的三個層次，從系統本身開始以產品或製程思考；往上是超系統，環繞著系統的大環境；子系統就是構成系統的組成部分。時間有三個尺度，就是過去、現在、未來。這樣構成九個系統空間的九宮格，見表 9.1。

	過去	現在	未來
超系統			
系統			
子系統			

表 9.1：系統方法論發展表

這張表是針對每一個系統層次，從過去、現在、未來的時間觀點，探討下列的問題：

1. 顧客過去、現在、未來的需求是什麼？
2. 產品過去、現在、未來主要的功能是什麼？
3. 過去、現在、未來會有什麼樣的問題與機會？
4. 存在於過去、現在、未來的矛盾是什麼？

5. 過去、現在、未來的資源是什麼？

以上的問題搭配第 11 章的「技術路線圖」可以獲得解答。

應用系統方法論，有以下好處：

1. 在系統的每個層次中，系統化地引導思考方向。
2. 對問題會有更深入地瞭解與認識。
3. 從更高的抽象層次（功能層次）來思考。
4. 確認資源（過去的、現在的、未來的）。
5. 確認矛盾所在。
6. 發現未來的機會。

案例：火車動力的系統方法論例

以下以火車動力系統為簡單例子：

	過去	現在	未來
超系統	蒸氣火車	電力火車	磁浮列車
系統	蒸汽引擎	電動馬達	電磁力浮動與驅動系統
子系統	燃煤室	螺絲、電磁線圈……	電磁線圈……

表 9.2：火車動力系統的系統方法論發展表

最早的火車動力是使用蒸氣，後來使用柴油動力，都是用燃燒產生動力，對空氣污染很大；現在採用的是電車，透過電線傳送電力給予動力，但是仍然需要接觸鐵軌，速度受限；最新的磁浮列車使用磁力漂浮，大大減少摩擦力，可以達到更高的速度。以中國的資料，磁浮列車時速可以高達 600 公里，勝過高速鐵路的 350 公里，可知磁浮列車可以解決速度問題。磁浮列車的時速低於飛機的 800 公里，但是班次頻繁，是很不錯的運輸解法。

矛盾分析

針對設計特性的彼此矛盾提供解決方案，是 TRIZ 最為人津津樂道的功能。在 TRIZ 中，矛盾可以從物理特性看，也可以從技術特性看。

物理特性的矛盾是指下面兩種特性上的矛盾：

1. 一個必須同時既高且低的特性，例如：
   - 飛機的機翼必須夠大方便起飛，又必須夠小方便加速。
   - 鉛筆的筆尖必須夠尖以劃細線，又必須夠鈍以免劃破紙張。
2. 一個必須存在且不存在的特性，例如：
   - 產品研磨時必須使用研磨砂進行研磨作業，又不想讓研磨砂遺留在產品裡頭。
   - 飛機著陸時需要起落架，但空中飛行時不需要起落架。

TRIZ 透過分離兩個矛盾上的需求來消除技術上的矛盾，分離方法有以下四種：

1. 時間上的分離：一個特性在某個時段以「大」的型態出現，但在另一個時段卻以「小」的型態出現；或是一個特性在某個時段出現，卻在另一個時段消失。例如：飛機起飛著陸時伸出起落架，在空中飛行時則收起起落架。

2. 空間上的分離：一個特性在某個地方以「大」的型態出現，但在另一個地方卻以「小」的型態出現：或是一個特性在某個地方出現，卻在另一個地方消失。例如：潛水艇將聲納偵測器拖曳在數千公尺的纜線尾端，好將偵測器與潛水艇的噪音隔離，減少影響。
3. 零組件與系統的分離：一個特性在系統層次以某種特質出現，但在零組件層次卻以另一種特質出現；或是一個特性存在於系統層次，卻不存在於零組件層次。例如：腳踏車鏈在零件層次是堅硬的，在系統層次是柔軟的。
4. 依條件狀況的分離：一個特性在某一狀況出現高的特質，在另一個狀況卻呈現低的特質；或是一個特性在某個條件情形下會出現，在另一個條件情形下卻會消失不存在。例如：廚房的漏杓，對水來說是會滲漏的器具，但對食物卻是實心體的。

進入設計一開始針對規格，利用品質機能展開（Quality Function Deployment，簡稱 QFD）可以發現需要解決的矛盾，降低忽略重要設計特點或相互作用的設計特點的機率。

品質機能展開的工具是品質屋，見圖 9.5，各部分解釋如下：

1. 客戶需求（Whats）：傾聽顧客聲音，建立客戶需求內容，或稱為廣義的問題解決標的。
2. 需求評估（Whys）：顧客需求中哪些是重要與真實的聲音，可藉由不同調查與多面向評估準則其需求內容。
3. 技術需求（Hows）：技術需求，亦即根據客戶需求所提出的技術供給

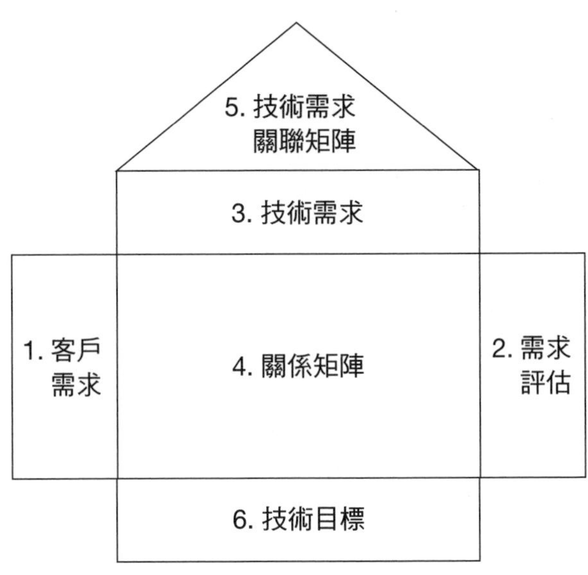

圖 9.5：品質機能展開的工具品質屋

議題。或稱為廣義的解決方案。

4. 關係矩陣（Whats vs. Hows）：建立客戶需求與技術需求關係。
5. 技術需求關連矩陣（Hows vs. Hows）：技術需求與技術需求關係，以建立技術取捨關係。
6. 技術目標（How Muches）：技術需求目標與重要性排序。

品質機能展開品質機能展開（QFD）包括品質（Quality）、機能（Function）與展開（Deployment）三部分。「品質」即是品質屋（House of Quality, HOQ）所要達到之品質要求；「機能」又稱為功能，即是傾聽客戶聲音（Voice of Customers, VOC）後所彙整之功能需求，亦可稱謂客戶需求（Customer Requirement）；「展開」即是要達成產品品質所進行之一連串流程整合，包括概念提出、設計、製造與服務流程等。換言之，品質機能展開即是在了解客戶需求後，展開一系列流程改造與整合工作，以達成客戶所需產品功能之完整品質管理工作。

品質機能展開是讓客戶需求的客戶聲音（VOC）對應轉換到技術需求的工程師聲音（Voice of Engineer，簡稱 VOE）。

而技術需求關聯矩陣可以找到技術之間的互相強化或矛盾處，矛盾的地方可以用 TRIZ 的矛盾解法來解。

找到矛盾的地方之後，我們就可以使用矛盾分析的做法來解。這裡以 TRIZ 在矛盾分析的最常用的矛盾矩陣來解。

矛盾矩陣

矛盾矩陣的兩軸是 39 個特性參數，因為彼此間有對應的矛盾，然後可以查表對應到 40 項發明原理，而依此從原理發想做法。

39 個特性參數如表 9.3：

1. 移動件重量	14. 強度	27. 可靠度
2. 固定件重量	15. 移動件耐久性	28. 量測精確度
3. 移動件長度	16. 靜止件耐久性	29. 製造精確度
4. 固定件長度	17. 溫度	30. 物體上有害因素
5. 移動件面積	18. 亮度	31. 有害的副作用
6. 固定件面積	19. 移動件消耗能量	32. 易製造性
7. 移動件體積	20. 固定件消耗能量	33. 使用方便性
8. 固定件體積	21. 動力／功率	34. 易修理性
9. 速度	22. 能源浪費	35. 適合性／適應性
10. 力量	23. 物質浪費	36. 裝置複雜性
11. 張力、壓力	24. 資訊喪失	37. 控制複雜度
12. 形狀	25. 時間浪費	38. 自動化程度
13. 物體穩定性	26. 物質的量	39. 生產力

表 9.3：TRIZ 矛盾矩陣的 39 個特性參數[2]

2. 此為阿奇舒勒開發出來的原始版本，後人有改進與擴充版。

40 個發明原理如表 9.4：

1. 分割	21. 快速作用
2. 拆出	22. 將有害變有益
3. 局部性質	23. 回饋
4. 不對稱	24. 中介物
5. 合併	25. 自助
6. 多功能	26. 複製
7. 重疊放置	27. 拋棄式
8. 反重力	28. 機械系統替換
9. 預先的反作用	29. 利用液體或氣體結構
10. 預先作用	30. 彈性殼或薄膜
11. 事先的預防	31. 多孔性材料
12. 等位性	32. 改變顏色
13. 逆轉	33. 同質性
14. 曲度	34. 丟棄與再生
15. 動態性	35. 參數改變
16. 部分／過量作用	36. 相變化
17. 轉變至新的維度	37. 熱膨脹
18. 機械振動	38. 使用強氧化劑
19. 週期性動作	39. 惰性環境
20. 連續的有效動作	40. 複合材料

表 9.4：TRIZ 矛盾矩陣對應的 40 個發明原理[3]

3. 此為阿奇舒勒開發出來的原始版本，後人有改進與擴充版。

這 40 個發明原理，很多有對應到之前提到的四大分離方向：

1. 空間分離：1、2、3、4、7、13、17、24、26、30。
2. 時間分離：9、10、11、15、16、18、19、20、21、29、34、37。
3. 零組件與系統的分離：1、5、6、7、8、13、14、22、23、25、27、33、35。
4. 依狀況而定的分離：12、28、31、32、35、36、38、39、40。

至於如何使用矛盾矩陣解決問題？我們可以使用以下幾個步驟：

第 1 步：描述具體問題。

第 2 步：從具體問題中描述出改善事項與惡化事項。

第 3 步：從 TRIZ 39 個特性參數中，找到改善事項與惡化事項分別對應的是哪一個。

第 4 步：查出矛盾矩陣中對應到哪些發明原理。（矛盾矩陣表收錄在附錄 E，協助大家查找。）

第 5 步：找出使用哪個發明原理，或將這些發明原理組合起來，以找出解決方案。

案例：智慧衣一號的 QFD 及矛盾矩陣應用例

智慧衣一號的客戶需求在保暖、涼爽、吸汗、感測功能、App 功能，以及雲端人工智慧，就此展開圖 9.6 的 HOQ 的部分功能。

設計需求 ╲ 客戶需求	客戶權重	保暖材質	涼感材質	吸汗材質	心律感測	動作感測	體溫感測	肌電感測	APP 運算功能	雲端人工智慧
保暖	9	5								
涼爽	9		5							
吸汗	3			5						
感測功能	9				5	5	5	5	3	3
APP 功能	3								5	3
雲端人工智慧	3								3	5

圖 9.6：智慧衣一號品質屋的客戶需求、技術需求、關係矩陣以及技術需求關聯矩陣

我們可以從以上的案例中看到其中的矛盾處：要保暖，又要涼爽。衣服本來就是要有適度的涼爽，所以對應矛盾矩陣的使用方法為：

第 1 步：智慧衣一號既要保暖，又要涼爽。

第 2 步：改善事項：涼爽，惡化事項：保暖。

第 3 步：改善事項對應參數：溫度，惡化事項對應參數：移動件消耗能量。

第 4 步：查找出矛盾矩陣中對應到的發明原理有：19 週期性動作、24 中介物、3 局部性質、14 曲度。

第 5 步：找出的解決方案為結合 24 及 3，局部使用滑石粉等中介物質，以及 14，利用織法產生曲度，讓衣服紗線間產生空隙，讓空氣流通，產生涼爽感。

質場分析與 76 個標準發明解

質場分析是 TRIZ 的一項重要工具，可用來解析並改進技術系統的功能。技術系統的主要目的是在執行某項功能，它的基本組成包含兩個物質（在本節用 S 當符號），和它們之間的作用力，稱為場（在本節用 F 當符號），是產生作用力的一種能量。技術系統的功能模型可以用一個完整的質場三角形來表示。其中物質種類有材料、工具、零件、人，及環境；場的種類有機械場、熱場、化學場、電場，及磁場。

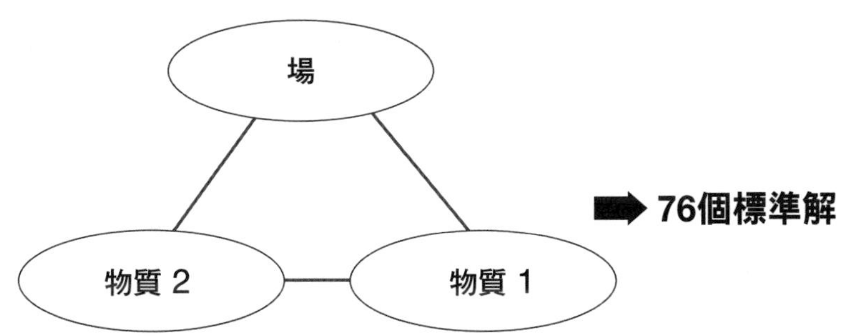

圖 9.7：質場分析，然後用對應的 76 個標準解來找出發明解

質場模型的應用可能有下列狀況：

1. 需要的效果沒有發生，例如：壁爐沒有冷卻功能。
2. 產生有害的效果，例如：壁爐因生火而過熱。
3. 需要的效果不足，例如：壁爐過熱，冷卻功能不足。

針對以上可能狀況，TRIZ 有以下分析：

1. 需要的效果沒有發生：以下例來看解決方法：
   - 增加需要的元件，完成質場三角形。例如圖 9.8 中，一個液體（S1）含有空氣泡（S2），增加離心力可以分離空氣泡。

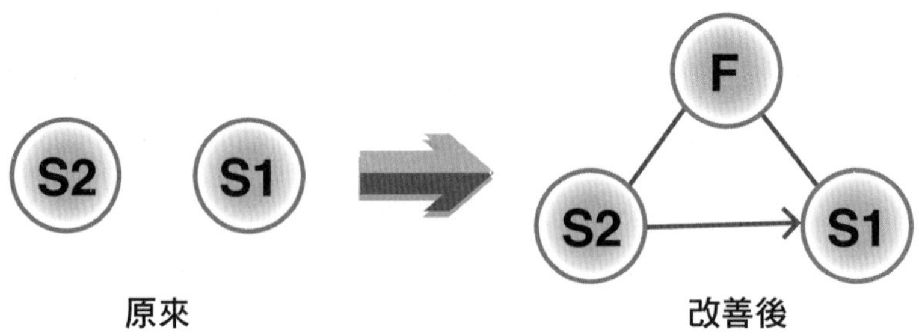

圖 9.8：兩個物質間需要的結果沒有發生的解法

2. 產生有害的效果，例如模型的三個元件（兩個物質，一個場）都在，但是產生出有害的效果。解決方法：
   - 如圖 9.9 中的，加入一個物質（S3），或是修改 S1、S2 或兩個都改，用來隔絕有害的效果。例如：要增加辦公室的隱密度，窗戶的透明玻璃可改為磨砂玻璃。

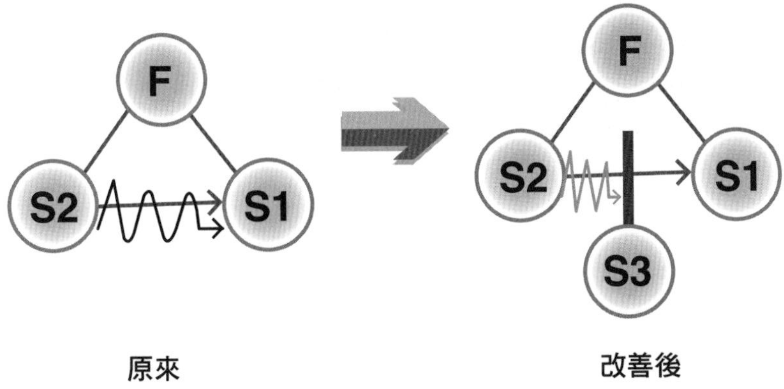

圖 9.9：針對有害效果的解法：加新物質 S3 來隔離

■ 如圖 9.10 中，引進另一個場（F2），用來平衡產生有害效果的場，需要評估各種力場。例如：要避免零件在加工時彎曲，增加一個相對應的力。

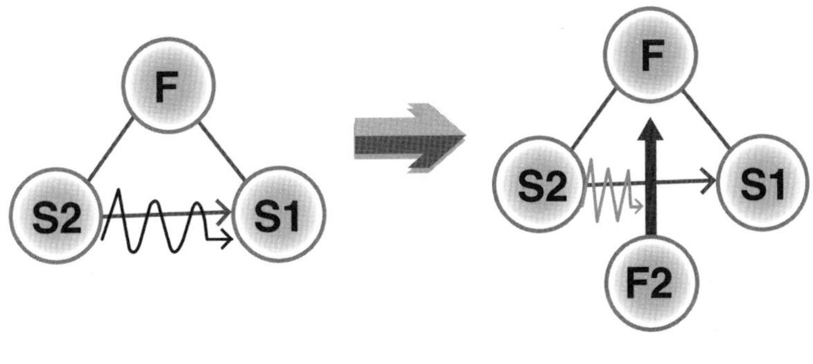

圖 9.10：針對有害效果的解法：加新的場 F2 來平衡有害效果

3. 需要的效果不足，例如無效率的完整模型：解決方法。

- 如圖 9.11 中，改用新的場（F2）或場和物質（F2+S3）來代替原有的場（F1）或場和物質（F1+S2）。例如：壁紙很難用刀子刮掉，改用蒸氣。

說明：------------------> 為不足效果

F
S2
S1
F2
S3
S1
原來
改善後

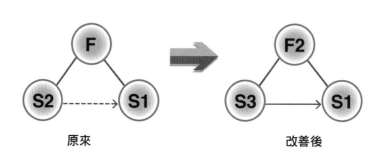

圖 9.11：針對效果不足的解法：用新的物質及新的場 F2 來達成效果

- 如圖 9.12 中，增加一個新的場（F2）來增強需要的效果。例如：要黏合兩個零件時，用夾子幫助固定。

說明：------------------> 為不足效果

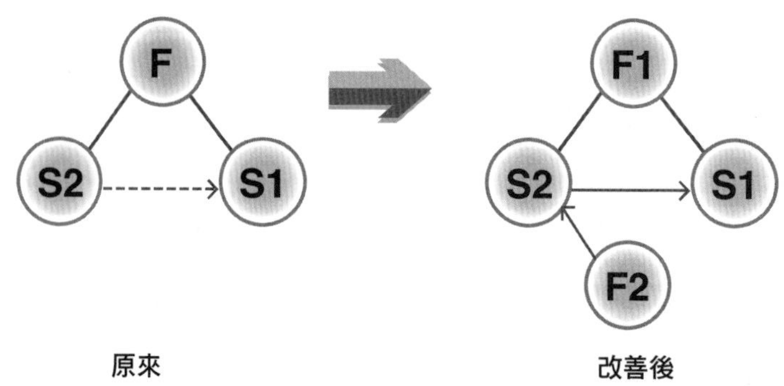

圖 9.12：針對效果不足的解法：增加新的場 F2 來達成效果

上述狀況對應解法是 76 個標準解之中的 5 個。完整的 76 個標準發明解，比矛盾矩陣的解法更深入，如果遇到的問題較難，而矛盾矩陣解不出來，這時可以使用質場分析搭配 76 個標準發明解來解。

76 個標準發明解分為五大類別：

1. 質場模型的建立與分解：有「改善不足系統的性能」與「消除或中和有害效應」2 個子類別，總共有 13 個標準解。[4]
2. 強化質場模型：有「合成質場模型強化」、「強化質場模型」、「控制頻率以匹配或不匹配一個或兩個元素的固有頻率以提高性能」、「引入磁性添加物強化質場模型」4 個子類別，總共有 23 個標準解。[5]
3. 過渡到宏觀層面和微觀層面：有「過渡到宏觀層面」、「過渡到微觀層面」2 個子類別，總共有 6 個標準解。[6]
4. 測量與檢測的標準解：有「間接方法」、「改善測量系統」、「測量系統的增強」、「測量鐵磁場」、「測量系統的發展方向」5 個子類別，總共有 17 個標準解。[7]
5. 申請標準解的標準：有「物質的引入」、「場的引入」、「使用相變」、「使用物理效應」、「生成更高或更低形式的物質」5 個子類別，總共有 17 個標準解。[8]

如何知道自己的問題可能對應到 76 個標準解裡的哪一個呢？透過

4. 參考資料：https://triz-journal.com/seventy-six-standard-solutions-examples-section-one/
5. 資料來源：https://www.metodolog.ru/triz-journal/archives/2000/03/d/index.htm
6. 資料來源：https://www.metodolog.ru/triz-journal/archives/2000/05/b/index.htm
7. 資料來源：https://www.metodolog.ru/triz-journal/archives/2000/06/e/index.htm
8. 資料來源：https://www.metodolog.ru/triz-journal/archives/2000/07/b/index.htm

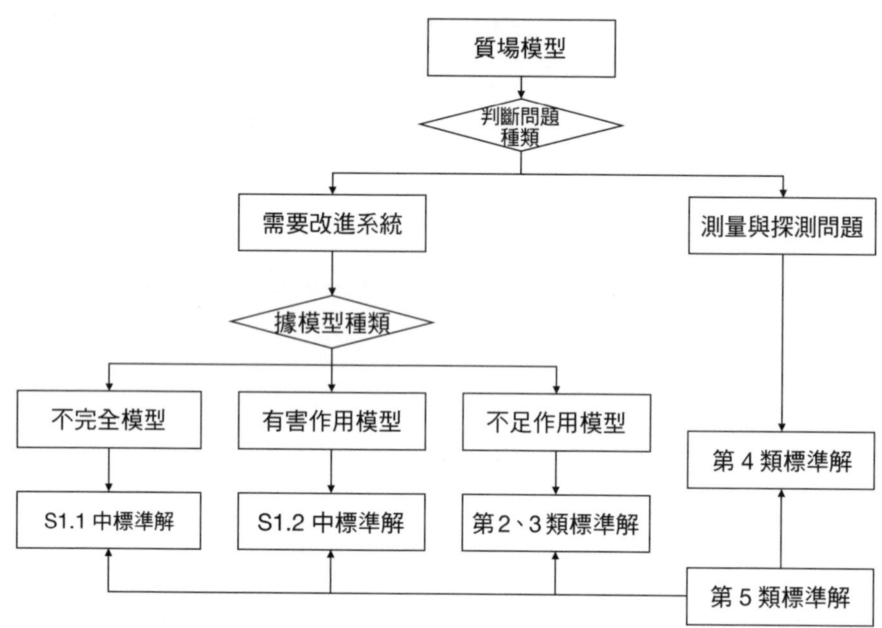

圖 9.13：標準解系統的一般應用流程

上圖 9.13 的流程，可以先找到問題是五大類別的哪一種，把範圍縮小，而五種類別相關的案例在 TRIZ Journal 上都可以找到，可以透過附錄 E 的表 E.16 的 QR code 直接連上網頁，而表 E.11 到 E.15 也有 76 個標準解的對應說明，供各位查閱。

專利分析

台灣企業的產品設計常常在技術上會遇到其他國家的專利，如果沒處理好，將會有很大的損失。以我自己在工作時看過的例子，以前軟體程式人員出貨的車用可攜帶導航器（Portable Navigation Device，簡稱 PND[9]）上使用到開源的 MP3 程式碼，因為這開源程式本身有廠商專利，就被歐洲的專利蟑螂要求，這批使用到MP3程式的貨不能在歐洲販售，貨因此卡在西班牙的海關。公司只好派人去跟專利蟑螂交涉，付了一大筆款項，但是已經好幾個月過去，對公司不只是大筆款項的損失，還損失了上市延遲的商機。

專利範圍要件為該申請發明／新型專利應具備新穎性、進步性及產業上可利用性（實用性），在申請專利之前必須自我評估申請案是否具備專利要件。

專利是屬地主義，也就是說，專利要在哪裡生效，就要在那個地方申請。是否侵犯專利，是看它的請求項，而一項專利上常常不只有一項請求項。確認是否侵犯專利，要看是否能完全跟這個專利的各個請求項都不同。

台灣多數上市公司，尤其是電子產業，通常選擇台灣、中國、美國、日本、南韓、德國及英國申請專利。要做專利需要先檢索查詢，接下來做專利的技術分析，最後再針對請求項做專利侵權確認與迴避設計。

專利檢索的部分，以下針對各種免費工具做說明[10]：

1. USPTO可檢索美國1976年以後的公告專利，以及2001年以後的公開專利。可以利用Google patent以及PAT2PDF查詢美國專利。
2. 歐洲專利局的查詢網站Espacenet收錄了全世界超過90個國家的專利，美國、歐洲、中華民國、大陸、日本、韓國等都在其中，是可以查詢到最多國家專利的免費工具。

---

9. 使用GPS定位，加上地圖資料，在車上協助導航的可攜帶裝置。
10. 資料來源：眾律國際法律事務所各國專利資料庫簡介網頁 https://www.zoomlaw.net/files/14-1138-12803,r261-1.php

3. 中華民國資訊專利檢索系統收錄了中華民國 1990 年以後的公告專利全文影像，以及 2003 年以後的公開專利全文影像；可線上瀏覽 1950 年以後的專利公報影像。
4. 中國知識產權網（China Intellectual Property Right Net，簡稱 CNIPR）收錄了中國自 1985 年以後的發明、實用新型、外觀設計專利的全文影像。
5. 日本特許廳專利電子圖書館（Industrial Property Digital Library，簡稱 IPDL）收錄了日本自 1971 年以來的專利，包括特許和實用新案。
6. 韓國（Korea Intellectual Property Rights Information Service，簡稱 KIPRIS）收錄了其 1948 年以來的專利。網頁為英文介面，提供了專利號與關鍵字的檢索。

另外，中華亞太智慧物聯發展協會的成員朱新瑞與他人合著的《專利分析及運用概論》一書中有很詳盡的討論，有興趣的朋友可以閱讀。

迴避設計

專利是否侵權，是針對請求項中的獨立項，也就是記載該發明的「必要技術特徵」來看是否侵權。而迴避設計的做法就是針對它來做迴避設計。

迴避設計是以透過解釋他人專利申請專利範圍，來改變自身產品的設計，使得潛在侵權之產品能免落於他人專利權範圍。迴避設計是企業智慧財產權策略中避免侵權發生的重要措施，可達到後發制人的效果，而且可以透過取得專利權而與技術領先者進行交互授權或形成策略聯盟。[11]

因為迴避設計本質上仍是研發，必須在該技術領域具備良好的技術知識才能做好迴避設計，而這也要專利、技術跟市場三方面人員的通力合作。

做迴避設計之前，首要工作是要確認待迴避設計的專利權有效性，也就是在確認該專利的有效期間之後，了解此專利是否仍然有效。確定有效之後，再確認待迴避設計之專利權保護範圍，並仔細評估此保護範圍是否合理。這些研究資料可以保留到後續迴避設計、侵權訴訟，乃至授權談判時運用。

迴避設計有以下幾種進行方式：

1. 以不同技術手段進行迴避設計。
2. 利用公共領域設計進行迴避設計：
   A. 運用先前技術來進行。
   B. 找出說明書的缺陷。
   C. 尋找被拋棄的權利範圍。
3. 運用侵權判斷規則進行迴避設計。

任何專利迴避設計的完成，必須經過法律風險評估，以降低訴訟的風險。專利迴避設計的法律風險評估，就是進行專利師的專利不侵權風險報告。

創新性專利迴避設計有以下步驟：

1. 以專利資訊檢索建立基本資料庫，找出有價值的設計資訊或提示。
2. 結合分析結果與設計目標，以創意思考的方法，激發出創新的點子並

11. 本段與接下來內容資料來源：曾念民老師「活用 TRIZ 剖析專利、破解專利」課程講義。

轉化為具體設計方案。

3. 以專利侵權的判斷方式進行法律風險評估。
4. 根據專利要件評估是否要提出專利申請。

利用先前技術來進行迴避設計，則有以下步驟：

1. 參考待迴避專利說明書中有關先前技術的描述。
2. 參考待迴避專利案審查過程中，被檢索或引證的前案技術。
3. 以 IPC（International Patent Classfication 國際專利分類）檢索，並參考與待迴避專裡案件同類型且已經過期之專利案件。
4. 結合與待迴避專利案件有關的技術文獻，考量是否可以用簡單的減法方式，滿足迴避設計的目的。
5. 以專利侵權判斷的方式進行法律風險評估。

以說明書的缺陷進行迴避設計有以下步驟：

1. 從發明內容中了解技術概念與原理。
2. 從實施方式找出實施例之多樣或與變形。
3. 參考說明書中提到的技術原理、理論基礎或發明思路，創造出易於申請專利範圍的技術方案。
4. 申請專利範圍不見得能含括發明內容與實施方式，要找到不能含括的部分，以此進行迴避設計。這是說明書先天的缺陷，也是審查過程被迫進行的限縮。
5. 以專利侵權判斷的方式進行法律風險評估。

TRIZ 在利用先前技術來進行迴避設計的手段與方法可以有：

1. 元件省略法：刪除請求項內至少一元件或改變其功能，來進行專利的迴避設計。
2. 以改變置換手段－功能－效果要件來達成。

以下案例說明手段－功能－效果要件的改變置換。

案例：水幫浦的新設計做原設計的專利迴避[12]

水幫浦原來是設計位於高處，使用吸力抽完空氣後，就會把水吸上來，再對下送出。

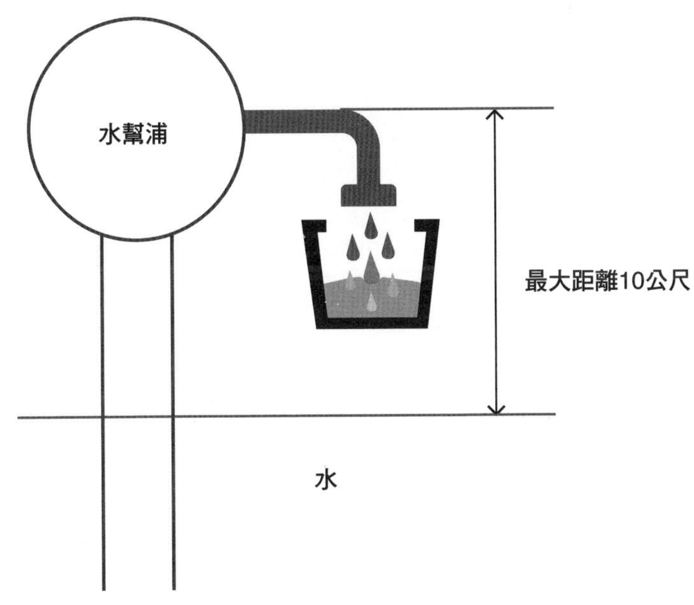

圖 9.14：原設計，水幫浦在上方高處，水用吸力吸上去再放出。

12. 資料來源：曾念民老師「活用 TRIZ 剖析專利、破解專利」課程講義。

新的設計更換水幫浦位置，改用推力推上去，再放出來。

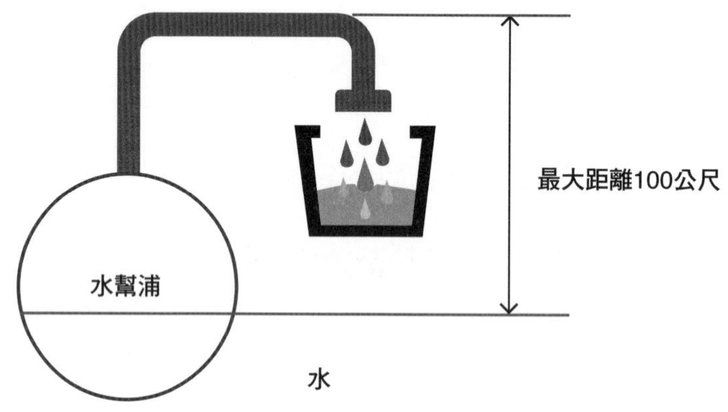

圖 9.15：新設計，水幫浦在下方，水用推力推上去再放出

ARIZ

ARIZ 是俄文的發明問題解決算法的縮寫，英文是 Algorithm of Inventive Problem Solving。阿奇舒勒一生中研究了很多版本的 ARIZ，一路以來不斷演進（ARIZ 56、ARIZ 59、ARIZ 61、ARIZ 64、ARIZ 65、ARIZ 68、ARIZ 71、ARIZ 75、ARIZ 77、ARIZ 82 a/b/c/d，以及 ARIZ 85 a/b/c）[13]，現在為大家熟知的是他在 1985 年出的 ARIZ 85c 版，也是他的最後一版。

ARIZ 是個複雜的工具，用於解決非典型問題。也就是說，如果可以透過物理矛盾分析，用矛盾矩陣以及質場分析加 76 個標準解可以直

13. ARIZ XX 之中的 XX 表示是 19XX 年釋出的版本。

接解決的問題，就不用用到 ARIZ 85c。ARIZ 85c 是一套思考方法，使用上幾乎會用到 TRIZ 的所有工具。

ARIZ 85c 有 9 個部分：[14]

1. 分析問題：產出問題敘述（模型）。
2. 分析問題模型：產出時間、空間、質場資源清單。
3. 定義理想的最終結果（IFR）和物理矛盾（PhC）：產出潛在最佳答案的方向。
4. 調配和使用物質場資源（SFR）：產出基於修改後的物質場資源（SFR）從問題過渡到答案。
5. 應用知識庫：產出解法。
6. 更改或替換問題：原問題無解，改變問題重來。
7. 分析解決物理矛盾的方法：產出最佳解法，甚至轉成專利。
8. 應用獲得的解決方案：實際解決問題。
9. 分析問題解決的流程：分析解決方案，以提高人類的創造潛力。

14. 資料來源：*ALGORITHM OF INVENTIVE PROBLEM SOLVING*，阿奇舒勒著。

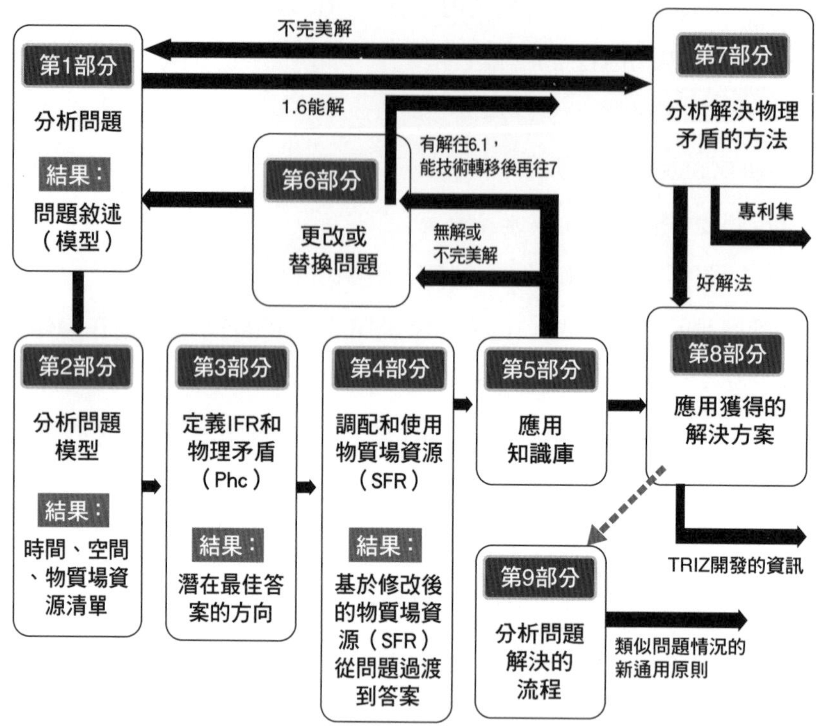

圖 9.16：ARIZ 85c 從第 1 部分到第 9 部分的應用流程

資料來源：TRIZ Solutions LLC 的 ARIZ 85c Algorithm for Innovative Problem Solving Structure 簡報

第 1 部分「分析問題」：主要目的是從不確定的初始問題情況過渡到明確制定且極其簡化的描述（模型）「問題模型」。包含 7 個小節：

1.1 制定小問題

1.2 定義衝突元素

1.3 描述技術矛盾的圖形模型

1.4 選擇模型進行進一步分析

1.5 加劇衝突

1.6 產生特定迷你問題模型

1.7 應用發明標準解決迷你問題

圖中提到的分離原則，原是在 ARIZ 85c 一書的附表 2，我整理在附錄 E 的表 E.18。

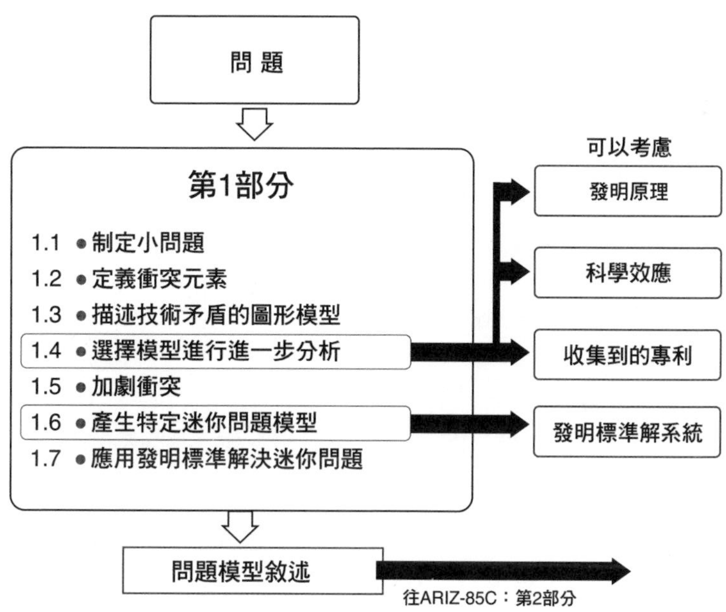

圖 9.17：ARIZ 85c 應用流程第 1 部分

資料來源：TRIZ Solutions LLC 的 ARIZ 85c Algorithm for Innovative Problem Solving Structure 簡報

第 2 部分「分析問題模型」：主要目的是確定可用資源（空間、時間、物質、場），可能對解決問題很有用。包含 3 個小節：

2.1 定義操作區（OZ）

2.2 定義運行時間（OT）

2.3 定義物質場資源（SFR）

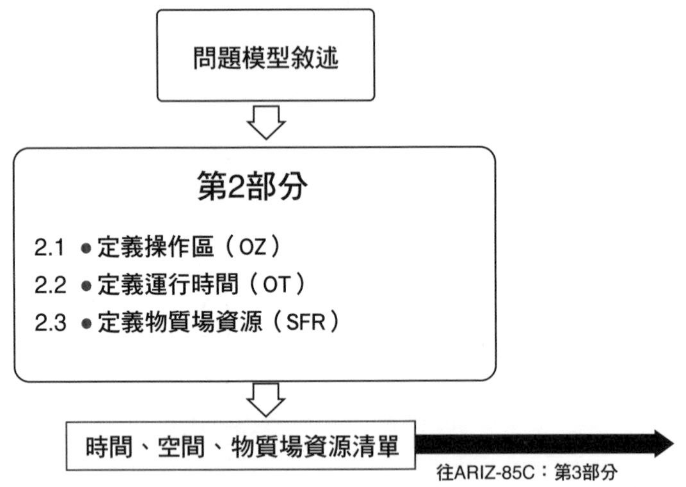

圖 9.18：ARIZ 85c 應用流程第 2 部分

資料來源：TRIZ Solutions LLC 的 ARIZ 85c Algorithm for Innovative Problem Solving Structure 簡報

第 3 部分「定義理想的最終結果（IFR）和物理矛盾（PhC）」：主要目的是制定 IFR，且識別出妨礙實現 IFR 的物理矛盾（PhC）。包含 6 個小節：

3.1 制定 IFR-1

3.2 強化 IFR-1 的定義：在系統中不引入新的物質或領域，使用現有的物質場資源（SFR）。

3.3 確定宏觀層面的物理矛盾

3.4 識別微觀層面的物理矛盾

3.5 制定 IFR-2

3.6 應用發明標準解決物理矛盾

圖中提到的科學效應有對應的付費資料庫。牛津提供了可免費查詢的資料庫[15]，可在表 E.17 掃 QR code 連結。

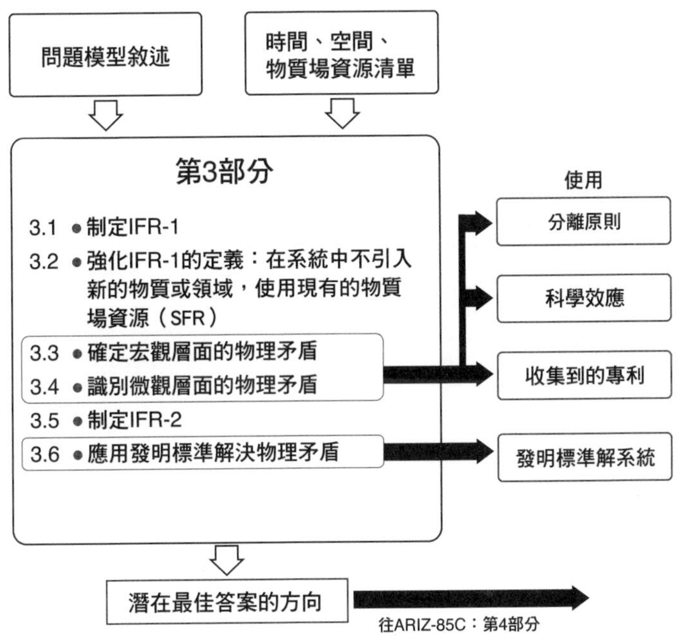

圖 9.19：ARIZ 85c 應用流程第 3 部分

資料來源：TRIZ Solutions LLC 的 ARIZ 85c Algorithm for Innovative Problem Solving Structure 簡報

15. https://wbam2244.dns-systems.net/EDB/

第 4 部分「調配和使用物質場資源（SFR）」：目的是透過系統程序以增加資源的可用性，對已有資源少量修改，幾乎可以免費獲得衍生的 SFR。根據物理應用，步驟 3.3 至 3.5 開始從問題轉換到解決方案；第 4 部分繼續朝這個方向發展。包含 7 個小節：

4.1 小生物模擬[16]

4.2 從 IFR「退一步」：從 IFR 退一步思考以出現新問題。

4.3 使用混合物質資源

4.4 使用「空隙」(void)：確定一種物質資源，或一種物質資源與一種物質的無效結合所替代的物質資源的可能性。

4.5 使用衍生資源：確定衍生物質與或這些衍生物質與空隙的組合

4.6 使用電場：確定可能引入電場或兩個電場相互作用

4.7 使用場和對場敏感的物質：確定成對場的可能應用，以及與該場相對應的「物質添加劑」。

16. 小生物模擬是 TRIZ 的一套很有趣的方法，想像有一群小生物在系統中作用。流程是使用小生物模擬描述衝突的圖形模型，修改該圖形模型，以使「小生物」的行為無衝突，最後轉為技術說明。

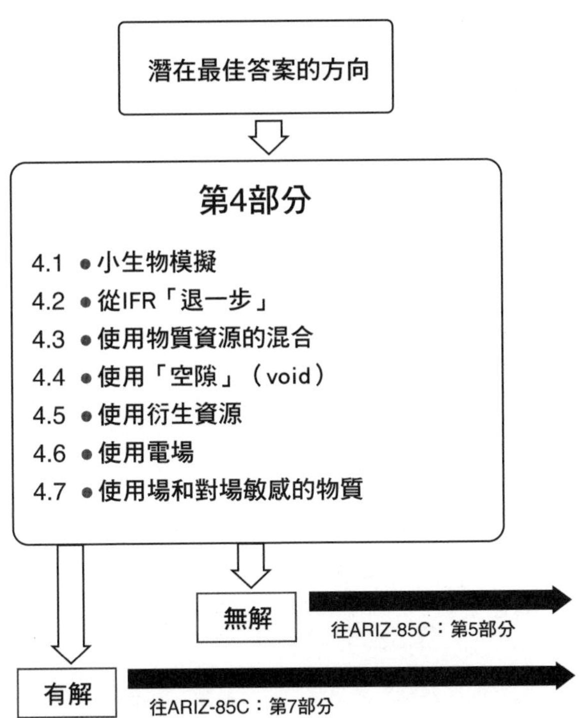

圖 9.20：ARIZ 85c 應用流程第 4 部分

資料來源：TRIZ Solutions LLC 的 ARIZ 85c Algorithm for Innovative Problem Solving Structure 簡報

第 5 部分「應用知識庫」：目的是動員 TRIZ 知識庫中積累的所有經驗，找出對的方法。包含 4 個小節：

5.1 對發明問題應用標準解決方案系統

5.2 應用問題模擬：透過對已經使用 ARIZ 解決了非標準問題應用解決方案概念，來解決第 4 部分中考慮的 SFR。

5.3 運用消除物理矛盾的原則

5.4 將指針應用於物理效果和現象

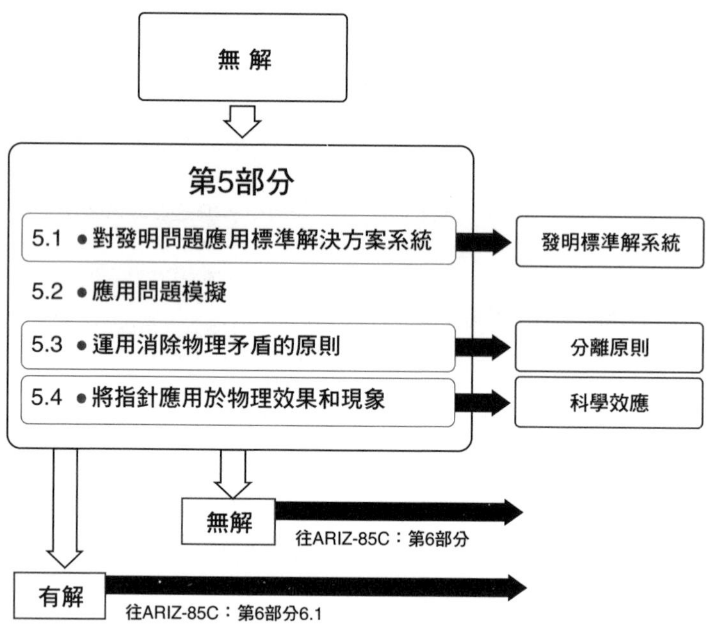

圖 9.21：ARIZ 85c 應用流程第 5 部分

資料來源：TRIZ Solutions LLC 的 ARIZ 85c Algorithm for Innovative Problem Solving Structure 簡報

第 6 部分「更改或替換問題」：目的是希望透過更改或替換問題陳述，讓問題變得較好解決，因為要解決複雜（非典型）問題通常與更改問題陳述有關。包含 4 個小節，6.1 為有解，6.2 至 6.4 為無解：

6.1 過渡到技術解決方案

6.2 檢查問題表述是否涉及多個問題

6.3 改變問題

6.4 重新制定小問題

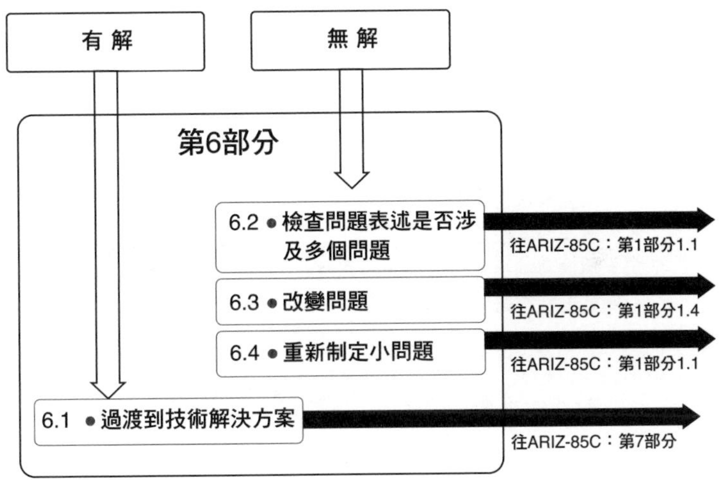

圖 9.22：ARIZ 85c 應用流程第 6 部分

資料來源：TRIZ Solutions LLC 的 ARIZ 85c Algorithm for Innovative Problem Solving Structure 簡報

第 7 部分「分析解決物理矛盾的方法」：主要目的是檢查所獲得解決方案的品質概念。包含 4 個小節：

7.1 檢查解決方案概念

7.2 解決方案概念的初步估計

7.3 透過專利資金檢查解決方案概念的優先級

7.4 實現獲得之解決方案概念的子問題估計

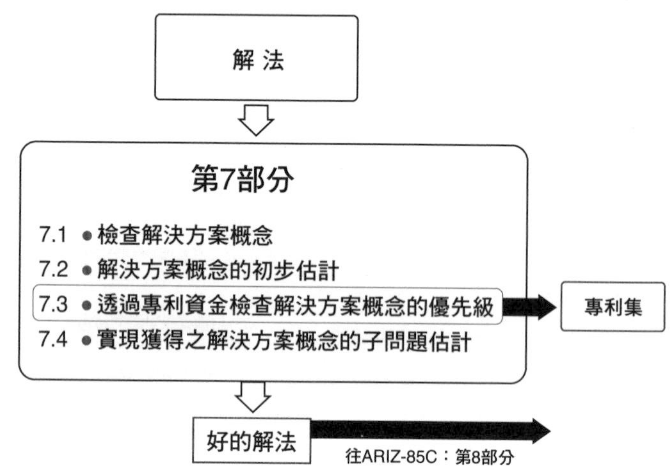

圖 9.23：ARIZ 85c 應用流程第 7 部分

資料來源：TRIZ Solutions LLC 的 ARIZ 85c Algorithm for Innovative Problem Solving Structure 簡報

第 8 部分「應用獲得的解決方案」：目的是最大限度地利用獲得的解決方案概念所揭示的資源。包含 3 個小節：

8.1 估計超級系統的變化

8.2 為獲得的解決方案找到新的應用程序

8.3 將解決方案概念應用於其他問題

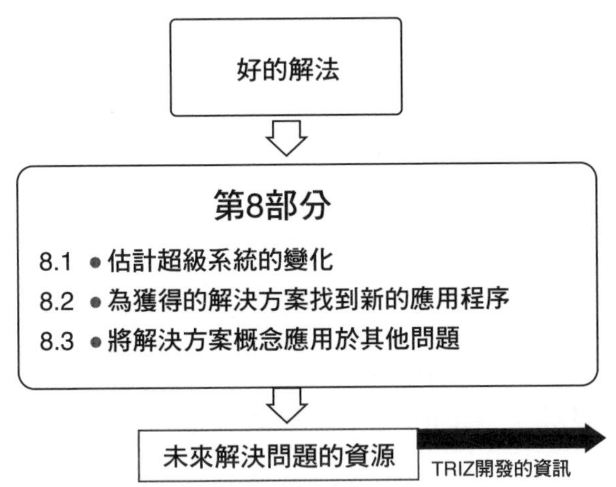

圖 9.24：ARIZ 85c 應用流程第 8 部分

資料來源：TRIZ Solutions LLC 的 ARIZ 85c Algorithm for Innovative Problem Solving Structure 簡報

第 9 部分「分析問題解決的流程」：因為使用 ARIZ 解決的每個問題都必須增加人的創造力，為此需要徹底分析解決過程。包含 2 個小節：

9.1 比較建議的流程和實際流程

9.2 比較獲得的解決方案概念和 TRIZ 的知識

透過 ARIZ 85c 解決問題的過程可以找到好的解決方案。但 ARIZ 的內容繁雜，除非遇到本章一開始說到的層級四的問題，透過 ARIZ 來解才有價值。大部分的人應該不會用到，有興趣的朋友可在附錄 E 的表 E.17 找到文檔連結，進一步研讀。

總結

本章以左腦創新的 TRIZ 為主軸，介紹了理想化與資源、系統方法論、矛盾分析、質場分析與 76 個標準發明解、專利分析，以及 ARIZ 等各種 TRIZ 手法。一開始的理想化與資源與系統方法論講述了 TRIZ 的基本要素：盡可能用免費的資源朝 IFR 的理想產品目標前進，並且要考慮過去／現在／未來的時間軸，與超系統／系統／子系統；接下來就矛盾分析、質場分析與 76 個發明解兩節，提供可以查表找出解法的做法；專利分析提到了專利概要與迴避設計；最後是 ARIZ，談及一套 TRIZ 的使用算法，本章提供概述。

開發執行部分到此，接下來第十章談的是產品上市以產品為主要考量的相關事項。

第 10 章

上市：行銷之外的產品考量

產品上市到產品終結

關於新產品開發，坊間的行銷的書籍已經有很多可參考，這裡就不談行銷細節（4P 及預算執行等等事宜），而是以產品為中心思考。

產品要上市，產品市場定位策略很重要，這裡要介紹 MDS 定位法。另外，要進入行銷戰術 4P [1] 之前，要先有產品支援策略。產品上市後必然經歷產品生命週期的各個階段；因為地球暖化及資源逐漸枯竭，產品的設計考慮永續已是必然趨勢。

產品終結也是一個重要考量，這裡會另外討論產品生產終結與產品售後服務終結的考量。

產品定位 MDS 法

產品策略要從定位開始，使用 MDS 定位法可以有不錯的效果。MDS 英文全文叫 Multi-Dimension Scaling，是用視覺化方法呈現所有產品、廠商或技術在空間中的定位，能對客戶實際呈現出多維度，且可以看出是否真的找到了適當的市場間隙。圖中顯示的是 Sigfox 通訊協定在物聯網時代剛開始時找到機會的定位圖，其選擇的兩軸分別功率高低與傳輸距離長短，原來的距離傳輸有高功率、長傳輸距離的行動通訊 4G，高功率短傳輸距離的 Wi-Fi，功率還好但是短傳輸距離的藍芽 BT，以及低功率，傳輸距離略長的 Zigbee [2]。

---

1. 指產品 Product、價格 Price、推廣 Promotion（如廣告、促銷等等），以及通路 Place（只賣東西的地點），4 個以 P 開頭的行銷戰術。
2. 一種低速短距離傳輸的無線網路協定，底層採用 IEEE 802.15.4 標準規範的媒體存取層與實體層。主要特色有低速、低耗電、低成本、支援大量網路節點、支援多種網路拓撲、低複雜度、可靠、安全。

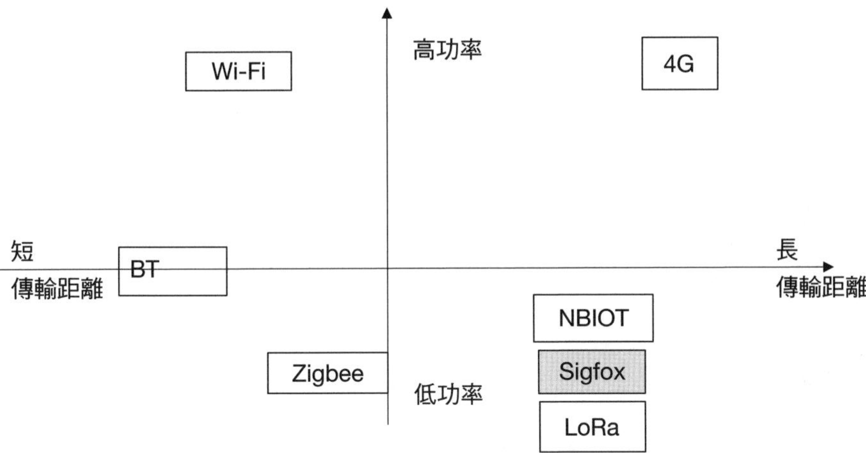

圖 10.1：SigFox 的技術 MDS 定位圖

這時傳輸距離長但是低功率的位置在物聯網時代是空白的，於是 Sigfox 就切入這個領域，同時還有華為跟很多大企業引領主導的 NBIoT 及 LoRa 也切入這個領域。

案例：智慧紡織品智慧衣一號 MDS 定位圖

對智慧衣一號建立 MDS 定位圖，以應用環境多少種，及搜集生理資料多少類別來做兩軸，AIQ BioMan100 的類別有自行車、慢跑與運動內衣三種；CABALLERO 心跳感測運動衣有半網與全網運動背心，兩者都是運動用，而且只感測心跳；XYZlife 跟智慧衣一號的應用情境都有

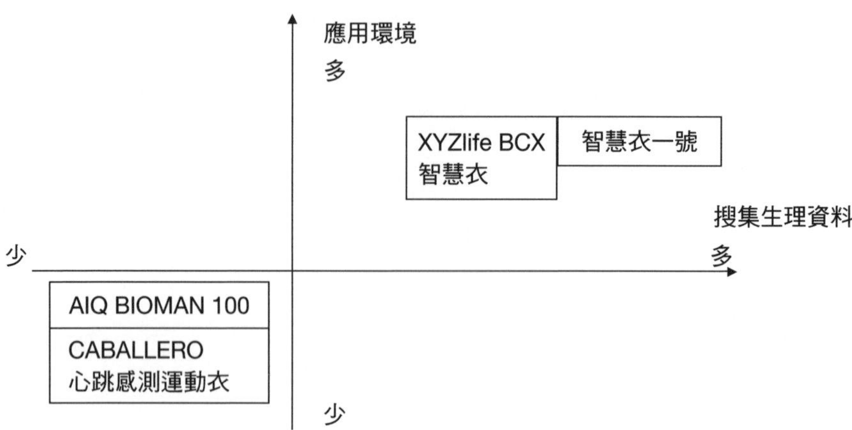

圖 10.2：智慧衣一號的產品 MDS 定位圖

醫療照護與運動。智慧衣一號可以增加消除緊張、肌電指數兩個新的生理資料搜集。這兩個資料對一般人及運動員很有價值。

產品支援策略

產品定位好了，接下來就是把產品定位對應到支援策略，就如圖中所示的流程。

圖 10.3：從產品需求到行銷策略執行

	SKU1	SKU2	SKU3	…	SKUN
參數 1					
參數 2					
參數 3					
參數 4					
參數 5					
參數 6					
…					
參數 n					

表 10.1：SKU 表格格式

案例：智慧紡織品 SKU 表單

在智慧衣的 SKU 表單初版，我針對使用範圍分成居家內衣與貼身運動衣兩種；銷售區域都在台灣；材質組成跟規格一樣，直接標註跟規格相同即可；感測裝置都是感測布片；生理量測現在的規劃是所有產品都上感測器，以量測生理訊號，類別針對男女不同而區分。居家內衣以純白色為第一個版本，貼身運動衣以深黑色為第一個版本，款式編號對應到本公司的款式編號，大小則均有 S/M/L/XL/XXL 五種款式。

項目	智慧衣一號	智慧衣一號	智慧衣一號	智慧衣一號
使用範圍	居家內衣	居家內衣	貼身運動衣	貼身運動衣
銷售區域	台灣	台灣	台灣	台灣
材質組成	同規格	同規格	同規格	同規格
感測裝置	感測布片	感測布片	感測布片	感測布片
生理數據量測	ECG 心律、呼吸、動作、體溫、肌電指數	ECG 心律、呼吸、動作、體溫、肌電指數	ECG 心律、呼吸、動作、體溫、肌電指數	ECG 心律、呼吸、動作、體溫、肌電指數
類別	男一般內衣	女一般內衣	男一般內衣	女一般內衣
App 需求	大字，傳輸數據並適當顯示，人工智慧模型在雲端建立好的學習模型，將有手機端對應功能	大字，傳輸數據並適當顯示，人工智慧模型在雲端建立好的學習模型，將有手機端對應功能	大字，傳輸數據並適當顯示，人工智慧模型在雲端建立好的學習模型，將有手機端對應功能	大字，傳輸數據並適當顯示，人工智慧模型在雲端建立好的學習模型，將有手機端對應功能
顏色	純白色	純白色	深黑色	深黑色
款式編號	X86	X87	Y31	Y32
大小	S/M/L/XL/XXL	S/M/L/XL/XXL	S/M/L/XL/XXL	S/M/L/XL/XXL

表 10.2：智慧衣一號 SKU 表單初版

產品生命週期

產品生命週期[3]描述是從產品導入市場，到產品終結的整個過程，也可以泛指整個產品線。一般分為導入期、成長期、成熟期與衰退期四個階段。產品生命週期的概念可以幫助產品做行銷與銷售，特別是科技進步，時代變化很快，產品生命週期變得越來越短，而變短的原因有：

1. 客戶在乎自身體驗，要求越來越苛刻；
2. 競爭增加；
3. 技術經常改善；
4. 全球溝通增加。

因此需要經常性推出產品（下一章的技術路線圖會有更深入的探討），以及因應產品生命週期做出對應措施。

導入期是產品或服務剛剛上市，消費者並不熟悉這樣的產品或服務，所以重點在品牌感知和產品／服務市場開發。這時透過已經試用過的意見領袖的口碑與廣告，讓消費者知道這樣的產品／服務品質符合他們的需求，有試用的動機，並且使用促銷手段鼓勵試用，打開產品品質的知名度。上市要特別注意選擇對的通路，當年蘋果的賈伯斯就因為認為第一代 iPhone 一般手機廠商不會賣，所以決定自己成立專賣店，透過專賣店裡的 Genius 講解使用方式和銷售，讓消費者知道了 iPhone 的好品質。

成長期是產品開始被市場認可，銷量開始上升的時期。這時候的重點是建立品牌偏好與強化市場占有率。如果是第一個進入市場的高科技產品／服務，此時如果產品／服務沒有被消費者認可，銷售率就會變差，最後提早出場；如果成功被消費者認同，市場上的競爭者看到有利可圖，就會紛紛進來這個市場，提供類似的產品，這時競爭開始，但是

---

3. 資料來源：*NPDP Body of Knowledge*。

威脅並不大。此時要讓越來越多的消費者知道這個產品，所以要針對更多受眾做客戶推廣。為了讓客戶可以輕易找到產品並購買，此時會增加銷售管道，讓更多客戶可以找到產品並購買。

到**成熟期**時，市場競爭者眾多，為了因應競爭，常見做法是價格調降或增加特色。這時要強調本身產品與競爭對手的差異，並增加消費者的購買機率。因為接下來會進入衰退期，這時候要準備推出新產品／服務；如果整個產品線的狀況都是如此，在此時要開始布局新方向，也就是開展下一個 S 曲線。

衰退期會出現，原因是表現更佳的產品或服務進入市場，或是消費者的口味改變，原來的產品／服務不再具有吸引力，被新的產品取代。到了這個時候，產品可以進入新市場以延長壽命，特別要注意的是，這時要準備宣布產品／服務終結，並小心處理相關的產品成品／半成品／零件庫存，不然會造成很大的損失。

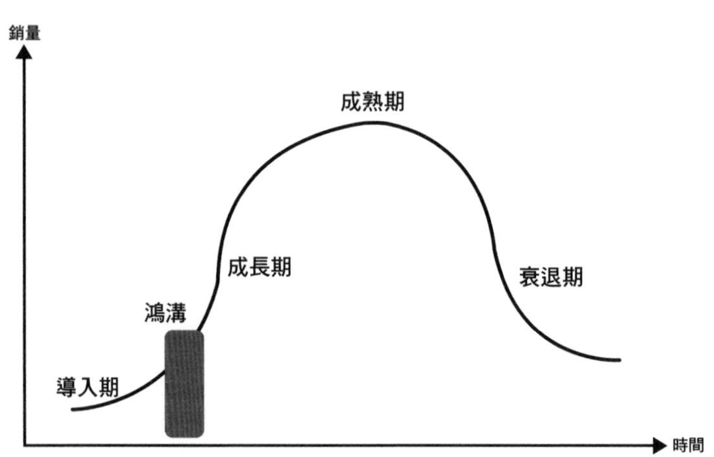

圖 10.4：產品生命週期

產品／服務生命終結

因為產品賣不好，或是產品／服務規劃的上市時間結束，此時要宣告產品／服務生命終結（End of Life，簡寫為 EOL）。對於零售產品，表明該產品的壽命結束，供應商將不再生產、行銷，銷售或促進特定產品，還可以限制或結束其產品支援。

宣告產品生命終結要特別注意到，EOL 宣告後庫存控制、保修期服務零件的控制非常重要，這也往往對應了產品服務終結（End of Service，EOS）。因為產品本身有提供保證期，必須考量保證到最後一台產品售出加上保證期的時間。

全球性市場有多地域 SKU，各地域有自己的需求，常常無法同時 EOL，這也需要謹慎考量。

產品永續

因為地球暖化，資源越來越少，產品永續的概念已變成重點，NPDP 的認證考試資料內容在 2017 年版也開始切入這個議題。像蘋果這樣的大廠，更是用產品永續來要求上游供應商，甚至開發了拆機機器人，讓公司符合永續經營的標準。

為了達成永續經營，*NPDP Body of Knowledge* 一書中提到永續成熟模型（Sustainability Maturity Model），整個模型分四個階段：

階段 1「開始」：此階段的總體戰略側重於遵守最低法律要求，設定新產品目標和規格時對可持續發展的意識尚有限，且供應商政策未納入永續，於是只做有限共享和開發永續指標。

階段 2「改善」：這時環境、健康和安全政策公開闡明指標和目標，建立碳、能源和水足跡，並在工廠測量與重視，在整個組織中積極溝通法規與政策問題。商業和產品策略可基於持續發展的未來趨勢規劃，對供應商的評估可包括審查供應商可持續發展的政策，並在新產品開發過程中用於比較新產品永續的清單和其他工具。

階段 3「成功」：整個企業始終採用改進三重底線[4]的最佳實踐。這時永續計量表建立在企業級別，並與公司的業務成功聯繫在一起。新產品開發流程會在審查流程中鼓勵永續，且公司已將重點從滿足政府法規轉變為超越法規。供應鏈已充分理解公司可持續發展的目標，並展開改進。供應商選擇要基於供應商的環境和其永續政策。

階段 4「領導」：公司發布了年度可持續發展報告，討論了三重底線的所有面向。此時合作可持續發展政策已完全整合到其他公司的政策中，並被視為推動增長和盈利的重要槓桿。透過供應鏈、許可、知識產權銷售、合資企業等方式，更廣泛利用永續思想和知識產權，並具備擴大影響的具體意圖。組織強調研發創新，以開發新技術和設計方法，以減少新產品的總體環境足跡。因此公司的大多數產品均根據行業標準和第三方評估獲得「認證」。產品永續指標廣泛共享，被視為競爭優勢。

這樣的永續趨勢正在進行，做新產品規劃必須考慮。這也是所謂的「循環經濟」。

循環經濟的目標是基於以下三個原則，在產品生命週期中創建閉環[5]：

1. 控制有限存量和平衡可再生資源的流動，來保護和增強自然資本。
2. 在技術和生物週期中始終以最高效用循環產品、組件和材料來優化資

4. Triple Bottom Line：指財務，社會和環境，指這三個方面兼顧的績效。
5. 資料來源：*NPDP Body of Knowledge*。

源產量。

3. 揭示和設計負面的外部影響來提高系統效率。

現在有越來越多的組織將永續納入標準組織運營的總體框架。這意味著：

1. 組織制定正式的可持續發展計畫；
2. 永續被用來驅動競爭優勢；
3. 遵循三重底線概念，永續被用做創新和開發新產品的驅動力；
4. 永續已包含在組織使命聲明和價值觀中。

為了我們的下一代，為了我們的環境，產品創新考慮永續，公司徹底執行永續政策已是大勢所趨。

例如蘋果正在執行第四階段，它的官網上有「環境責任報告」，公司內設有「環境，政策與社會倡議副總裁」這樣的職位負責統領執行。而我從鴻海集團來的學員處得知，鴻海正因為蘋果的要求而執行永續政策。

總結

本章討論到 AIoT 產品上市前準備的「產品定位 MDS 法」以及「產品支援策略」工具，上市後會歷經的「產品生命週期」，還有需要考慮的「產品永續」、「產品／服務生命終結」的制度與流程。一個企業必需要培養與注入這樣的企業文化。

新產品開發流程與工具 DEEM 的做法與思維到本章結束。產品要持續，必須有好的規劃，下一章將討論規劃系列產品線的方法「技術路線圖」。

第 11 章

透過路線圖規劃
長期的產品與服務

每個好的產品不會只是一代拳王，而是一系列的產品。這樣的產品的未來發展路線有兩類做法，一是根據各個符合公司策略的產品路線圖開展，通常由產品經理主導，從趨勢端與客戶需求找出產品的未來發展的路線。產品路線圖常常是確定公司策略發展方向後，依此決定對應的產品／服務，再依此展開到多年產品計畫。產品路線圖出來後，技術發展也會依此搭配規劃，現在很多公司採用這種路線圖。

這裡我們介紹另一種工具：「技術路線圖」。

技術路線圖

技術路線圖（Technology Roadmap）是由產品與技術思考，從市場／產業驅動力的角度出發，發展出對應產品／服務，再對應技術的路線圖；或是從技術出發，發展出對應產品／服務，再對應到市場的做法。三星電子是使用技術路線圖的有名公司，當年它導入了 3T：TRIZ、Technical Roadmap、Technical Tree，也讓技術路線圖成了大家的焦點。

技術路線圖是指建立一條由現在通往未來的發展「路徑」，裡面包含產品與技術的描述，也將企業的市場策略、滿足目標市場的產品、該產品所需的關鍵技術、關鍵技術的研發規劃，以及所需投入的資源，整合在產品技術路線圖中。

所以技術路線圖會描述在最近的未來會出現的產品，與支援該項產品的技術，其未來發展的潛力。並且描述某產品所涉及的重要技術，與技術發展的時間先後順序，以及發展此項技術所需具備的核心能力。另外說明為促使該項產品能更進一步發展，所需具備的關鍵性技術為何，以界定出最具關鍵性的技術組件。

一般性質的技術地圖規劃會解答三個基本問題：未來的目標、現行的狀況、如何達成目標。其實就是標準的策略做法，然後再根據此展開。

展開方式如圖 11.1，技術路線圖會包含五個階層的做法，由上往下的第一層是市場／產業，第二層是產品／服務，接下來是技術，然後是平台項目，最下面一層是其他資源，包含資本及其他投資、供應鏈（生態系夥伴），以及員工及核心能力。

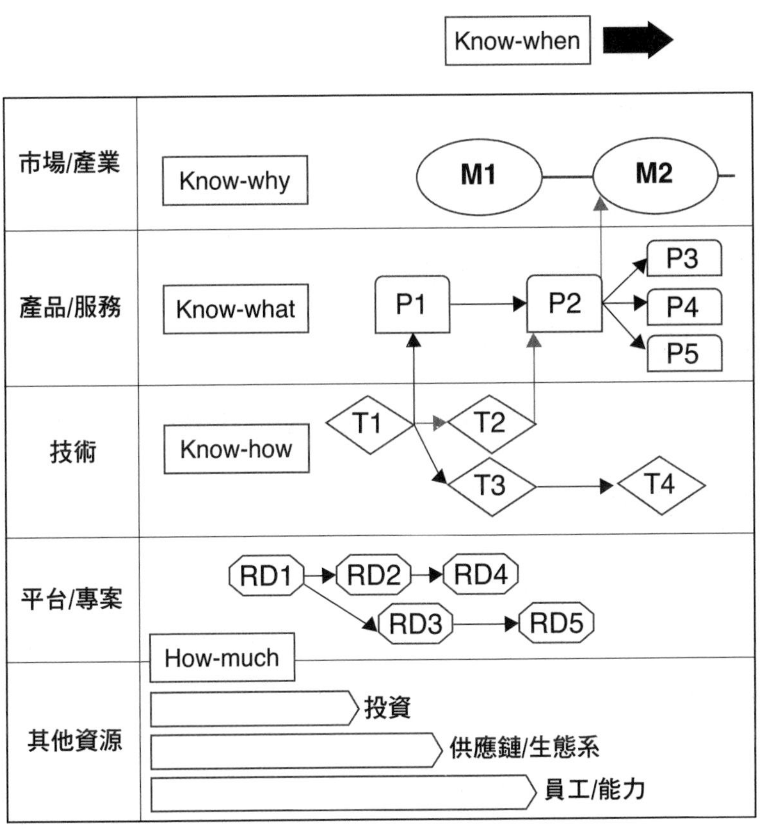

圖 11.1：技術路線圖

針對圖 11.1 的說明如下：

1. Know-why：代表公司的願景、目的。
2. Know-when：了解哪個時間投入此項技術，以因應市場需求。
3. Know-what：最重要的階層，代表 Know-why 與 Know-how 中間的橋梁，了解如何使用資源來達到最大效能。
4. Know-how：代表公司目前如何利用資源（特別是技術上）。
5. How-much：代表公司目前可以利用的資源。

接下來談到技術路線圖的建構方法，有以下四個步驟：

1. 市場環境與競爭策略分析。
2. 產品規劃。
3. 技術發展策略。
4. 技術地圖檢核與行動計畫擬訂。

市場環境與競爭分析

市場環境與競爭策略，我們分成市場環境分析跟競爭分析兩部分。

市場環境分析

市場環境分析分為總體環境分析及客戶需求發現。總體環境分析可以使用大環境分析 STEEPLE 針對相關的趨勢檢討，另加入產品趨勢與市場趨勢的要項，這個會在後面的外部驅動力發想中用到。

社會	技術	經濟	環境	政治	法律	倫理	產品趨勢	市場趨勢
收入分布	政府研究支出	經濟成長率	自然資源	環境法規	環境法規	專利	流行	短期機會
人口成長率與年齡分布	在技術上下功夫的產業焦點	利率與貨幣政策	全球暖化	貿易政策	雇用法規	所有級別的可能受賄	個人偏好	中期機會
勞工與社會流動性	新發明與發展	政府支出	廢棄物丟棄／循環	國際貿易法	合約法	評價	解決痛點	長期機會
生活型態改變	技術移轉率	失業政策	碳足跡	政府組織／態度	消費者保護法	商業倫理	滿足需求	短期威脅
工作／職業與休閒態度	生命週期與技術報廢速度	收	可持續能源	競爭法規	貿易同盟	客戶信心	超越期待	中期威脅
企業家精神	能量成本與使用	匯率	自然原因的威脅	政策穩定性	公司治理		友善介面	長期威脅
教育	資訊的改變	通貨膨脹率	基礎設施	安全法規			客戶價值	
時尚／炒作	互聯網的改變	消費者信心		政治團體改變				
生活狀態	移動科技的改變	經濟循環的階段						

表 11.1：大環境分析 STEEPLE ＋產品趨勢／市場趨勢的分析思考角度

發現客戶需求是針對公司想要專注的客群，探求他們的需求。其常見方法有觀察、訪談，與客戶共創（在第 5 章已討論過）。

競爭分析

競爭策略是分析過競爭對手後產生的策略，這個部分跟第 7 章的競爭對手分析與競爭產品分析做法一致，然後針對得到的結果做對應：推出什麼樣的產品或服務才能打贏競爭對手？

產品規劃

產品規劃除了前面討論過的找尋產品機會的發散＆收斂方式，另外需要考慮情境規劃。根據情境規劃結果，可以得知需要在意的情境劇本與對策。

情境規劃

情境規劃（scenario planning）是理清撲朔迷離未來的一種重要方法。要求公司先設計幾種未來可能發生的情形，接著去想像會發生哪些出人意料的事。這種分析方法可以讓你客觀地討論，使得戰略更具彈性。

如圖 11.2，情境規劃的實踐有六個步驟[1]：

1. 找出決策重心：確認目的為何。
2. 找出關鍵外部因素：從 STEEPLE 及競爭分析中看有哪些關鍵外部因素。
3. 找出外部驅動力：用表 11.2 關鍵外部因素與驅動力表，根據步驟 2 找出的關鍵外部因素，盡可能找出外部驅動力。

1. 資料來源：美國 SBI 情境規劃工作營講義。

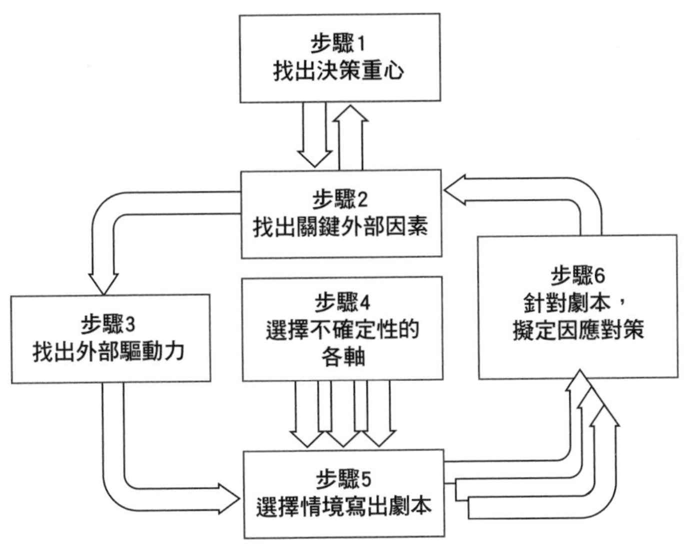

圖 11.2：情境規劃的實踐過程

關鍵外部因素	因素 1	因素 2	…	因素 N
外部驅動力	驅動力 11／驅動力 12／驅動力 13／驅動力 14…	驅動力 21／驅動力 22／驅動力 23／驅動力 24…	…	驅動力 N1／驅動力 N2／驅動力 N3／驅動力 N4…

表 11.2：關鍵外部因素與驅動力表

4. 選擇要產生情境的不確定性各軸：透過表 11.3 關鍵外部驅動力與軸線對應表找出各軸線與其端點。其中的相關外部驅動力列表列出的驅動力是表 11.2 過濾後的結果。

<table>
<tr><th colspan="2">XX 主題／產品的需求</th></tr>
<tr><td colspan="2">相關外部驅動力列表
驅動力 11／驅動力 12／驅動力 13／驅動力 14／…／驅動力 21／驅動力 22／驅動力 23／驅動力 24／…</td></tr>
<tr><td>軸線名稱
低需求</td><td>軸線名稱
高需求</td></tr>
<tr><td>端點描述
低需求軸線一端點描述
低需求軸線二端點描述
…</td><td>端點描述
高需求軸線一端點描述
高需求軸線二端點描述
…</td></tr>
</table>

表 11.3：關鍵外部驅動力與軸線對應表

5. 選擇情境寫出劇本：透過表 11.4，找出所有需要考慮的情境。

情境	軸線 1	軸線 2	…	軸線 N
#1				
#2				
#3				
…				
#M				

表 11.4：情境與軸線對應表

再根據情境，以表 11.5 情境劇本對應表找出情境的劇本，以表 11.4 有對應 M 種情境，也就必須寫出 M 個情境劇本。

情境編號	
情境名稱	
軸線 1：	
軸線 2：	
…	
軸線 N：	
情境劇本	

表 11.5：情境劇本對應表

6. 針對劇本擬定因應對策：針對所有的劇本提出因應的對策，這個對策就是未來會發展的產品或服務。

由以上的過程可知，情境規劃是很嚴謹地在考慮未來可能性，事先做準備。

接下來用以下案例來說明情境規劃的做法。

案例：智慧紡織品產品線的情境規劃

自由紡織股份有限公司的智慧紡織品的情境規劃實踐依照 6 個步驟走，有以下結果：

1. 找出決策重心：目的是因應個人身體特徵值智慧化，協助健康照護大趨勢。
2. 找出關鍵外部因素：關鍵外部因素為市場需求與產業結構兩大因素（可由檢視表 3.1 歸納得知）。
3. 找出外部趨動力：用關鍵外部因素與驅動力表，以步驟 2 找出的關鍵外部因素找出外部驅動力，如表 11.6。

關鍵外部因素	市場需求	產業結構
外部驅動力	老年化長期照護需求 身體健康探知需求 AIoT 產品的普及化	人工智慧造就新商業模式 新競爭對手的參與 生態系合作的態勢 台灣智慧紡織技術能力很強

表 11.6：關鍵外部因素與驅動力表

4. 選擇要產生情境的不確定性各軸：透過關鍵外部驅動力與軸線對應表，找出各軸線與其端點，如表 11.7。

<table>
<tr><th colspan="2">智慧紡織品／產品的需求</th></tr>
<tr><td colspan="2">相關外部驅動力列表
老年化長期照護需求／身體健康探知需求／ AIoT 產品的普及化／人工智慧造就新商業模式／新競爭對手的參與／生態系合作的態勢／台灣智慧紡織技術能力很強</td></tr>
<tr><td>軸線名稱
低需求</td><td>軸線名稱
高需求</td></tr>
<tr><td>端點描述
智慧紡織品沒創造與手錶手環不同的需求
消費者對智慧紡織品覺得太貴，只有有錢人才能接受</td><td>端點描述
智慧紡織品殺手級服務廣受歡迎
智慧紡織品每個人都可以負擔</td></tr>
</table>

表 11.7：關鍵外部驅動力與軸線對應表

5. 選擇情境寫出劇本：用情境與軸線對應表找出 4 種情境（如表 11.8 結果）。

情境	軸線 1： 智慧紡織品需求	軸線 2： 服務發展
#1	高	突破式
#2	高	漸近式
#3	低	突破式
#4	低	漸近式

表 11.8：情境與軸線對應表

根據 4 種情境，以情境劇本對應表找出情境的劇本，分別對應到表 11.9、11.10、11.11、11.12。

情境編號	1
情境名稱	智能實踐
軸線 1：需求	高
軸線 2：服務	突破式
情境劇本	老年化與健康照護觀念成為主流，智慧紡織品普遍為大家接受，大量使用智慧紡織品的時代來臨。

表 11.9 情境劇本對應表：情境 1 智能實踐

情境編號	2
情境名稱	智能夢想
軸線 1：需求	高
軸線 2：服務	漸進式
情境劇本	越來越多人認同智慧產品，但目前所有產品服務與智慧手錶／手環類似，買智慧紡織品的意願相對不高。

表 11.10 情境劇本對應表：情境 2 智能夢想

情境編號	3
情境名稱	少智能實踐
軸線 1：需求	低
軸線 2：服務	突破式
情境劇本	智能紡織品價格太貴，多為有錢人使用。

表 11.11 情境劇本對應表：情境 3 少智能實踐

情境編號	4
情境名稱	少智能夢想
軸線 1：需求	低
軸線 2：服務	漸進式
情境劇本	智能紡織品價格太貴，有錢人多使用 Apple Watch 等穿戴式裝置就覺得夠了。

表 11.12 情境劇本對應表：情境 4 少智能夢想

6. 針對劇本擬定因應對策：根據 4 種劇本，以情境劇本對應對策表找出對策，分別對應到表 11.13、11.14、11.15、11.16。

情境編號	1
情境名稱	智能實踐
情境劇本	老年化與健康照護觀念成為主流，智慧紡織品普遍為大家接受，大量使用智慧紡織品的時代來臨。
對策	預先研發準備好現有功能智慧紡織產品，大量生產。

表 11.13 情境劇本對應對策表：情境 1 智能實踐

情境編號	2
情境名稱	智能夢想
情境劇本	越來越多人認同智慧產品，但目前所有產品服務與智慧手錶／手環類似，買智慧紡織品的意願相對不高。
對策	提供跟手錶手環功能不同，又可生產的智慧紡織產品（如緊張偵測、肌力偵測等功能）

表 11.14 情境劇本對應對策表：情境 2 智能夢想

情境編號	3
情境名稱	少智能實踐
情境劇本	智能紡織品價格太貴，多為有錢人使用。
對策	先具備好相關能力，等待智能成熟。

表 11.15 情境劇本對應對策表：情境 3 少智能實踐

情境編號	4
情境名稱	少智能夢想
情境劇本	智能紡織品價格太貴，有錢人多使用 Apple Watch 等穿戴式裝置就覺得夠了。
對策	先準備好相關能力，等待智能環境與穿戴接受度成熟。

表 11.16 情境劇本對應對策表：情境 4 少智能夢想

產品功能發想

經過之前的市場環境與競爭策略分析及情境規劃，找出對應解決產品方案後，接下來要做產品功能發想，使用腦力激盪，想想可以提供怎麼樣的功能。靈感來源有情境規劃的結果、客戶需求／問題的調查結果，以及內部驅力等。

以 KJ 法做腦力激盪新產品功能為例，進行步驟如下：

第 1 步：針對新產品功能，每個人把想到的想法寫到便利貼上，一個人寫 n 個（如果有 m 個人，n 的值 m×n>100，比較能得出有價值的想法）。

第 2 步：公布所有人的想法，把搜集到的想法分類成群組。

第 3 步：根據已經整理好的想法再寫幾個想法，可以是延伸或是改善。

第 4 步：把想法再分到群組中。

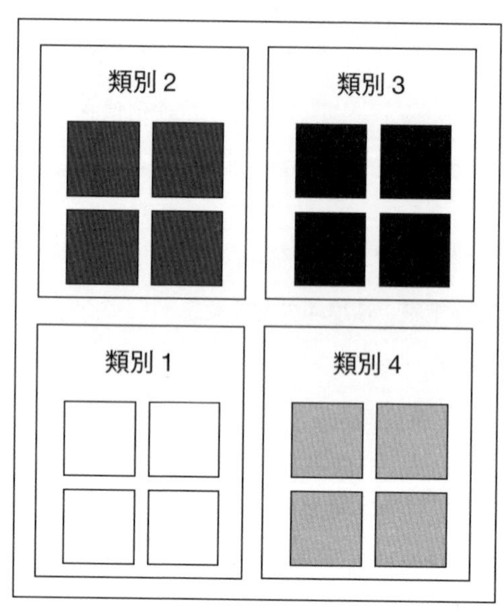

圖 11.3：KJ 法腦力激盪的呈現樣式

案例：智慧紡織品的產品功能發想

圖 11.4 顯示了自由紡織股份有限公司針對技術路線圖做的 KJ 法產品腦力激盪的結果，分為人體指數偵測與整合功能、對外功能三大種類。人體指數偵測是指人體可被測量出來的數據，像是體溫、緊張程度、肌電圖、心電圖、心律、血壓、血氧、血糖、動作、運動狀況等等。整合功能是跟其他裝置整合，包括智慧型手機、螢幕、聽音樂的耳機、投影機、交通工具等。其他想到的就直接列為「其他」。

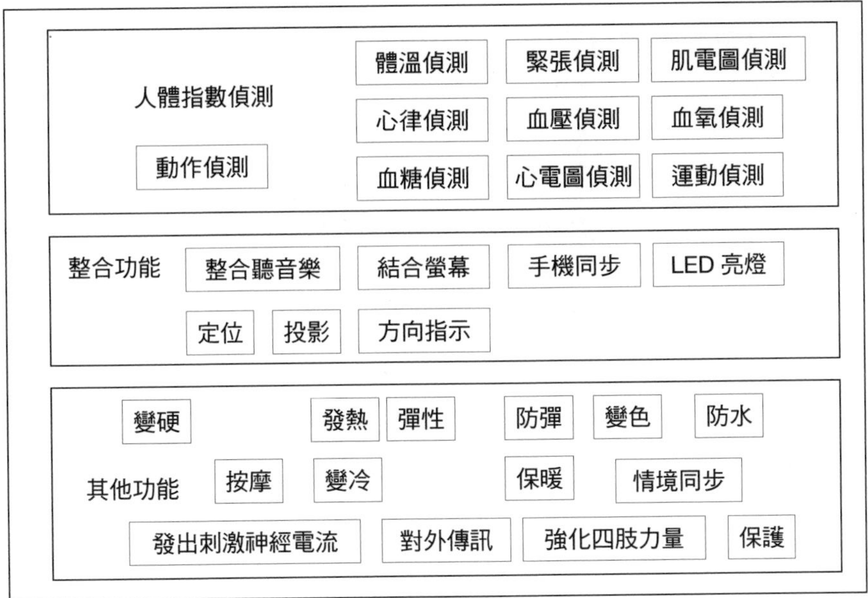

圖 11.4：智慧紡織品 KJ 法腦力激盪的結果

技術發展策略

接下來的技術發展策略，是要找出真正適合發展的產品對應的技術，可以透過組合管理篩選之前 KJ 法腦力激盪的大量點子。最後利用關係矩陣來確認技術與產品、產品與市場的關聯性，而得知最後需要的技術。

組合管理

組合管理是將發想出來的產品／服務功能點子，提出篩選與排序標準，找出最後公司要發展的產品特徵／功能。篩選使用查檢表法，針對所有的功能點子做大規模篩選，再用打分數排序法排序。

我們用以下案例仔細說明。

案例：自由紡織股份有限公司的組合管理

自由紡織股份有限公司採用圖 11.4 腦力激盪的結果做組合管理。先使用符合「公司做衣服為主的策略」與「市場夠大可以賺到錢」兩個條件過濾，得出 12 個產品特徵，再將特徵依照「技術可行性」、「競爭優勢」、「商業成功機率」、「投資報酬率」來做排序。

智慧紡織品功能特徵	技術可行性	競爭優勢	商業成功機率	投資報酬率	總和	排序
ECG 偵測	10	9	8	9	36	5
動作偵測	9	9	10	9	37	2
肌電圖	10	10	10	9	39	1
緊張指數	8	10	10	9	37	2
體溫偵測	10	8	10	9	37	2
血糖偵測	1	2	5	10	18	11
血氧偵測	1	1	3	5	10	12
虛擬實境	10	5	8	8	31	6
音樂播放	10	3	4	5	22	8
結合智慧型手機	10	4	4	4	22	8
定位使用者位置	10	7	6	8	22	8
主動發熱	10	3	6	6	25	7

表 11.17：自由紡織組合管理最後的結果

最後決定是留前 7 名的產品特徵：ECG 偵測、動作偵測、肌電圖、緊張指數、體溫偵測、虛擬實境、主動發熱降溫，做為五年內發展的產品。

關係矩陣

為了找出「產業市場驅動力」與「產品特徵」的對應關係，我們要使用圖 11.5 的「市場產品連結格」的關係矩陣。利用矩陣對應關係程度算出最後的分數，然後根據分數區間，決定其產品特徵的重要性是高（H）、中（M）或低（L）。

然後根據運算結果規劃「產品特徵」與「技術領域」對應關係。我們會使用圖 11.6 的「產品技術連結格」的關係矩陣，利用矩陣對應關係程度算出最後的分數，然後根據分數區間，決定其技術領域重要性是 H、M 或是 L。其中標為 H 的是重要技術，要先準備好；標為 L 的可能只針對部分產品，不是重要產品，可以稍後發展。

我們用以下案例仔細說明。

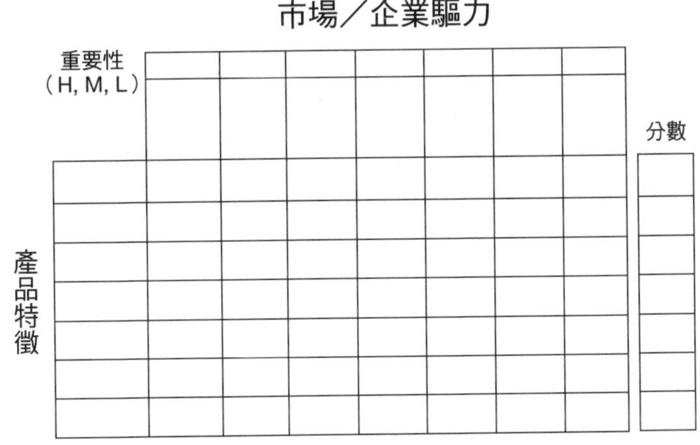

圖 11.5：關係矩陣「市場／產品連結格」

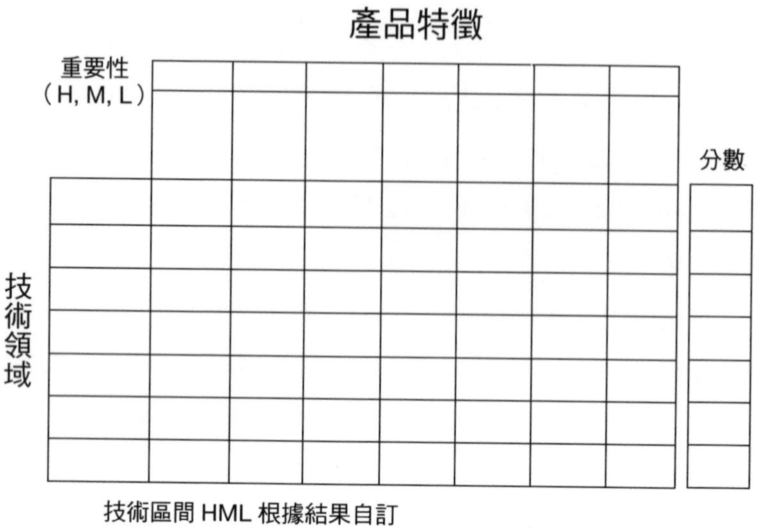

產品特徵

重要性
（H, M, L）

分數

技術領域

技術區間 HML 根據結果自訂

圖 11.6：關係矩陣「產品／技術連結格」

案例：智慧紡織品的市場——產品——技術關係矩陣

自由紡織股份有限公司已得知了 ECG 偵測、動作偵測、肌電圖、緊張指數、體溫偵測、虛擬實境與主動發熱七個產品特徵，對應發現的七大市場趨力：人身安全、資料安全、舒適、續航力、功能體驗、易維護，做出市場—產品關係矩陣，呈現在表 11.18。

產品特徵	市場／企業驅力								
H：4分 M：2分 L：1分	H	H	H	M	M	M	L	總和	HML H ≧ 80分 M：70~79分 L ≦ 69分
	人身安全	資料安全	舒適	續航力	功能體驗	外表	易維護		
ECG 偵測	5	4	4	3	3	2	4	80	H
動作偵測	4	4	4	3	3	2	3	75	M
肌電圖	5	4	4	3	3	2	4	80	H
緊張指數	5	4	4	3	3	2	3	79	M
體溫偵測	5	4	4	3	2	2	3	77	M
虛擬實境	4	4	4	3	3	4	3	81	H
主動發熱	5	2	4	5	3	2	3	67	L

表 11.18：關係矩陣：以自由紡織為例的智慧紡織品的市場／產品連結格

在表 11.18 中可以了解到各產品特徵的重要性。接下來用表 11.19 找出的對應技術有導電紡織、雲端 AI 模組、終端運算模組、無線傳輸、ECG、動作偵測、體溫感測、感覺模擬、發熱器，以及電能供給等技術領域。從技術領域重要性的結論上來看，導電紡織、雲端 AI 模組、終端運算模組、無線傳輸，以及電能供給是高重要性的技術領域，也是所有技術的基礎；ECG、感覺模擬因為是高重要性產品發展的必須，所以僅次於高重要性的技術領域；動作偵測、體溫偵測與發熱模組會根據產品的計畫來做規劃，重要性相對較低。

	產品特徵									
	H：4 分 M：2 分 L：1 分	H	M	H	M	M	H	L	總和	HML H ≧ 60 分 M：21~59 分 L ≦ 20 分
		ECG 偵測	動作偵測	肌電圖	緊張指數	體溫偵測	虛擬實境	主動發熱		
技術領域	導電紡織	5	5	5	5	5	3	5	87	H
	雲端 AI 模組	3	3	4	3	3	5	0	68	H
	終端運算模組	5	5	5	5	5	5	2	92	H
	無線傳輸	3	3	3	3	3	5	0	64	H
	ECG	5	0	4	5	0	0	1	47	M
	動作偵測	0	5	0	0	0	0	0	10	L
	體溫感測	0	0	0	0	5	0	0	10	L
	感覺模擬	0	0	0	0	1	5	0	22	M
	發熱模組	0	0	0	0	0	0	5	5	L
	電能供給	3	3	3	3	3	4	5	63	H

表 11.19：關係矩陣：以自由紡織為例的智慧紡織品的產品 / 技術連結格

完成技術路線圖

終於到了要完成技術路線圖的時候。當搜集到了市場／技術驅力、產品特徵、技術領域的各個要素之後，就可以使用圖 11.7 的技術路線圖，將其按照重要性、時間軸，依下列四個步驟排列出來：

步驟 1：將所有市場／企業驅力、產業特徵、技術領域的要素放進對應區域。

步驟 2：確認先後發展順序，將其在圖上排列。

步驟 3：將資源、技術對應到產品，產品對應到市場／產業的因果對應關係拉出。

步驟 4：完成技術路線圖，盤點資源：

1. 人力需求為何？能力符合嗎？資本投資多大？
2. 需要買進／開發專利嗎？
3. 供應鏈需求？
4. 其他資源？

時間 ⇨

市場／產業	
產　品	
技　術	
資　源	

圖 11.7：技術路線圖

步驟 5：依此訂定專案行動計畫。

步驟 1 到步驟 4 的完成技術路線圖做法，我們以底下案例展示。

案例：智慧紡織品產品線的技術路線圖的步驟

根據之前的案例，自由紡織股份有限公司針對智慧紡織品，在市場／企業趨力有人身安全、資料安全、舒適、續航力、功能體驗、易維護；發展產品特徵有 ECG 偵測、動作偵測、肌電圖、緊張指數、體溫偵測、虛擬實境與主動發熱；技術領域有導電紡織、雲端 AI 模組、終端運算模組、無線傳輸、ECG、動作偵測、體溫感測、感覺模擬、發熱器，以及電能供給等。

接下來我們按照剛剛所說的步驟來完成技術路線圖。

步驟 1：將所有市場／企業驅力、產業特徵、技術領域的要素放進對應區域。如圖 11.8。

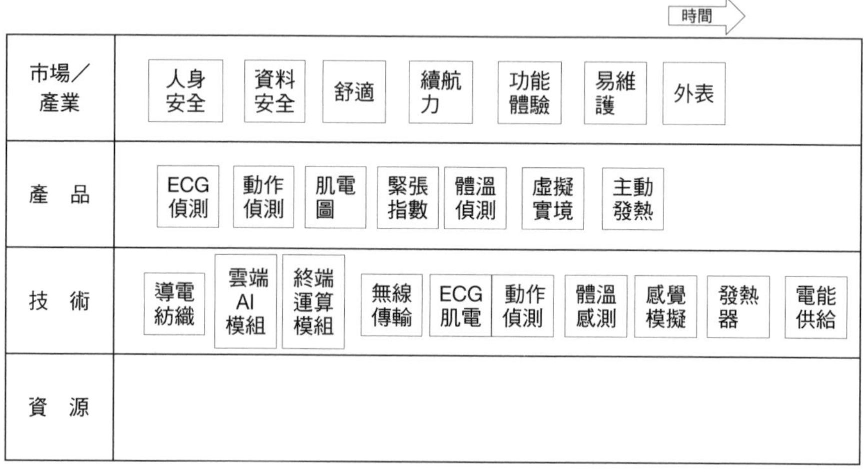

圖 11.8：智慧紡織品的技術路線圖的步驟 1「放入所有要素」

步驟 2：確認先後發展順序，將其在圖上排列。部分技術決定交給生態系夥伴協作，這裡有電能供給模組、雲端 AI 模組、終端運算模組、及無線傳輸，還有，技術出來的時間要早於對應產品完成的時間。

時間 ⇨

市場／產業	人身安全、資料安全、舒適、續航力、功能體驗、外表、易維護
產　品	ECG 偵測、動作偵測、肌電圖、體溫偵測、緊張指數、虛擬實境、主動發熱
技　術	導電紡織、ECG 肌電、動作偵測、體溫感測、感覺模擬、發熱器
資　源	電能供給、雲端 AI 模組、終端運算模組、無線傳輸

圖 11.9：智慧紡織品的技術路線圖的步驟 2「排列要素順序」

步驟 3：將資源、技術對應到產品，產品對應到市場／產業的因果對應關係拉出。

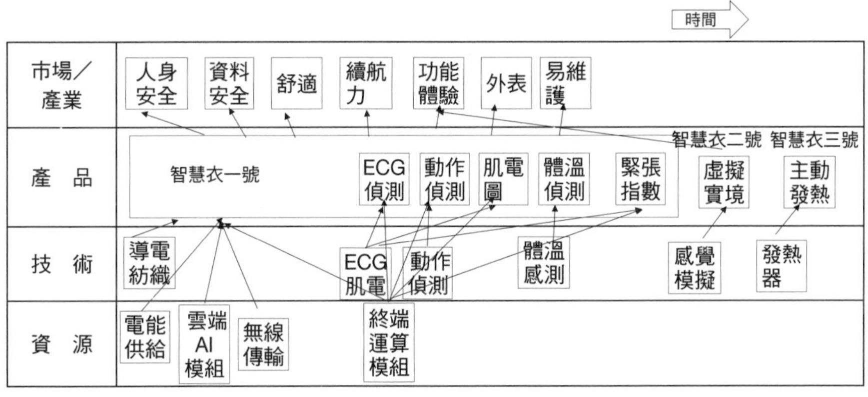

圖 11.10：智慧紡織品的技術路線圖的步驟 3「因果對應」

步驟 4：完成技術路線圖，開始盤點人力需求、能力、資本投資、供應鏈。

總結

本章教大家使用技術路線圖工具，找出產品與技術的未來發展路線圖，使用此工具有 4 大步驟：

步驟 1：市場環境與競爭分析

步驟 2：產品規劃，使用情境規劃、產品功能發想工具。

步驟 3：找出產品的未來發展路線圖。使用組合管理與關係矩陣工具。

步驟 4：完成技術路線圖草圖。

這些流程與工具可以協助你找出對的產品，並且做好產品／技術長期規劃。

第 3 部

組織、人才與合作夥伴

我在第一部介紹了數位轉型策略的做法，第二部介紹了數位轉型新產品創新的流程。接下著來到第三部：數位轉型的組織、人跟外部夥伴。

要做數位轉型，一定要有好的**領軍人選**，執行長自己帶頭做才有能力整合全公司。如果真的要找資訊長來做，也要執行長自己賦予資訊長尚方寶劍，執行長要給予全力支持才有機會。團隊內的領導人才是要內部拔擢，還是從外面找來，都有其利弊。如果是內部拔擢，要看此人的個性是否符合，所以在第 12 章中，我介紹了自己擔任顧問的 Strengthscope 的優勢測評與輔導工具，接著談數位知識的學習機構人工智慧學校。

在數位轉型之前，必先歷經數位化與數位優化的階段，而且也必須**搭配心理建設**，讓公司幹部了解數位轉型的重要性，他們才會認真參與數位轉型的升級過程，這個我會在第 13 章闡述。

AIoT 數位轉型不是靠一家公司之力可以做成，需要跟合作夥伴一起努力；不光是軟體服務的買進或租賃，還有很多部分需要**外部夥伴**。這會在第 14 章做相關闡述。

第 12 章

數位轉型的領導人才

數位轉型是基於數位來做轉型升級變革，懂得數位的人才自然很重要。我在輔導跟講課的時候常常被問到，人才到底是要外聘還是從內部找才好。其實，這要看每家公司的需求與現況。

現在幾乎所有產業都需要數位轉型，缺乏人工智慧人才是個很大的問題。台灣人工智慧學校有一整套完整學習系統，是很不錯的訓練來源。台灣過去不重視人工智慧，人才自然很難找，所以招募或從內部派訓很重要。人才來源可以是從學校資訊工程／資訊科學／資訊管理系畢業的人，或是招募從台灣人工智慧學校畢業的人才。當然，選派人員去參加台灣人工智慧學校也很不錯。

數位轉型領導人才的特質

具備怎樣能力的人才才符合數位轉型的需求？《能力雜誌》在 2018 年 7 月 9 日的報導[1]：提到，「數位化的轉型帶來從單一型人才到複合型人才需求的轉變，需求開始從量變轉為質變。」而「全球人才 2021（Global Talent 2021）的調查研究歸納出：未來人才需要包括：全球管理力、靈活思考力、數位商務力以及關係深化力 4 大軟硬實力。」

《哈佛商業評論》在 2020 年 1 月 2 日刊登的數位版文章「如何培養數位轉型人才庫？」[2]：中提到，數位轉型能力較強的候選人是具備「有好奇心、適應力和學習速度快的人」，而且「資訊科技開發的工作重點，過去是在於決定規格並據以撰寫程式，但現在，更重要的是找出問題和創造解決方案」。

1. 資料來源：https://mymkc.com/article/content/22984「數位轉型關鍵不在數位在於『人』》貫徹「6 個對」數位人才一步到位」。
2. https://www.hbrtaiwan.com/article_content_AR0009384.html

台灣人工智慧學校網站上更有專文[3]講述：「根據 MIT 史隆管理學院評論與德勤的一份共同研究報告，數位領導人最重要的前四項個人特質分別是轉型視野（22%）、前瞻思維（20%）、了解科技（18%），以及擁抱改變（18%）。」

由這三篇文章所提到的數位轉型領導者的特性可知，除了 MIT 史隆管理學院評論與德勤的報告提及的「了解科技」是學習科技知識而來，其餘三者跟轉型者本身的個人特質有關。哈佛商業評論提到的「好奇心、適應力和學習速度快」的個性，以及「找出問題和創造解決方案」的能力，就是成就「轉型視野」、「前瞻思維」，與「擁抱改變」的特質。而《能力雜誌》提到的「靈活思考力」、「數位商務力」，也能對應到 MIT 史隆管理學院評論與德勤的報告中的四項特質。

根據以上結論，我們可以說，數位領導人需要「前瞻思維」、「了解科技」，以及「擁抱改變」的特質，而且可以透過訓練做到「了解科技」。針對這些特質，人工智慧學校的專文也有相關解釋：「轉型視野著重在於對於市場與趨勢的了解；前瞻思維重點在能為明天做具體規劃，而不只是解決今天的問題；擁抱改變則是將各種改變，無論是市場的改變、消費者的改變，與自己的改變視為常態，深刻理解『無常』之理，並且能從改變之中尋得不變之變，才有能力持久地維持動態平衡。具轉型視野與前瞻思維者，不能只是看著未來，通常也需要熟讀歷史，以及具有機率性的思惟模式。」

而數位轉型的領導者絕對不是指一個人，而是領導團隊。一如人工智慧學校的專文所提：「整個公司經營團隊都是數位領導人，大家齊心

3. 資料來源：https://aiacademy.tw/how-to-be-a-digital-leader/「數位轉型需要高階經理人？除了技術，這四大特質更重要」。

一致，讓公司能乘著數位顛覆突破新局，找到更佳的運作模式。」

不管是外聘還是內找，符合相關特質才是重點。

人才能力的重新評估

如上節所言，數位轉型的領導者需要具備相關特質，如果考慮從現有公司人選中找到合適的人，絕不能只是從熟悉的員工裡面尋找，而是要挑選有意願、有潛力與未來性的員工，看看哪些員工符合「轉型視野」、「前瞻思維」、「擁抱改變」的特質。評量候選人員的能力和潛力，可以知道人才是否合適。坊間使用的測評很多，但是大多著眼在能力（Ability）或職能基準（Occupational Competency）等相關類型測評，有時會過度聚焦於員工能力不足的部分，導致所謂的問題導向處理模式，主管往往會覺得部屬永遠有不夠好的面向。在諸多認證過的測評中，英國優勢測評（Strengthscope）的優勢導向解決方案是我認為對組織回饋相當正面的一套系統。這套系統也很適合協助組織在做數位轉型時，用數據化的報表來尋找人才庫（Talent Pool）中是否有人有能力勝任變革轉型時的專案負責人。這不只適用於資訊系統，也適用於公司裡的所有人才。

Strengthscope 這套工具強調人的 24 種優勢，分成：

四大構面	感性／情感 Emotional	理性思維 Thinking	執行／落實 Execution	人際關係 Relational
優勢	自信 Self-Confidence	戰略眼光 Strategic mindedness	自我提升 Self-improvement	協作 Collaboration
	堅韌 Resilience	重細節 Detail orientation	重結果 Results focus	熱誠 Compassion
	樂觀 Optimism	批判思維 Critical thinking	主動 Initiative	培養他人 Developing Others
	熱情 Enthusiasm	創造性 Creativity	靈活 Flexibility	同理心 Empathy
	情緒控制 Emotional Control	常識 Common sense	效率 Efficiency	領導 Leading
	勇氣 Courage		果斷 Decisiveness	説服力 Persuasiveness
				建立關係 Relation building

表 12.1：英國 Strengthscope 評測人才的優勢列表

當然不是每個人都能具備這 24 項優勢，測量結果是會從其中找出最強的 7 項突出優勢；並且會找受測者的朋友／同事協助測驗驗證，看他測出的優勢的結果與他的朋友／同事回饋看法之間的差距，還有回饋的評語。經過驗證的測試結果，信度、效度都很強，可以看出公司成員的優勢，以及他的優勢適不適合做數位轉型的前鋒部隊。

「轉型視野」、「前瞻思維」、「擁抱改變」的特質可以對應到自我提升、主動、靈活、勇氣、戰略眼光、創造性、熱情、自信、堅韌，以及樂觀等優勢特質。當然不是說在這些特質上都很強悍的人才適合領導數位轉型，之前我們說過，數位轉型需要一個領導團隊，團隊中的這群人彼此運用優勢來提升能力，達到彼此互補的功效，一起前進才是重點。

Strengthscope 是一整套測評加諮詢輔導的完整解決方案，評測完後有解說、教練與團隊諮詢三階段切入，特別適合想要做數位轉型的公司。英國優勢諮詢台灣區總經理程大洲曾提到，在優勢團隊輔導的個案中，有不少家企業透過優勢報告全面梳理人才庫裡的中高階主管，甚至找到了在接班人梯隊中值得投資的同仁。有些同仁也分享到，以前在能力測評的問題導向帽子之下，往往不敢對自己或對主管給出真實的回饋，因為怕被秋後算帳。透過尋找自己的優勢及未來可能的發展潛力之後，他們就更有信心去思考，如何為了整個組織的發展前景，給出最真實的發展建議。在看到組織往更正向的方向發展時，經常能夠見證到組織成長的奇蹟時刻。如果人力資源部擁有組織團隊的完整優勢報告，他們也能夠更精準地調整公司現有的人才提升方案，甚至能夠找到最適切的培訓課程，一舉數得。這套評測很值得公司決策者參考。

此外，諮詢顧問在為企業建置人才庫或培養接班人梯隊的時候，也常常會運用 Strengthscope 的團隊測評報告，來協助高階主管以有更有系統性、數據化的工具，做更合理的人才布局判斷。我們最常留意到，許多中小企業在選才時不是內舉不避親，要不就是只注意到跟自己比較合得來的人選。這樣的做法往往欠缺了全方面的數據評估，也不具備讓人信服的長期性研究或稱為縱貫性研究（Longitudinal study）的結果，導致真正有優勢的人無法一展長才，甚至導致人才流失。

除了可以在個人與團隊的優勢圖上呈現每個人的最佳狀態，以及可以互助成長的部分之外，Strengthscope Team 的報告裡也會指出，目前團隊在五項團隊發展關鍵的項目裡，哪些部分是團隊已經具備的優勢，哪些部分可能是未來做數位轉型或組織變革時會遇到的障礙。而這一切都是來自於全體利益相關同仁（Stakeholders）的回饋，得出的數據或報告相對更有說服力。

如圖 12.2 裡，我們就可以發現該團隊在信任基礎上有非常好的利基點。當團隊在這基礎上成長改變時，大家較能夠同心協力，朝一致的目標發展。但是當責行為及拓展的回饋機制上卻出現了明顯的警訊，讓

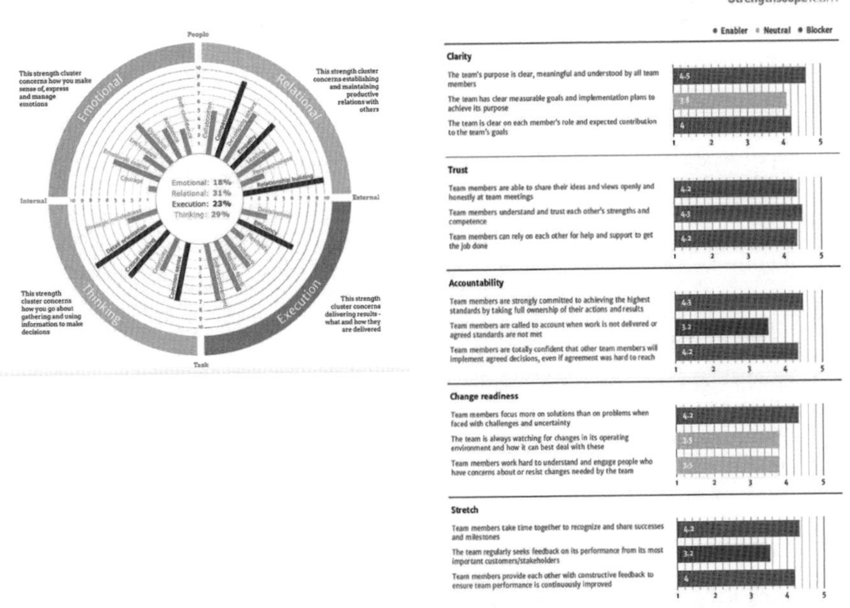

圖 12.2 Strengthscope Team 團隊發展的五項指標，包含精確的目標設定（Clarity）、團隊的信任基礎（Trust）、團隊的當責行為（Accountability）、變革轉型的準備狀態（Change Readiness）以及團隊拓展的回饋機制（Stretch）。資料來源：Strengthscope，圖片由 Strengthscope 台灣代理提供。

管理主管能夠更早意識到，未來要讓團隊成長時，應該要試著找到團隊當責課程或建置團隊的當責行為，並做出有效的回饋。因為報告告訴我們，團隊成員比較不會詢問他人意見來成長，而在變革轉型的項目上已經呈現黃燈，這也讓我們要留意，同仁們已經發出了還沒準備好要改變的心聲，管理階層可以試著多做組織與團隊溝通，或是做些團隊共識營等等，避免在冒進之下，影響到團隊的不安全感與不穩定性。

人才的訓練

為了達到「了解科技」的特質，數位人才的訓練很重要，要養成這樣的特質，並不是聽聽一兩次演講就可以的。特別是數位轉型涉及眾多科技，包含 AI 人工智慧、區塊鏈、雲端運算、資訊安全、邊緣運算，加上 5G 行動通訊，只是聽過演講也不見得全都能記住，更別談如何整合、串接成新的商業模式。

如果想做全面性了解，我建議可以閱讀我寫的《改變世界的力量：臺灣物聯網大商機》、《物聯網無限商機：產業概論 X 實務應用》、《AIoT 人工智慧在物聯網的應用與商機》，以及人工智慧學校前執行長陳昇瑋的《人工智慧在台灣》。若想針對工業、醫療、行銷及零售各專業，針對製造有李傑老師的《工業人工智慧》及簡禎富老師的書《工業 3.5：台灣企業邁向智慧製造與數位決策的戰略》；針對醫療有李友專老師的《AI 醫療大未來：台灣第一本智慧醫療關鍵報告》；針對行銷有任立中、陳靜宜老師的《大數據行銷：邁向智能行銷之路》；針對零售有林希夢先生的《新零售策略規劃：客戶為王的 4.0 時代》等書籍。

要是想有系統地了解「人工智慧」，我很推崇人工智慧學校經理人班的課程。當然，坊間的人工智慧程式補習班很多，但都沒有一個完整的系統，而且針對的是程式設計。前面說過，程式設計並不是數位轉型領導人才的重點，重點是瞭解相關科技的知識。

人工智慧學校經理人班課程有一整套人工智慧各領域的介紹，包含統計與資料分析、機器學習與演算法、電腦視覺、語音處理、推薦系統、聊天機器人、社群媒體分析，以及自然語言處理，並結合很多實務專題演講，我也擔任過人工智慧經理人班台北第二期的實務專題演講講師。上過課的人可以認識到人工智慧科技，也可以思考如何應用於商業模式。人工智慧學校也開了課期較短的「醫療專班」，適合醫學界人士參與。

另外，很多大學也提供了人工智慧或大數據學程，例如臺北醫學大學管理學院的「智慧醫療高階管理實務班」，清華大學的「智慧製造跨院高階主管碩士在職學位學程」，而政治大學跟微軟合作，開了「AI 商學院」等等，也都是高階管理者可以選擇的進修方式。

我也曾到過許多企業上「人工智慧介紹」、「電腦視覺」、「Chatbot 聊天機器人」及各領域應用課程。透過企業內訓找專業講師上課，是很多企業訓練公司人才能力的方式。

結論

數位轉型的核心是變革，轉型升級是重點，數位只是手段。一個企業要實踐數位轉型，必須要動員全公司才能啟動。因為要改變現狀，所以必須學習新東西，而且要培訓具有優勢及地位的員工，這麼做容易引起舊員工的反對，所以這時的員工心理建設很重要。帶領的主管不只要具備數位意識，更要擁有願意擁抱未來的特質。

中國有名的數位轉型公司紅領西服的主導者張蘊藍，在網路課程平台混沌大學的演講「酷特智能：C2M 傳統製造業轉型探索之路」中說過，當初她做數位轉型的時候，公司的主管都不願意跟著她做，現在總管全部的人，反而是當年一畢業就跟著她一起努力的助理。正因為意願是其中關鍵，找出對的人才能一起努力。透過引導培訓，將會有更多員工有意願加入數位轉型團隊。

第 13 章

透過引導手法協助組織同心前進

數位轉型組織引導

就如一開始所說，數位轉型是變革，重點是心態，需要全公司一起努力，但是從實務的角度來看其實不容易。天下創新學院 2019 年的「2000 大企業數位轉型人才大調查」報告提到一位上市科技公司的副總坦言，「企業不快點數位轉型會慢性死亡。推動數位轉型，短期間不容易見到成效。」這反應出企業不易做到數位轉型的原因，高階主管明白它的重要性，但是要承諾完成，短期看不到成效，怎麼符合利害關係人的期望，特別是上市上櫃的公司，投資了金額下去，短期卻看不到回收，股價會因此下降或持平，造成很大壓力。就算知道重要都不一定會執行，更何況不知道數位轉型很重要的人。

要讓員工知道重要性，光用教育告知的效果很差，較有效的方法是透過引導方式模擬情境，讓員工在模擬情境中體會到數位轉型的重要性。

我應用 FTT 引導訓練師訓練所教授的手法，研發出引導流程。透過以下的故事描述，希望讓大家可以更加了解如何做組織引導。

在故事開始之前，先描述故事中的角色，本故事有自由紡織股份有限公司的員工參與：

David：總經理，政大商研所博士班畢業，年輕有抱負，個性積極樂觀，剛接總經理 2 年，今年 39 歲。

Andy：產品研發部門成員，智慧紡織品導入專案新成員，開朗愛笑，今年 30 歲。

Samantha：產品研發部門成員，智慧紡織品導入專案新成員，細心但動作慢，今年 32 歲。

Sandy：人力資源與行政部門副總經理，個性認真謙和，今年 58 歲。

Armstrong：行政經理，隸屬人力資源與行政部門，個性消極，今年 58 歲。

Cindy：人力資源經理，隸屬人力資源與行政部門，喜歡與人交談，觀察人，今年 38 歲。

Stanley：生產製造部門新建廠生產管理經理，個性嚴肅，但勇於承擔責任，今年 48 歲。

Justine：生產製造部門新建廠倉庫管理經理，個性嚴肅，今年 45 歲。

Shirley：行銷經理，隸屬行銷與銷售部門，今年 40 歲，非常感性。

Jimmy：銷售經理，隸屬行銷與銷售部門，個性開朗，勤快，愛說話，今年 42 歲。

Lillian：法務部門經理，今年 45 歲，個性做事謹慎，邏輯清晰。

Rich：自由紡織股份有限公司聘請的 AIoT 數位轉型顧問，今年 51 歲。

引導課程開場

這天，自由紡織股份有限公司在 David 總經理的要求下，召集了中高級主管，找來 Rich 老師上引導課程。

在人力資源副總 Sandy 開場說明之後，Rich 老師穿著登山夾克和登山鞋走了進來，看了看由中階主管成軍的三隊成員，說到：「歡迎大家，如大家所看到的，現場有三隊的成員。」

Rich 笑著對著大家說：「大家看我這一身打扮，猜一猜是做什麼用的？」

現場有很多人發出聲音：「爬山！」

Rich 回答：「答對了，就是爬山。我們即將踏上一段精彩無比、爬山登頂尋找救命三葉草的旅程。這個救命三葉草大家都沒見過，但它可以協助大家最想解決的公司問題，所以我們要去尋找三葉草。」

Rich 環視三個小隊，接著說道：「既然有三個小隊，就要有隊長、隊名跟隊歌。首先請小隊圍成圓圈來討論，其次，請大家花兩分鐘推舉出帶領小隊前進的隊長。」

各隊接下來選出隊長。第一小隊隊長 Andy，第二小隊隊長 Shirley，第三小隊隊長 Justine。Rich 接著說：「隊長選出來了，請隊長帶領全隊人員討論出隊名、隊呼，還有製作隊旗，各隊有一張 A4 紙及粗色筆，大家在 A4 紙上畫隊旗，讓這個隊旗顯示出小隊的精神，像是堅忍、有恆心等等。之後在找到目標時可以插上隊旗，表示目的成功達成。」

各小隊開始討論，並且討論出隊名、隊呼，並且完成隊旗。待所有小隊都完成後，Rich 說：「請各隊揮舞隊旗，以隊呼表示氣勢。」

等各小隊都發表完，Rich 接著說：「既然要登山去找救命三葉草，就需要工具，現在請每個人把 A4 紙撕成兩半，寫下你要帶的兩樣工具，一張紙寫一個。在寫的時候請大家思考，如果數位轉型就像爬山，你需要準備新的能力，需要換到新的位置，或需要你重新學習，你願不願意？」

學員 Armstrong 開始喃喃自語：「啊！真的嗎？這不只是一個課程嗎？」

Rich 回答：「這是一個課程，但也是讓各位體驗數位轉型重要性的課程！」

準備工具

接下來每個人都得到一張 A4 紙與色筆，學員陸續完成工具準備。Rich 接著說：「寫完的隊員將寫好的一半 A4 紙放到前面寫著『背包』的紙箱中。」

Rich 看到學員們完成得差不多了，便說：「看來大家都準備好了，我們出發！」

旅程開始

Rich 說：「接下來要開始爬山。」

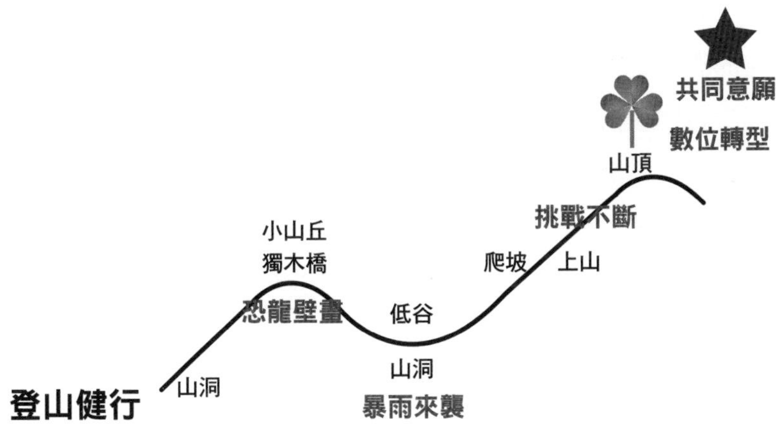

圖 13.1：爬山心象圖

Rich 指著大海報上的爬山心象圖（圖 13.1）上最左邊的第一個「山洞」，說道：「我們到了山前，要往上爬了，發現旁邊有山洞，咦，此處發現一個捲軸。」螢幕上顯示打開捲軸的動作，出現「趕快進山洞」的字樣，Rich 接著說明：「捲軸要我們趕快進山洞。大家趕快進來。」

經過約 30 秒，Rich 說道：「現在所有人都進山洞了。接下來要請每個人拿一張 A4 紙、一張藍點點貼紙及一支粗色筆。」

在助理發給現場每個人需要用的道具之後，Rich 說：「請每個人用拿到的 A4 紙、藍點點貼紙及色筆，提出最希望公司數位轉型要解決的問題，並且寫在紙上。在寫的時候請大家思考，如果解決這個問題，需要你換到其他位置，需要你重新學習，你願不願意？」

在場學員們在思考後在 A4 紙上紛紛寫下了自己的答案。Rich 看差不多了，就說：「請大家以小隊為單位，每個人把寫好的紙貼到小隊所在旁邊的牆上成為一群，答案類似的要上下疊貼在一列。」

看學員們陸續完成，Rich 接著說：「請每個人對小隊發表自己寫的想法，每人 1 分鐘，計時 10 分鐘，從隊長開始，往左手邊一一陳述，為什麼自己覺得這是公司的困擾？」

小隊成員紛紛討論起來。等到時間差不多過了 10 分鐘，討論即將結束，Rich 便說：「請小隊成員開始選擇小隊內覺得重要困擾的 A4 紙，在上面貼上藍點點，每個人就一張紙最多貼上 3 個點。」

所有人都完成後，Rich 請各小隊統計點數，並排出順序，並請每個小隊發表排序結果，並依排序結果重新在牆上排出順序。

Rich 在所有小隊完成時，說道：「大家喜歡開會嗎？開會通常很花時間、冗長，但是找不到重點，你說是嗎？剛剛這樣是不是很快就找出重點，有了重點才能專注力量。」

好幾個學員紛紛點頭，Jimmy 更是發表意見：「真的，這樣快多了。」

進入恐龍化石區

「走著走著，我們走到一座獨木橋。獨木橋實在太滑，大家一起摔下去掉入山澗。還好水很淺，水流又不急，此處隊長發現了洞穴。」

Rich 接著投影播放恐龍因為地球被隕石撞倒滅絕的圖片，「小隊成員一起走入洞穴，發現了 4 格壁畫。第 1 格畫著隕石撞地球；第 2 格畫著地球被隕石撞擊後土層掩蓋大地，植物慢慢凋零；第 3 格畫著一堆恐龍倒下；第 4 格的圖很模糊，但圖的旁邊有一些東西，這些東西到底是什麼呢？」

Rich 發給學員一堆立體拼圖，「接下來計時 20 分鐘，請以小隊為單位，大家一起努力來查出這個東西是什麼。第一個拼完的隊伍會獲得 200 分，第二個會獲得 150 分、第三個會獲得 100 分，沒在時間內拼出來 0 分。」

經過一段時間，Shirley 驚呼，「咦！這是恐龍化石！」

Rich 對她笑了笑：「要所有的都拼完才算喔！」

各隊都完成作業。拼完的小隊發現，這些其實是多種恐龍的化石。

Rich 環顧所有學員，「大家都完成了，各隊的拼圖都找到象徵的物件，有人想要分享這段過程中的感受嗎？」

男學員 Andy 舉手，他說道：「看到地球被隕石撞擊地球，整個環境改變，然後恐龍倒地，最後發現只剩下恐龍化石，感覺好悲哀。」

Rich 說：「恐龍曾經是地球上是最強大的種族，可是現在滅絕了，大家知道原因嗎？」

Lillian 舉手回答：「因為沒有足夠的東西吃，所以全部死亡了！」

Rich 回答：「是的，因為恐龍強大，但也需要很多食物才能存活。當大隕石擊中地球時，環境產生了很大的變化，灰塵覆蓋整個地球，久久不散，整個地球變冰冷，食物大幅減少，讓恐龍存活的食物嚴重不足，恐龍因此而滅亡了。反而是我們的祖先因為需要的資源少，改吃還可以吃的食物，結果存活下來。」

Rich 接著環視所有人，「今天面對環境的科技大變化，是不是類似恐龍滅絕的狀況？公司需要的訂單如果大幅減少，大家還可以像現在一樣生活嗎？請大家想一想，

1. 當你看到、聽到恐龍化石，你有哪些反應？
2. 想到恐龍化石，你的感受是什麼？
3. 你認為要如何分析／解讀恐龍化石這樣的事件？
4. 如果不想像恐龍滅絕的環境變化讓公司被市場淘汰，你體認到個人能做什麼扭轉局勢？

現在開始，請每個人對小隊發表感言。」

小隊開始討論，等到時間結束，Rich 請小隊派代表跟大家發表感言。

第一小隊隊長 Andy 站起來發言：「當我看到、聽到恐龍化石，一開始沒有什麼反應，但是知道他們是因為資源不足而滅亡，我開始覺得有點悲傷。聯想到 2020 年的現在，人工智慧、物聯網、區塊鏈、邊緣運算、5G 技術成熟了，整個科技環境跟以前大為不同，我們公司會不會像恐龍當初一樣被環境影響，這是個大問題，完全是看是否能適應環境。而我覺得不要滅絕就需要改變，雖然我不知道能怎麼做，但是總比等死好。」

Rich 回答：「你說的很好，達爾文的適者生存就是這個道理，物種之間在競爭自然資源，猶如公司之間在競爭。恐龍過去輝煌，並不代表牠在環境劇烈變化時還是會繼續輝煌。改變已經影響到公司，不改變，可能就沒辦法繼續存活。」

第二小隊隊長 Shirley 接著起來發言：「看到恐龍化石壁畫時，我想起電影侏羅紀公園，心中覺得很可怕。當時的衝擊我知道的有隕石撞擊地球，或是冰河時期兩種說法，但無論如何，這樣的環境衝擊，居然讓地球上的霸主都沒了，心中覺得有點淒涼。這個事件顯示環境遭受衝擊時，在原來世界越強大的，越不能適應新環境。現在數位轉型的環境改變，會不會就像這樣？我不知道我能做些什麼，但是我害怕失去公司這麼好的大家庭。」

Rich 回答：「能說出自己的感受與承認自己的不足是很棒的一件事，雖然妳不知道自己能做什麼，但是公司已經安排了一系列的訓練，也找我來協助各位，只要各位願意，大家一起努力，我就可以引導各位幫助公司在數位浪潮中前進。」

第三小隊 Armstrong 接著發言：「老實說，我看到恐龍壁畫一開始的想法是這關我什麼事？怎麼會碰到這種東西？而且這東西是假的，如果是真的可以賣錢。」底下出現一陣笑聲。

Armstrong 又說：「聽到牠們經過環境變化無法適應就滅亡了，又聽 Rich 老師說，現在是科技環境大變化，我就在想這真的嗎？雖然一天到晚聽到什麼人工智慧、物聯網、區塊鏈，還有最近的 5G，我只知道這些技術很複雜，但是我很懷疑這個真的跟我有關係嗎？我不學真的會被影響到嗎？我感覺很困惑，當然我知道總經理請 Rich 老師來當顧問一定有他的道理。」說完他就坐下。

Rich 問他：「所以你認為要如何分析／解讀恐龍化石這樣的事件？如果不想像恐龍滅絕的環境變化一樣讓公司被市場淘汰，你體認到個人能做什麼來扭轉局勢？」

剛剛坐下的 Armstrong 又站起來發言：「我剛剛說過，恐龍化石這樣的事件對我而言只是歷史，我覺得這樣的變化真的會發生嗎？如果要我學習人工智慧、物聯網、區塊鏈，以及 5G，我覺得我太老了，這些應該是年輕人去學習的東西，扭轉局勢也應該是年輕人來做。」

「謝謝你的回答！有困惑是一定的，這樣的環境變化讓恐龍滅絕也是事實。無論如何，讓我們所有小隊繼續前進。」

下起大雨

「隊伍走出有恐龍化石的洞穴，繼續前進了一段時間，看到滿山遍野的鮮花美景，不過天上烏雲越來越多，越來越多。」

螢幕上播放了烏雲密布，接下來下起大雨的影片。

「超級大雨來了，大家帶的雨傘不夠讓所有人遮雨，怎麼辦？」螢幕上出現一個山洞，Rich 說：「前面有個山洞，看來這時後最適合進去躲雨！現在請各小隊隊長帶著大家進入山洞！」

接著每個小隊各得到一張全開報紙，Rich 解釋：「山洞裡有水流，等到小隊所有成員都進入山洞時，發現腳下只夠立足了。」說完，請小隊所有成員都站在報紙上。

然後說：「水勢變大了，站立的小丘變成只有原來一半大小的面積。」

Rich 請所有人下來，把報紙折成一半，大家再站上去。幾個回合後，就有人無法站上去了。Rich 請這些無法站上報紙的人蹲下。

重複幾次折半報紙、站上報紙，直至只剩一隊還有多人能站上去，過程中有學員輕鬆地笑了出來。

Rich 看了看所有成員，說到：「這次是遊戲，你還能笑著蹲下。可是當你在現實中，公司因為趕不及數位轉型的科技環境變化，導致你失去工作，你是否還能這樣笑著呢？」

氣氛變得安靜許多，很多開口聊天的人閉口沉思。

只剩下一個小隊剩下比較多人時，Rich 說到：「恭喜留下比較多人的這隊，可是水流實在是太急了，最後所有土丘都被水淹沒。請在小土丘上的小隊成員走到旁邊，蹲下來後閉上眼睛。」

Rich 確認所有人都閉上眼睛蹲下後，「我請大家體驗自己心中的感受，計時一分鐘。」

一分鐘後，Rich 說：「現在請大家張開眼睛，以小隊為單位圍成圈圈，每個人輪流發言一分鐘，和小隊成員討論過程中的想法與感受。」

學員以小隊為單位靠攏起來，大家討論得很熱烈。Rich 特別走近各小隊，側耳聽學員的討論。Samantha 說到：「站的地方越來越小，為什麼？難道是表示沒做數位轉型就會輸給競爭對手，訂單越來越少？」

Stanley 說：「我已經很努力跟夥伴站在一塊，但是還是沒能贏得最終勝利？到底還少了些什麼？」

Shirley 說：「聽到公司因為趕不及數位轉型的科技環境變化，導致失去工作，我開始難過，有點恐懼，難道沒做數位轉型真的會這樣嗎？」

Andy 說：「從剛剛恐龍滅亡故事，到現在立足點越來越少，我能多做些什麼嗎？」等等話語一一冒了出來。

討論時間差不多到了，Rich 請每個小隊選出代表，分享剛剛的討論內容。

第一小隊學員 Jimmy 站起來說：「我們小隊一開始很歡樂，以為這只是遊戲，後來發現能站的地方越來越少，大家很努力地想，如何用這麼少的地盤讓所有隊員都能站上去，但是發覺沒辦法，然後條件越來越嚴苛，越來越多同隊的人無法站上去，我也是一樣，站不上去時，我心裡很失落，覺得自己被淘汰了。」

Rich 向 Jimmy 點了點頭，說道：「謝謝你的分享，接下來請第二小隊。」

第二小隊代表學員 Stanley 站起來說：「從開始到現在，從恐龍故事到立足點越來越少，讓我感受到環境真的越來越嚴苛，你不做什麼，就會像恐龍一樣滅亡，但是我一直在想，這個時候要做的事一定是數位轉型嗎？」

Rich 對 Stanley 說：「因為科技引起的浪潮很大，登上浪比較好活。登不上浪也不會馬上衰退。這一波的數位轉型由 AI 與 IoT 領軍，IoT 的感測器已經進入各行各業獲取數據，這些數據一旦夠大量，就可以建模來做預測，因此減少決策成本，做好服務，並且大大增加效率。沒做或做不好的公司可能因此就會變小或不見！」Stanley 點點頭，坐了下來。

Rich 接著說：「接下來請第三小隊的代表分享！」

第三小隊的隊長 Justine 站起來說：「我之前從某些資訊中得知，現在的社會變化就好像是物種進化，當環境有巨大變化的時候，沒能因應環境改變的物種就會消失，而這次的大雨把我們的立足之地淹沒，就有點這個意味。而我想請問顧問，這門課程想傳遞的是科技影響環境，沒追上的就有可能被消滅，對吧！就像是智慧型手機改變了我們對電話的認知，改變了我們的習慣，所以科技會讓消費者改變習慣。但是我也有疑問，想問 Rich 顧問，真的會這麼嚴重嗎？」

Rich 回答道：「是的，數位轉型就是因為數位科技影響很大，改變了市場環境，而改變的狀況會隨著時間、產品，以及場域採用這些科技的越來越多，如果不用，就沒機會了！

「而大家也可以想想看，這個世紀以來，是不是有好幾家大公司因為適應不了新變化，客戶紛紛離開，結果它就倒閉或賣掉相關部門了！像是柯達在類比相機是霸主，但是到了數位相機蓬勃發展時，它來不及趕上，結果是破產，雖然後來用製藥復活，但是已經跟以前大不相同；還有 Nokia 不認同智慧型手機需要像蘋果的 iPhone 一樣簡易好用，結果在 2014 年被微軟併入，後來雖然復活，但已經遠不如當年的霸主狀況了；另外也有百視達，沒有及時追上串流的需求熱潮，它的對手 Netflix 不但追上還主導這個市場，最後百事達破產倒閉收場。」

Rich 望向之前發言過的 Armstrong，發現他臉色不大好，便問他：「Armstrong，你還好嗎？」

Armstrong 回答：「剛剛的體驗，加上聽到柯達和百視達的例子，我才發現事情真的很大條，所以心情不大好。」

Rich 對 Armstrong 說：「謝謝你願意分享你的真實心得，的確，這些事件讓我們知道數位科技環境變化時，即時是世界出名的大廠，都沒法逃過劫難，就像我們提到的恐龍滅絕一樣。」

大水沖失，只剩往山上的路

Rich 說：「我們繼續旅程，請大家閉上眼睛。」電腦播放大水沖刷的音樂，Rich 邊播影片邊說：「水太急了，雖然大家都很努力地試著抓住東西，但是所有人都被大水沖走了。」

等到水流聲停止，Rich 說：「大家被沖到了新地點，現在，請大家張開眼睛，繼續我們的旅程。」

「雨停了，水流沖斷了後面的路，原來的工具都被沖走了，只剩隊旗還在，只能往山上的路前進。另外，大家有沒有看到旁邊有之前登山客遺留的新工具箱？」

所有人張開眼睛，學員 Jimmy 驚呼道：「咦！我們原來放的工具不見了，現在怎麼是另外一個工具箱，而且都是新的卡片！」

「是的，經過剛剛那陣大水，很多東西都被沖走了，所以大家在被沖到的地方，旁邊有不同的工具。現在有機會拿到不同的工具，就像你需要擁有新的態度，學習新的技能。你願意選擇的話，就可以跟公司一起前進。你願意嗎？」

Rich 等了一下，繼續說：「請大家從這些工具中，每個人挑出兩件工具，讓我們利用這些工具解決自身的困難，然後就很有機會拿到傳說中的救命三葉草。它就在從這邊上去的山頂處，先登到山頂可以先插旗，宣示勝利！隊員將挑好的卡片放到前面的背包箱中。」

所有學員開始挑出自己的工具卡，放到隊伍前標記為「背包箱」的紙箱裡。

Rich 看大家都完成了，發言確認：「大家都準備好了嗎？如果準備好了，我們就再度出發了！登頂的路上還有很多狀況，請大家針對狀況，查看工具箱裡有沒有可以使用的工具。如果有工具可以處理就給 50 分。」

「我們往山上爬了 500 公尺，溫度越來越低，而剛剛大家被水沖過，身上又濕又髒，可是山上起了風雨，請大家找出之前準備好，可以抵擋的工具卡。」

有人找到風衣，有人找到雨衣，也有人找到雨傘等等。Rich 看過，給有這類卡片的人加了分。

Rich 接著出第二道題：「剛剛大雨過後，現在又有小雨，道路越來越泥濘，實在太滑了，請大家找出可以前進又穩定的工具。」

有人找到拐杖、登山鞋、繩索等等可固定／穩定物的卡片，讓大家可以緩緩前進。Rich 給有這類卡片的人加了分。

接著出第三道題：「因為剛剛的風雨，有些人受不了，開始出現感冒症狀，打噴嚏、流鼻水，特別是有人頭疼，無法前進，請大家找出可以解決的工具。」有人拿出了頭疼藥、感冒藥卡片。Rich 給有這類卡片的人加了分。

接著第四道題：「走著走著，天色越來越昏暗，需要可以帶來亮光的東西。」

有人拿出手電筒、火把、智慧型手機等等可以發光的東西，Rich 看過，給有這類卡片的人加了分。

助教把所有的分數統計完之後，Rich 說道：「我們的旅程到這邊，恭喜大家，經歷了這麼多狀況，終於看到前方不遠處就是有傳說三葉草的山頂了！使用了這些新工具，大家終於看到山頂，往山上的過程很多波折，但是願意用新工具前進，才能克服這些狀況。現實中，你願意嗎？」

Jennifer、Andy 和 Shirley 馬上大聲說道：「我願意！」其他學員大都慢慢附和。

Rich 看了看大家，點點頭說：「那麼大家就繼續往山頂走吧！」

找到救命的三葉草

播放的螢幕出現了山頂的畫面。

「恭喜大家，經歷了這麼多狀況，我們終於到了有傳說三葉草的山頂了！每個小組插上旗子吧！經歷了那麼多辛苦，我相信大家一定有很多想法與感受，針對這一段，請以小隊為單位圍起來討論，每人一分鐘。」

各小隊開始在隊長的帶領下興奮地討論起來。Shirley 更是叫了出來：「終於到山頂了，太棒了！」不禁引人側目。

所有人討論完之後，Rich 說道：「救命三葉草很特殊，必須要具備三種元素的工具才能摘下。請大家把剛剛準備的工具卡翻到背面。請大家算一下，背面有幾張寫的是技術，幾張寫的是商業模式，幾張寫的是服務模式。

「現在以三種中最少的張數乘上 1000 分，當作是小隊在此得到的分數。如果只有兩種元素，這回合就沒有得分。

「我們一開始請每隊提出的公司問題，要靠技術＋商業模式＋服務模式來解，越多這類組合，表示問題解得越徹底，所以分數越高。」

統計的過程中，第三小隊的 Armstrong 說：「早知道就多找些商業模式相關的了，我們這組居然很少有這樣的工具卡。」

第一小隊的 Andy 說：「我們這組服務模式的卡片特別少，當初沒想到這樣。」

另一邊第二小隊 Shirley 說：「還好我很重視各種工具的平衡，也這樣要求小隊成員。」

Rich 看著三個小組回報的分數，「第一小隊 1520 分，第二小隊 3500 分，第三小隊 1510 分，優勝者是第二小隊。」

總經理 David 在 10 分鐘前剛進入會場，人力資源的 Cindy 遞給他禮物，David 將禮物頒給了第一名的小隊。「大家辛苦了一天，希望大家都有滿滿的收穫。」

見底下很多人點頭，David 說：「接下來把時間交回給 Rich 顧問。」

Rich 說：「謝謝 David 總座，接下來為各位解釋這個課程的設計理念：數位轉型是為了因應科技進步、時代趨勢變化的做法，轉型是目的，數位只是手段。過程中透過各種方式，讓大家體驗到不做數位轉型的結果。」

Rich 環顧所有人，「接下來請小隊所有成員圍成一個圈，討論今天活動的心得。」

各小隊各自圍圈，熱烈地討論起這次的心得。等小隊都討論完畢，Rich 請所有人圍成一個大圓圈，「請所有人用 30 秒發表今天整個活動的心得，可以用以下句型：

a. 我今天才發現……

b. 這件事讓我有一些衝擊……

c. 所以我決定課後將……」

所有人都發表了一遍，有震撼，有了解。Rich 最後說：「看來今天大家都能開始擁有協助數位轉型的意願。謝謝大家的熱情參與，今天的課程結束。」

引導流程整理

為了讓大家有更進一步的了解，在這裡整理每個過程。

在本章提到的引導過程中使用了情境模擬，透過恐龍滅亡做意象暗示，接下來用暴雨來襲、人被沖走做模擬體驗，然後以大家被沖走，必須使用新工具上山，面對一大堆挑戰，顯示前途必有挑戰，最後終於成功登頂，但實際的數位轉型不見得能如此順利，常常要多次嘗試才能成功。但是很重要的數位轉型必須要能同時兼顧三個面向，也是三葉草所表達的三個面向：技術、商業模式與服務模式。技術包含整個生態系一起合作，畢竟數位轉型不可能是單一企業就能完成的，需要整個生態系一起合作。

總結

AIoT 數位轉型在短期看不到大效果，長期不做是慢性自殺。能看到的 CEO 已經是少數，而即使看到了，員工不願意改變，維持現狀的心態也是主要問題。但是時代在變，我們在跟對手競爭，員工不動起來，公司很可能就輸給做起來的競爭對手。

二代大學創校校長陳來助先生在《今周刊》[1] 中歸納企業主面對數位轉型的六大痛點：第一、有沒有執行數位轉型決心的「總裁的心」，第二、眼界是否看透組織怎麼設計，流程如何重整，利用數位轉型達到新的商業模式的「總經理（企業二代或執行長）的眼」，第三、高階主管的腦袋，第四、「老師傅的手」[2]，第五、「基層團隊的腳」[3]，以及第六、「改變成數位 DNA」[4]。其中的第三、四、五、六都需要強化員工意願。使用引導工具才有機會讓員工了解，大家都有責任要一起努力。

---

1. 今週刊 1210 期第 69 頁。
2. 原文指「長久經驗累積而來的隱性知識顯性化，再讓顯性知識數位化。」
3. 原文指「組織的創新是要大家一起做，不是只有上層在喊口號，團隊的腳一定要跨出去嘗試。」
4. 原文指「不在是製造思維了，而是新的商業模式，我們現在面臨的是要改變 DNA。」

第 14 章

與生態系夥伴合作以落地實作

AIoT 的生態系關係

數位轉型以數位資料為中心，最終會整合公司生產、銷售、人力資源、研發、財務，以及資訊管理等各單位的資料，透過人工智慧建模，達成最佳配置與效率，執行過程中會先經歷數位化與數位優化兩個階段，[1] 最後改變商業模式，達成數位轉型。其中在實體上必須建立如圖 14.1 的 AIoT 系統，在在感測層搜集數位資料，並在平台層整理及處理，產生新的模型才有辦法做到數位優化或轉型的應用。

而所有的企業會從本身專業領域開始數位優化，製造業會從智慧產品設計與智慧工廠開始，零售業與金融產業會從智慧零售及金融科技開始，第一部第 3 章的智慧產品開發策略計畫與第 4 章的智慧場域策略計畫都有涵蓋到。但是沒有一家公司可以完整提供包辦 AIoT 系統五階層的所有解決方案，所以要找合適的廠商協助，或買下廠商成為子公司，或以生態系夥伴關係合作。這樣的看法在美國工業網際網路聯盟（Industrial Internet Consortium，簡稱 IIC）的商業模式官方文件「商業策略與創新框架（Business Strategy and Innovation Framework）」上也有提到。其中網路層跟平台層部分，需要能夠做大量人工智慧運算學習的機器，要用到公有雲（AWS/ MS Azure/Google Cloud Platform/IBM Bluemix）的能力，不做學習的資料可以放在公司端／代管端，可兼顧到學習的強大運算能力與公司重要資料的保密能力。其他各層的夥伴需要根據公司的需求，來找到適合系統整合的夥伴，協助規劃與整合串接。

1. 出自《數位轉型力》一書。

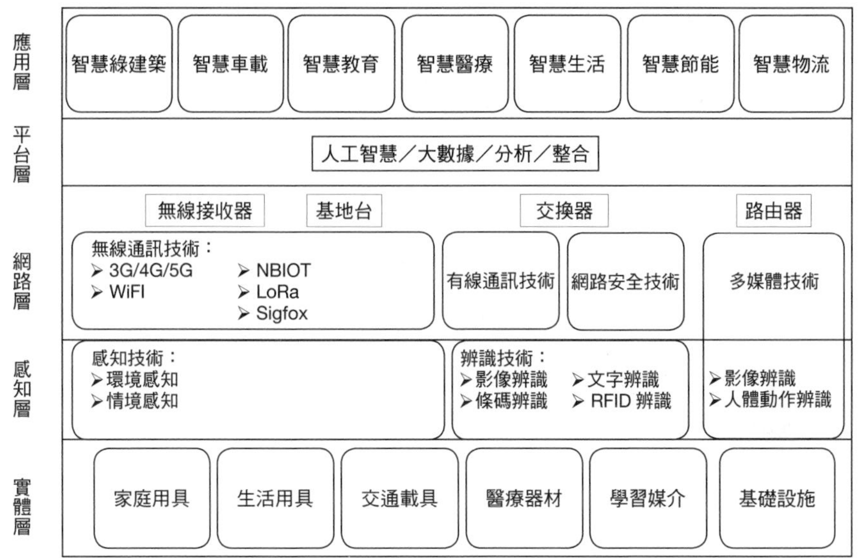

圖 14.1 ：AIOT 系統架構圖（裴有恆製）

如果企業連數位化都沒有，就必須先從數位化開始。首先要讓所有文件電子化，其次做數位優化。從 ERP（Enterprise Resource Planning）/CRM（Customer Relationship Management）/SCM（Supply Chain Management）的系統做數位優化，串接公司內的數位資料，是這個世紀初開始的做法。接下來可以利用機器流程自動化 RPA（Robotic Process Automation）的工具協助行政流程自動化，減少單調重複工作占據員工的時間。此時使用 AIoT 的系統可以獲取更多樣的資料，用人工智慧來做更進一步的模型，可以讓效率大增，決策成本大為降低。

ERP/CRM/SCM

根據我的觀察，台灣很多企業連數位化都還不到位，更談不到數位優化。不過現在要做，可以直接從雲端 ERP/CRM/SCM 系統做數位優化，並且把過去的文件透過人工智慧影像辨識轉換為電子文件，是安全又省錢的做法，例如使用雲端 Oracle NetSuite ERP、SAP Business ByDesign、Salesforce。中華亞太智慧物聯發展協會的會員台灣怡海雲端服務有限公司有代理 Oracle NetSuite ERP，以及菁賦雲端服務有限公司有代理 SAP Business ByDesign 的解決方案。

RPA

RPA（Robotic Process Automation）是使用虛擬機器人在沒有任何人工干預的情況下，模仿人類動作執行一系列步驟，稱為機器人過程自動化。目的是用虛擬勞動力代替人工執行的重複性和無聊任務。RPA 執行的例子有登錄應用程序、移動文件和文件夾、複製和貼上資料、填寫表格，以及提取結構化和半結構化數位資料等等。導入人工智慧機器學習，未來還可以擁有更進一步的智慧化功能。RPA 解決方案現在很多大廠提供，例如精誠資訊有完整的解決方案，另外，智慧價值與至德科技也合作提供 RPA 的舊有實體資料數位化，然後執行 RPA 流程的服務。

要使用 RPA，公司的相關流程可能要做對應機器最佳化的重新設計，才能發揮 RPA 的效率價值。RPA 替代了人員重複性和無聊的任務後，人員可以進階到更有價值的工作。在相關動作自動化後，相關數位資料可以跟其他的數位資料整合，協助公司提高效率和價值。至於要怎麼做，如果公司沒有適當的人才，可以找適當的顧問協助，盤點和規劃流程，而坊間有很多工具。而基於之前在台灣大哥大做過系統規劃的經驗，我也可以協助。

運用混合雲或純雲端解決方案

人工智慧機器學習，特別是深度學習，其中有很多的數學運算，使用的設備不是一般的以 CPU 為主的伺服器，而是以 GPU、FPGA 跟 ASIC 為主力，搭配 CPU 為輔的伺服器。這類伺服器的運算速度差異也很大，運算能力強的伺服器自然非常昂貴。很多企業以往只考慮全部機器內購，自己架系統。如果現在仍然採取這種左法，很可能會資金不足，就根本沒辦法達成機器學習運算需求。

國際四大公有雲 Amazon Web Service（簡稱 AWS）、Microsoft Azure、Google Cloud Platform（簡稱 GCP），以及 IBM Bluemix 都提供了對應的機器學習服務（Machine Learning as a Service，簡稱 MLaaS）。它們提供公有雲上的伺服器群的運算能量，讓企業可以租用機器，做大量數位資料的快速機器學習運算，特別是需要很大量運算的深度學習。這些公有雲企業也提供簡單方便的機器學習工具，大為降低人工智慧機器學習的門檻。2018 年起四大公有雲 Amazon Web Service、Microsoft Azure、Google Cloud Platform 以及 IBM Bluemix 都開始重視 AIoT 的商機，也都有提供對應的解決方案。希望企業在掌握 AIoT 商機時，直接使用它們的解決方案，租用它們的雲端服務系統。

台灣很多傳統產業一直不喜歡自家公司與工廠的資料上雲端，但是要達成數位優化，很需要人工智慧機器學習的能力。如果不想要資料上雲端，可以用混合雲的方式：平時把資料放在私有雲的位置，需要做機器學習的時候再租賃公有雲，把學習資料放在雲端做機器學習。

把資料放在自家的私有雲，常常會因為資訊安全保護不足，成為駭客攻擊的對象。例如前一陣子的中油與台塑石油的資料被勒索病毒感染。資料如果放在公有雲如 AWS 或 Microsoft Azure 上，因為有很強力的防護，被駭的風險也因此大為降低。

傳統產業如果需要做混合雲，必須要有較強的 MIS（Management Information System）人員，且相關配置可能要搭配目標與系統架構規劃，這可能需要找到適當的顧問或解決方案公司協助。如果沒有這樣的人員配置，建議使用雲端解決方案來協助轉型，例如中華亞太智慧物聯發展協會的成員至德科技提供雲端 MES、谷林運算提供 LASSIE 設備智慧監控系統的協助智能工廠的解決方案，以及智能演繹 AI 會員系統的協助新零售的解決方案。

策略訂定後的合作夥伴

以此書第一部所提方式確定相關的策略架構之後，也必須盡快找到適合合作的夥伴落地實做。

在智慧場域：智慧城市、智慧工廠，智慧零售，還有智慧農業上，企業可以透過第 4 章的 ABS 流程，確定自家真正要轉型的方向，再挑選合作夥伴廠商。可以選擇的合作廠商很多，但是要考慮是否負擔得起。這裡以在中華亞太智慧物聯發展協會成員的解決方案為例，像是新漢智能就針對智慧製造提供了「iAT2000 智慧製造自動化系統」、「PDM 預知維護」、「ESAF 物聯網資安」、「nexMotion 智慧機械」，以及「nexCOBOT 工業機器人」等解決方案，並且運用在智慧農業上；國內軟體大廠精誠資訊也提供了智慧製造數位轉型藍圖的一系列軟體解決方案，包括「智慧排程」、「品質管理智慧化平台」、「能源管理」、「物聯網資安」、「RPA 流程機器人」、「設備維護保養」、「AR 遠距智慧維修」，以及「XD 智慧營運戰情室」等等功能，適合想早點利用 AIoT 做數位優化，而且有較高的預算的公司。

如果預算不高，可以跟新創公司合作，以中華亞太智慧物聯發展協會的成員為例：至德科技提供了一整套智慧製造方案，為專攻各類線材組裝，研發與生產的新呈工業的場域完成了數位優化，現在也開始為其他公司導入類似的解決方案；慧穩科技提供製造業做視覺辨識的解決方案：AI 視覺影像辨識軟體開發、產線自動化軟硬體整合、設備監控軟體客製化，以及人臉辨識應用等。另外還有先知科技，針對半導體業、光電產業及金屬扣件產業提供產線影像辨識 HIM+OCR 方案，以及產線即時狀態偵測，異常監控的解決方案。在智慧農業上，中華亞太智慧物聯發展協會的成員鍠麟機械有限公司與智慧價值股份有限公司，合作產出「Greenbelt 智慧環控專家系統」，透過對生長環境、施肥、施藥、病蟲害等網路監測與監控，並以作物生長模式之大數據分析，達成作物生理管理及行銷管理。在智慧醫療上，群邁通訊提供以藍芽室內定位為核心技術的解決方案，協助醫院對病人、器材做定位管理。

在智慧產品或服務的規劃上，企業可以透過第 3 章的流程找出自己公司產品／服務在圖 14.1 AIoT 系統架構圖中的定位，找出其他層的可能合作生態系夥伴。中華亞太智慧物聯發展協會的成員智來科技提供了智慧家庭與 Zenbo 機器人客製化服務，品感覺提供年輕族群的家電產品，桓竑智能提供分散式安全組網的解決方案 IOEX，而新聚能科技提供產品製作過程中需要的專利諮詢服務。

中華亞太智慧物聯發展協會成員的解決方案在附錄 F 中有更詳盡的說明。

結論

以數位技術：人工智慧、物聯網、5G，以及區塊鏈等強化效果及效率的革命正在發生，要想掌握必須跟其他公司一起合作才能完成。怎麼樣的夥伴才符合公司的能力與財力，其實是很多中小企業困擾的問題。也因此，我糾集了一群夥伴成立中華亞太智慧物聯發展協會，就如之前所言，協會成員分別在雲端 ERP 及純雲端解決方案、智慧場域的協助建置，以及智慧產品與服務上提供解決方案。

這一場數位轉型升級大戰，公司跟競爭對手比的是速度，誰的數位優化到轉型的成效好，誰就可以贏得這場戰爭。過程中，跟生態系夥伴的良好合作關係是很重要的一環，特別是使用資料建模成就的整體成長狀況。根據已經開始數位轉型的企業的結果來看，往往接近向上拋物線的模式，也就是從 0 到 1，跟從 1 到 N 經歷的時間會是相同的。如果等競爭對手做出成果才開始，等自家公司做到對手的程度時，往往已經落後對手好幾倍了，不可不慎！

結語

AIoT 數位轉型是面對未來生存必要的升級大工程，我知道台灣做的最早也最好的公司是台積電。台積電在上個世紀 90 年代就做到了無紙化，也就是數位化；進入 21 世紀的前十年，他們開始優化流程，並利用數據做數位優化；在 2010 年後導入大數據、機器學習與人工智慧，整合公司越來越多的單位數據，並且提供客戶最好的服務，產生更多的綜合成效。就是「數位轉型」讓他們有擁世界第一的半導體奈米製程、最好的服務，連美國政府都要他們去當地設廠。

現在人工智慧的工具越來越多且好用，提供方案的廠商也越來越多，方案價格多樣且不貴，讓越來越多企業開始進行數位優化，有的也進入了數位轉型階段，而本書的出版，就是希望企業的中高階主管了解如何可以做到「數位優化」，進而做到「數位轉型」。如果希望自己的老闆也簡單地了解「數位轉型」的策略做法，可以參考我用劇本故事方式寫出策略與相關規劃的另一本書《白話 AIoT 數位轉型》。

相信讀者已經從之前的內容了解數位優化到數位轉型的做法，接下來就請大家協助自己的公司，趕上數位轉型大浪潮，讓公司在未來可以繼續興盛，贏過自己的競爭對手。

附錄

附錄 A
產品企劃書範例：智慧衣一號產品企劃書

1. 產品介紹

智慧衣一號，具備智慧居家內衣與智慧運動衣兩種類別，居家內衣聚焦長照市場。

2. 一般描述

具備感測裝置的智慧紡織品，感測 ECG、心律、呼吸、動作、體溫、肌電指數，並透過 App 顯示感測結果，跟雲端平台結合，將搜集到的感測數據做身體健康監測，並給予建議。

3. 初步規格

項目	智慧衣一號
使用範圍	居家內衣與運動用
材質組成	居家型：54% 棉，40% 全聚酯涼感纖維（TopCool +），4% 彈性纖維，2% 銀纖維 運動型：90% 聚酯纖維，8% 彈性纖維，2% 銀纖維
感測裝置	感測布片
生理數據量測	ECG 心律、呼吸、動作、體溫、肌電指數
類別	男一般內衣、女一般內衣、男運動內衣、男運動背心、女運動內衣
App 需求	大字，傳輸數據並適當顯示，人工智慧模型在雲端建立好的學習模型，將有手機端對應功能

4. 競爭者比較與競品比較

競爭者比較

競爭者		南緯	三司達	三緯國際	潤泰全球
主力產品類	智慧衣主力產品	AIQ Smart Clothing	CABALLERO 高機能智慧衣	XYZlife BCX 智慧衣	CorpoX 智慧衣
	目標市場／客戶	運動員	運動員	運動員與長照需求人員	長照需求者及一般人員
	營業額	智慧衣未知，全公司 74 億	查無資料	智慧衣未知，全公司 1342 億	智慧衣未知，全公司 104 億
	產量	智慧衣查無資料	智慧衣查無資料	智慧衣查無資料	智慧衣查無資料
	市場占有率	智慧衣查無資料	智慧衣查無資料	智慧衣查無資料	智慧衣查無資料
	績效成長率	-6.5%	查無資料	1.5%	-66.8%
行銷。	產品策略	紡織公司，在亞、美與非三洲擁有設計研發、染紗、織造、染整、貼合、成衣製作部門。智慧衣為試水溫產品，但已看見完整規劃。 算是早進入業界者，擁有相關專利。	有自行車、釣具運動部門，跟紡織產業綜合研究所合作切入機能衣與智慧衣，打入運動市場，可說是原自行車運動相關產品領域的延伸。	電子大廠金寶轉投資企業，原來主業是 3D 印表機，跨入智慧衣為布穿戴式裝置與智慧醫療發展布局。XYZlife 智慧衣找聚陽代工。感測器與機能衣可分開購買，也可合併購買。	為大廠代工服飾，代理國際名牌進入台灣。銷售機能服飾、運動服飾。智慧衣為試水溫之作。

	價格[1]	BioMan 100 男款智慧路跑衣、自行車衣、女性運動內衣定價均為 3980 元。	心跳感測高機能壓縮衣 1880 元，心跳感測半網運動背心折扣價的 2370 元，心跳感測全網運動背心定價 1880 元	男款運動短袖、女款運動內衣結合感測器價格均為 4800 元，單賣感測器 2800 元，單賣衣服 2000 元。	男女款 24 小時居家照護涼感智慧衣 1 件組＋ 1 感應器優惠價 2999 元（定價 3999 元），2 件組＋ 1 感應器優惠價 4999（定價 6999 元），5 件組＋ 1 感應器優惠價 7999 元（定價 12999）。（官網）
	通路	網路、專賣店	網路、專賣店	網路	網路、專賣店
	推廣	展覽、臉書粉絲頁（宣傳差）	展覽、YouTube（宣傳差）、臉書粉絲頁 2pir x Caballero 約 7500 粉絲（2020/02/18）	展覽、YouTube（點閱一千多次 2020/02/18）、Flying V 群眾募資（未達標）、臉書約 1000 粉絲（2020/02/18）	展覽、YouTube（品牌點閱超過一萬次 2020/02/18）、臉書粉絲頁 Corpo 線上訂製超過 80000 粉絲（2020/02/18）
經營	優勢	傳統紡織業起家，紡織技術佳，專利技術強。	原運動品牌形象佳。與網路族群溝通算順暢，產品性價比高。	電子技術佳，已通過 ISO13485 醫療認證[2]，及 獲得歐洲醫療認證。	線上訂製與 YouTube 抓到年輕族群。 紡織技術佳
	劣勢	電子技術較弱對網路族群接觸力道小	主力為腳踏車與釣具，服飾類為新進，耕耘不夠久，相關技術依賴紡織產業綜合研究所的合作。	紡織部分為聚陽代工，掌握較弱。線下門店體驗機會少，品牌經營不強。	剛進入智慧紡織，相關技術還在發展。 對長照需求者的宣傳不強。

競品比較

	智慧衣一號	南緯 AIQ BIOMAN 100	三司達 CABALLERO 心跳感測運動衣	三緯國際 XYZlife BCX 智慧衣	潤泰全球 Corpo X智慧衣
量測的生理數據	ECG心律、呼吸、動作、體溫、肌電指數	心律	心律	心律， 運動效能， 壓力指數， 疲勞狀況	心律、呼吸、溫度、記步、 卡洛里、 姿勢異常
材質組成	**居家型：** 54% 棉、40% 全聚酯涼感纖維（TopCool +）、4% 彈性纖維、2% 銀纖維 **運動型**：90% 聚酯纖維、8% 彈性纖維、2% 銀纖維	88% 聚酯纖維、12% 彈性纖維	89% 聚丙烯纖維、9% EA、2% 銀纖維	聚陽紡織代工生產之機能布料	54% 棉、42% 全聚酯涼感纖維（TopCool +）、4% 彈性纖維
感測裝置	感測布片	感測器	感測織帶	感測器	感測布片
產品類別	男一般內衣、女一般內衣、男運動內衣、男運動背心、女運動內衣	男自行車衣、慢跑衣、男智慧衣、女運動內衣	高機能壓縮衣、心跳感測半網運動背心，心跳感測全網運動背心	男運動背心、男運動短袖、女運動內衣	男一般內衣、女一般內衣

1. 定價都是2020年2月19日查到的價格。
2. ＩＳＯ認證中關於醫療器材品質管理認證。

5. 市場規模與預估占有率

根據 MarketsandMarkets 網站資料，2019 年為 16 億美金，2024 年將會成長為 53 億美金。

預估銷量：2022 年 -2024 年 520 萬美金。

6. 建議價格

居家智慧衣 1 件組＋ 1 感應器定價 3500 元；2 件組＋ 1 感應器定價 5000 元；4 件組＋ 1 感應器定價 7500 元。運動衣同價格。

7. 專案計畫

預計開發時間 2 年。

8. 期待產品生命週期

5 年。

9. 風險管理表

風險管理表 Risk Table											
風險識別					風險分析			風險計畫		
序號	功能部門	風險描述	可能影響描述	風險狀況	發生機率等級	影響（金額 NTD）	排序	行動計畫	負責單位	到期日
1	研發產品	新技術掌握時間超過預期	開發時間延遲	O	H	1200 萬	2			
2	研發產品	TFDA 太晚拿到	上市時間延遲	O	M	600 萬	3			
3	研發產品	找不到適合的醫療合作夥伴	開發時間延遲	O	L	600 萬	4			
4	行銷銷售	產品銷量不如預期	營收低於預期	O	H	2000 萬	1			
5	生產製造	工廠產線量產時間延遲	影響量產計畫	O	L	300 萬	5			

附錄 B
AIoT 結合 5G 的影響

在 2019 年跟 2020 年的 CES（Consumer Electronics Show）和 2019 年 MWC（Mobile World Congress）兩大展覽上，大家的焦點都在 5G、AIoT 的場域應用，特別是 5G 的應用有很大部分與 AIoT 有非常重大的關係。

物聯網是個系統，具備感知層、網路層、平台層、應用層四層架構：

- **感知層**是終端設備具備感知器，最常見有兩種架構：一種有很多終端設備群組合，並且具備統合的閘道器（Gateway）整合感測器感測到的資料，甚至加速運算處理得到結論後，再透過網路層傳往雲端平台層；另一種是單一的智慧設備，可以直接把感測到的數據傳往雲端平台層。
- **網路層**以有線或無線網路傳遞感測與相關數據。
- **平台層**（位在雲端）具備大量的運算與分析能力，AI 機器學習的訓練模型在此操作。
- **應用層**是對分析數據的結果提出洞見，或主動反應成為服務應用。

也就是說，整個系統是 IoT 設備在前端負責搜集大量資料，AI 機器學習在平台層從資料中學習得到精準預測的模式，協助決策，最後在應用層提供服務。可是如果網路層沒處理好，在接下來終端設備愈來愈多，傳輸的數量越來越大的趨勢下，現有的行動通訊 4G 無法處理；傳輸的資料延時也要夠低，才能做好傳遞品質與符合需求。所以傳輸速度快、連接設備多、低延時，是俗稱 5G 的第 5 代行動通訊設定的優勢。

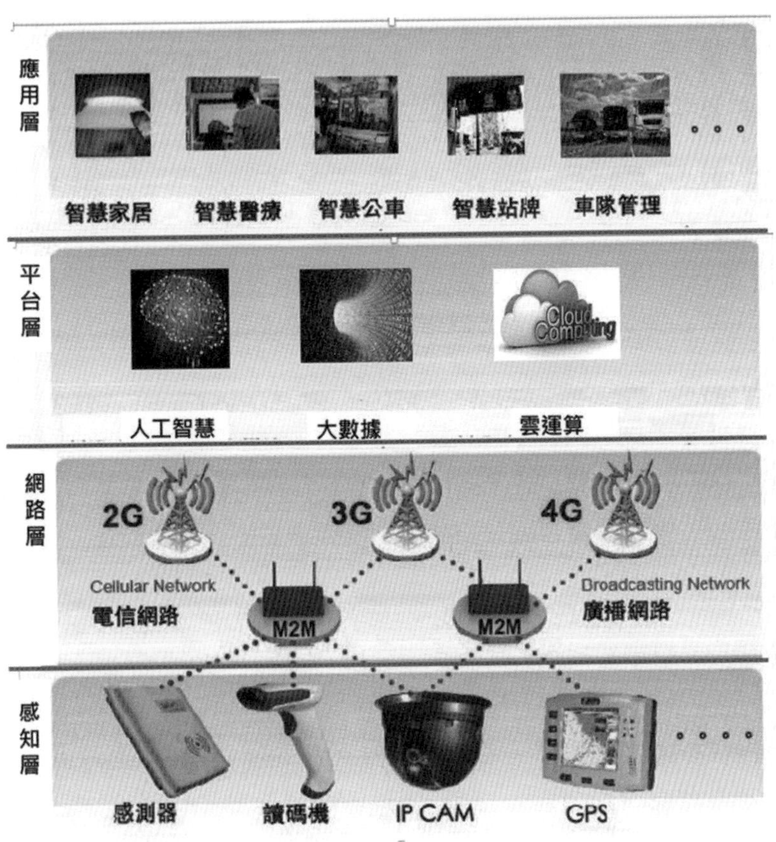

圖：物聯網四層架構圖（裴有恆製）

根據經濟部技術處5G辦公室的簡報資料，5G速率可達到1-20Gbps，每平方公里可連結數超過100萬，連結延時僅1毫秒。5G不僅速率超前，也具備多設備連結與低延時的優點。可以影響的包括使用VR/AR跟大量影像或資料傳輸的穿戴式裝置與智慧照顧／醫療應用、具備眾多設備的智慧家庭、需要低延時的車聯網與自駕車、多設備連接的智慧城市，以及工業大廠支持的工廠應用。

5G與VR/AR

高品質VR/AR對頻寬、時間延遲要求非常高。VR要達到良好體驗效果，頻寬需求高達1Gbps以上，延時要小於2毫秒；AR的頻寬也需要200Mbps以上與5毫秒以下的延時。VR/AR設備以前都使用有線傳輸，才能把高解析度影像的大量資料即時傳到運算設備上，未來可透過5G讓VR/AR的效果更好，使用者體驗更佳。這樣的結果還可以應用在很多方面：工作上可以讓不同的人同時進行細緻的影像即時會議（一如《復仇者聯盟四》中的場景）；透過即時影像數據傳輸與雲端人工智慧協助，用來進行遠距醫療；在工廠中透過AR眼鏡順暢地看到即時作業狀況，如果設備故障，也可以透過人工智慧運算，用AR眼鏡即時清晰地看到故障處的細緻成像，讓維修順利進行。5G使用更小的天線組建，加上未來發展的晶片更小，穿戴式裝置將會更小更省電，這是5G可以看到的其他好處。

5G與智慧環境

著名的市調機構Gartner預測，5G在智慧家庭與辦公室應用會以影音與安全監控等需要大量數據傳輸的應用為主，智慧家庭中早有很多種通信協定，像是 Zigbee、Z-Wave、Wi-Fi、藍牙，而且 Wi-Fi 最新版本 Wi-Fi 6（符合 IEEE 802.11ax 的無線傳輸協定）也具備大頻寬、多設備連接與提高電源效率的優點，5G 在此的優勢為可移動，可取代家中的固網。覆蓋家庭、辦公室等固定區域的網路，Wi-Fi 6 仍然是很好的選擇，雖然 5G 跟 Wi-Fi 6 都有同時連接多個設備的優點，不過 5G 允許企業自建行動網路。5G 企業內網跟 Wi-Fi 6 的競合關係還值得觀察。

5G 與智慧汽車

針對汽車跟周邊通訊，5G 提供了 5G eV2X 通訊協定，針對汽車對基礎設施、汽車對汽車、汽車對行人等的通訊。這個協定是由 Audi、BMW 等汽車公司與 Ericsson、華為、Nokia、Intel 與高通組成 5G Automotive Association,（5GAA，去年加入 3GPP）訂定的移動運輸服務通訊標準，跟美國很早就開始推的 DSRC（Dedicated Short Range Communication）技術標準，於車聯網的產業趨勢形成兩大陣營。DSRC 系統底層採用 IEEE 802.11p 通訊標準，上層則採用 IEEE 1609 系列標準。經過多年開發後，DSRC 系統已進入成熟期，全球已有多個城市與公路建置 DSRC-based 測試場域，以驗證其標準與應用。DSRC 為美國電機工程協會（Institute of Electrical and Electronics Engineers, IEEE）與歐洲電信標準協會（European Telecommunications Standards Institute, ETSI）兩大標準組織制定。從現有標準制定者來看，美國會主推 DSRC，中國會主推 5G eV2X，而歐盟會兩者都推行。

不過根據研究報告指出，一般汽車約有 20 個 MEMS 感測器，高端車種約 30 至 50 個，TESLA MODEL S 自動駕駛更使用 500 個感測器，而未來完整的自駕車所需感測器數目勢必更多。這些感測器得到的數據量很龐大，而行駛路上的車數量很多，使用 5G 傳輸數據已是不得不做的選擇。5G 的低延時傳輸也是高速移動車輛所需要的功能，以後車上電子系統使用 5G 通訊已是必然，這也會讓 5G eV2X 更蓬勃發展。不過舊有 DSRC 行之有年，僅需車載終端 OBU（On-Board Unit）即可使用；5G eV2X 需要更高規格的基礎設備，兩者未來發展的競合關係值得觀察。

5G 與智慧城市

5G 的高頻寬和低延遲特性，讓微小的低階設備都能連上雲端，供城市做整體大數據分析建模之用。在智慧交通、智慧防災、智慧社區與建築、智慧能源管理方面都會有很好的應用。

智慧交通系統 ITS（Intelligent Transport System）是利用物聯網終端設備在交通場域中搜集數據，以提供交通速度、車輛距離和對駕駛員潛在危險的數據，分析數據後會使交通更順暢，更安全。原來的架構部署成本高昂且耗時，但是喬治亞南方大學（Georgia Southern University）助理教授 Syed Hassan Ahmed 的團隊研究出基於 5G 的軟體定義網路（Software Defined Network，SDN）架構，可以減少與 ITS 部署相關的成本費用和耗時的問題，讓車輛與軟體定義網路 SDN 控制器持續連接，能快速處理大量數據、成本低，具有高頻寬和更少的端到端（end-to-end）延遲。這個新 ITS 系統結合了 5G 移動通信架構來最小化 ITS 部署成本，利用 5G 提供更多頻寬和更高數據速率，以處理系統所生成的大量數據，SDN 架構提供靈活性和更輕鬆的數據管理，讓 ITS 布建可以早日達成。

智慧防災、智慧社區與建築，都是仰賴城市、社區與建築中布置設立大量感測器搜集到的數據，透過雲端分析了解現況，及時做好安全防範反應與即時處理。例如透過無人機及動態安置的高解析度數位攝影機，即時傳輸高解析度影像數據，了解視察範圍內狀況，即時反應；又如現在很多大城市安裝的智慧路燈，同時可以監測環境狀況、溫度、濕度、空氣品質，透過固定網路傳輸或 5G 傳輸可以得知城市全面的數據。5G 因為布建比需要挖馬路布線的固網簡單，未來被大量採用的可能性很高。

就智慧能源而言，5G 最主要體現在智慧水錶、電錶、氣錶的數據搜集上。因為這些儀器上的感測器並不需要太過頻繁地傳送數據，5 至 10 分鐘，甚至更久傳一次很平常，而且因為這樣的終端設備需要長期使用（現在設定至少 5 至 10 年換一次電池），傳輸距離長，將會使用到之前已經釋出的 NB-IoT（Narrow Band IoT，窄頻物聯網）通訊協定，這個協定也被 5G 完全納入，其應用也可能在前面提到的安防報警、智慧路燈上。

低功耗的廣域網路（LPWAN，Low Power WAN）傳輸協定不只有 NB-IoT，還有 LoRa 跟 Sigfox。NB-IoT 使用上有專屬頻段，被干擾的可能性低；LoRa 跟 Sigfox 並非使用專屬頻段，所以有自身的抗干擾機制（減少被其他使用同頻段的訊號干擾）。這三種通訊協定的發展競爭關係值得觀察。NB-IoT 可以說是 5G 的前奏，相信 5G 的發展可以加速 NB-IoT 的使用。這樣的低功耗廣域通訊應用也很適合智慧農業場域，特別是需要廣布感測器了解農業生產環境，具備感測器的終端設備必須夠強固耐久，以適應風吹日曬的環境考驗。

5G 與智慧工業

「工業互聯與自動化 5G 聯盟」(5G-ACIA)於 2018 年 4 月成立,目前有超過 50 個會員,包含 BOSCH、西門子、華為、Nokia、ABB 等公司;南韓在 2018 年 12 月推出了 5G 智慧工廠聯盟(5G-SFA),就是為了強化南韓整體工業實力,以抓住此強大商機。也是因為 5G 具備靈活性、多功能性、低延時和移動性,可以協助工業機器人靈活與在危險環境中運作,強化 VR/AR 在工廠中的應用(如之前所提到的),以及大範圍連結工廠中的大量感測器,即時傳到雲端分析,以強化工廠中的效率等。

AIoT 是影響未來 20 年的重要科技,而 5G 更是在傳輸面大大強化 AIoT 的通訊需求與效率提升。在 2020 年初的台灣資安大會中就已經強調,物聯網資訊安全是接下來的重點。如果資安沒有做好,智慧工廠易受到攻擊,造成嚴重損失;無人車會被駭客從遠端駭入系統綁架,因而造成嚴重交通事故;遠距醫療手術若遭到攻擊而致網路中斷,恐影響受術者生命安全。由以上例子可知,AIoT+5G 雖然帶來很多好處,但網路安全更需強化,才能真正地讓整套系統被廣泛接受與使用。

附錄 C
邊緣運算概述

當物聯網裝置越來越多，傳輸的資料量也越來越龐大，而且很多移動裝置（如機器人、無人車、無人機）必需要達成低延時才能即時反應，傳輸量只靠 5G 通訊協定也會遲早超戴無法負荷。加上歐盟 GDPR（General Data Protection Regulation，一般資料保護規範）要求隱私權，所以在邊緣設備端先行運算，再把非隱私資料傳到雲端平台，以符合法規，將成為重點發展需求。減少上傳資料、即時反應低延時、保護隱私權，將讓邊緣運算日益受到重視。

2014 年開始，思科 CISCO 大力推展霧運算，有了較接近現代邊緣運算的做法。這個架構可以將運算需求分層次、分割區域處理，目的是解決可能出現的網路塞車現象（對應到之前所提的減少上傳資料）。

在 AIoT 時代，邊緣運算考量到邊緣設備端的網路安全，加入了相關的強化運算。其中最有名的例子就是微軟 2018 年推出的 Azure Sphere 晶片及整套系統；以及為了加速人工智慧運行，而將人工智慧推論引擎放到邊緣端設備端，而人工智慧的模型學習運算還是大部分放在雲端伺服器上。特別在 2017 年 iPhone X 加入了人工智慧臉部辨識解鎖手機的功能，讓邊緣端做人工智慧運算，避免將整個臉部資訊傳往雲端伺服器，造成侵犯使用者隱私權的問題。雖然 5G 已經有低延時設計，但如果移動裝置什麼都傳回雲端才做反應，遇到大量資料傳輸，網路仍然免不了塞車，讓移動裝置無法即時回應，造成很大的問題。所以邊緣設備端一定要具備即時運算和反應的功能。

在 AIoT 的應用上，邊緣運算一般用在閘道器以及智慧終端設備上。閘道器典型的有智慧型手機，以及各種 AIoT 的智慧型閘道器（常見在智慧家庭、智慧工廠、智慧零售，以及智慧城市等）；智慧終端設備指的是智慧型裝置，常見的有智慧手錶／手環、智慧眼鏡／頭盔、智慧攝影機、自動駕駛車、無人機，以及機器人。

智慧閘道器

智慧型手機原本就具備很強的運算能力，像很多隨身智慧裝置，例如智慧手錶／手環、智慧耳機等，都會以智慧型手機為閘道器，設備將資訊傳到智慧型手機的 App 上運算，再將對應的資料傳往雲端伺服器中存儲與處理。當然，智慧型手機本身也是智慧終端。

關於各種 AIoT 智慧應用：在智慧工業上，最常見的閘道器是智慧機械製造盒（SMB），它是附加於機械設備，並具備資料處理、儲存、通訊協定轉譯及傳輸，以及提供應用服務模組功能之軟硬體整合系統。智慧機械製造盒導入工廠的目的有三個：1. 具備聯網功能，達成機台連線，搜集生產資料。2. 生產管理達成可視化、生產排程優化。3. 智慧化功能，達成產品精度、品質、效率、可靠度提升。例如新漢智能的智慧製造系統就有相關的設備。

在智慧家庭中，閘道器最主要是搜集家中眾多物聯網裝置的訊息，處理後傳往雲端伺服器中存儲與處理。這樣的智慧閘道器多搭配語音助理，以智慧音箱或智慧電視的型態出現在我們的身邊，當然也是相關的人工智慧語音辨識輸入與動作辨識能力變強，消費者覺得好用，因而能深入家庭。這樣的裝置也會越來越重視隱私權考量。

在智慧零售中，Kiosk 這類智慧裝置常常成為智慧零售設備中的智慧閘道器。它本身具備數位攝影機接收客戶影像，以及其他感測器輸入，具備網路安全功能。統整資訊輸出減少傳輸量將是必備功能。

在智慧城市中，現在最常見的智慧閘道器是智慧路燈，而且被賦予資訊搜集任務，因此裝上了很多感測器。在閘道器上先做運算處理減少上傳資訊量，也是一個必然的要求。

智慧終端設備

智慧終端設備常見的有智慧穿戴式裝置（包含智慧手錶／手環、智慧眼鏡／頭盔等）、智慧攝影機與機器人（包含自動駕駛車、無人機，工業機器人，以及服務機器人等）。

穿戴式裝置因其本身具備較強大的運算功能，可以連接網路顯示運算結果，原本就已被看作是智慧型手機未來的接班設備，所以也有越來越多的網路安全運算、AI 強化運算，像微軟的 Hololens 2 就具備了人工智慧運算強化功能。

智慧攝影機其實就是指加上了邊緣運算的智慧處理能力的數位攝影機。這樣的攝影機都具備較強的運算能力，可以處理網路安全與人工智慧邊緣運算的需求，特別是在隱私權保護的需求下，用人工智慧邊緣運算晶片先行處理，再傳回必要的資訊。而在網路安全上，一般的數位攝影機會被駭客駭入竊取影像，成為發起 DDOS 攻擊[1]的站點，所以強化網路安全是必然的趨勢。台灣的晶睿通訊有些數位攝影機機種就提供了

1. 當駭客使用網路上兩個或以上被攻陷的電腦為「殭屍」，向特定目標發動「阻斷服務」式攻擊時，稱為分散式阻斷服務攻擊（distributed denial-of-service attack，簡稱 DDoS 攻擊）。

相關解決方案。

新型的智慧機器人（包含自動駕駛車、無人機，新型工業機器人，以及服務機器人等），本身運算能力就很強，具備有智慧特性，常常需要對外在環境狀況快速反應，這也造就了它們透過本身作業系統達成邊緣運算的需求。其中很多都具備數位攝影機，有必須即時分析（低延時），保護客戶隱私權，以及網路安全種種需求。

為了強化這些邊緣運算設備，邊緣運算晶片因應而生，像是 Google 的 Edge TPU（Tensor Processing Unit），就是為了在邊緣端加速機器學習的人工智慧運算。還有蘋果設備使用的 A11 以後的晶片，為了邊緣端的人工智慧運算（最常使用情境為臉部辨識），都內附有 Bionic 人工智慧邊緣運算模組。這樣的人工智慧邊緣運算晶片需求越來越大。美國的高通、中國的華為、台灣的聯發科，以及新創耐能智慧，都已經著力很深。

由 AIoT 數位轉型的大趨勢可知，物聯網設備將會越來越多，邊緣運算也會越來越受重視，相關的邊緣運算晶片發展只會越來越強。這也是台灣 IC 設計業廠商的很大機會。

附錄 D
多種工業 4.0 工具箱

德國的工業 4.0 工具箱官方只有產品模式、製造模式，與感測器，後來有學者又用論文追加了多種模式。這裡把目前所知的工具箱模式羅列如下，供大家使用時參考：

1. 產品 Product
2. 生產 Production
3. 感測器 Sensor
4. 內部物流 Intralogistics
5. 物流 Logistics
6. 工程開發 Engineering Development
7. 商業模式 Business Model
8. 勞動力 Work Force
9. 供應商 Suppliers
10. 全球生產網路 Global Production Network

另外台灣研究機構 MIC 也開發了「數位轉型成熟度模型」的工具，針對價值活動、訂單處理、採購管理、研發設計、生產製造、物流倉儲、供應鏈協同、跨部門協同、開放平台、跨組織決策、顧客理解、顧客需求、情報掌握、行銷管道、銷售通路、顧客服務、售後支援、新產品／服務、新通路、新市場與新商業模式等等。跟工業 4.0 工具箱類似的是有五個階段，不過 MIC 的「數位轉型成熟度模型」是從階段 0 到階段 4，不同於工業 4.0 工具箱從階段 1 開始往上延伸，有很多是到階段 5。

D1 產品

層／階段	1	2	3	4	5
整合感測器和致動器	沒用到感測器與致動器	整合了感測器與致動器	感測器讀到的直接在設備端 IC 晶片上處理	感測器讀到的數據要以統計分析	設備獨立反應基於感測器被分析過的數據
聯網溝通	沒有連接網路	透過 I/O 方式連接出去	透過區域網路連接	透過工業網路連接	連接到網際網路
數據儲存與數據交換功能	無此功能	個別認證可能	產品有被動儲存	產品的儲存可以自動做數據交換	產品的數據交換是整體的一部分
監控的角度	無監控功能	監控失效	為診斷的目的而記錄操作狀況	為了自身狀況做診斷	獨立採用控制量測
產品相關 IT 服務	沒有服務	透過線上門戶服務	服務執行直接透過產品	產品獨立表現服務	完整整合進 IT 服務架構
產品的商業模式	利潤從賣產品本身獲得	包含產品的銷售與諮詢	客製以符合客戶規格的銷售、諮詢與修改	賣產品相關加值服務	賣產品功能

表 D.1：工業 4.0 工具箱產品格式

資料來源：https://www.vdmashop.de/refs/VDMAGuidelineIndustrie40.pdf

D2 生產

層／階段	1	2	3	4	5
生產中的數據處理	沒用到數據	儲存數據以當作文件	分析數據以作流程監控	評估做為流程計畫／控制用	自動流程計畫／控制
機器與機器溝通	沒有溝通	現場匯流排接口	透過工業網路連接	機器接觸到網際網路	Web 網路服務（以 M2M 軟體）
全公司與製造聯網	製造沒有跟其他的事業單位有網路連接	訊息交流通過郵件／電信	統一數據格式和規則用於數據交換	統一數據格式和跨部門的連接的數據伺服器	跨部門，完全網路化的 IT 解決方案
ICT 在生產的基礎建設的角度	訊息交流通過郵件／電信	有生產用的中心數據伺服器	基於網際網路有數據的門戶網站分享	自動化訊息交換	供應商跟客戶是完全地整合進流程設計
人機界面	人員與機器間沒有資訊交換	使用當地的使用者介面	集中／分散生產監測／控制	使用行動的使用者介面	擴增實境協助
小批量產品的效率	以小部分相同的零件和剛性生產系統	以同樣的零件做到彈性生產系統	彈性生產結合產品的模組化設計	在公司內元件驅動，彈性生產模組化產品	在加值網路內元件驅動模組化生產

表 D.2：工業 4.0 工具箱「製造格式」

資料來源：https://www.vdmashop.de/refs/VDMAGuidelineIndustrie40.pdf

D3 感測器

感測器工具箱有五大面向：

1. 感測器類型：提供各類感測器。

2. 機械整合：

<table>
<tr><td>層／階段</td><td colspan="9">1</td></tr>
<tr><td>決定量測的感測器位置</td><td colspan="2">測量操作區域的主要效果</td><td colspan="2">測量操作區域的次要效果</td><td colspan="2">測量組件 / 機器外部的次級影響</td><td colspan="3">評估進一步的測量數據以進行解釋（傳感器融合）</td></tr>
<tr><td>影響感測器的外部影響</td><td>溫度</td><td colspan="2">震動、衝擊、力</td><td colspan="2">環境壓力及液體壓力</td><td>輻射（例如環境光，外部光）</td><td colspan="2">接觸介質（例如水，蒸氣，化學藥品）</td><td>電磁場</td></tr>
<tr><td>透過外殼量測的干涉</td><td colspan="3">機械作用／阻尼（例如振動）</td><td colspan="3">磁／電屏蔽</td><td colspan="3">熱效應／阻尼</td></tr>
<tr><td rowspan="2">外殼的整合</td><td colspan="9">多餘外殼 ⟷ 整合到到產品外殼中</td></tr>
<tr><td colspan="3">傳感器系統附加外殼的新開發</td><td colspan="3">使用現有產品做為傳感器外殼的一部分</td><td colspan="3">將傳感器元件整合到現有外殼中，並整合到現有板上</td></tr>
<tr><td>機械感測器保護</td><td colspan="3">外殼和板與組件的解耦</td><td colspan="3">零件的鑄造或發泡</td><td colspan="3">板上元件的位置和方向</td></tr>
<tr><td rowspan="2">外殼的製造</td><td colspan="9">少量 ⟷ 大量</td></tr>
<tr><td>3D 列印</td><td colspan="2">單件生產中的加工</td><td colspan="2">序列生產加工</td><td colspan="2">成型。例如拉深</td><td colspan="2">壓鑄／注塑</td></tr>
<tr><td rowspan="2">能量的傳遞</td><td colspan="9">需要供應 ⟷ 獨立系統</td></tr>
<tr><td>有線能量傳輸</td><td colspan="2">無線能量傳輸（尤其是感應式）</td><td colspan="2">電池</td><td colspan="2">終身電池</td><td colspan="2">能量搜集（例如太陽能／風能）</td></tr>
</table>

表 D.3：工業 4.0 工具箱「感測器之機械整合」

資料來源：https://industrie40.vdma.org/documents/4214230/25447567/Guideline+Sensors+for+Industrie+40.pdf/38733825-0274-68d4-0751-1ba0898e7e9a

3. 資料處理

<table>
<tr><td>層／階段</td><td colspan="6">1</td></tr>
<tr><td>影響數據處理表現的因子</td><td>測量信號的分辨率</td><td>傳感器採樣率</td><td>處理／解釋所需的算術運算</td><td>通信協議的算術運算</td><td colspan="2">所需的即時能力／週期時間</td></tr>
<tr><td rowspan="2">數據處理的位置</td><td colspan="6">在操作區域 ⟵⟶ 外部安裝</td></tr>
<tr><td>在傳感器組件中</td><td>在傳感器外殼中</td><td>在其他外部評估模塊中</td><td>在現有機器控製或本地服務器中</td><td colspan="2">在現場的中央服務器中</td></tr>
<tr><td rowspan="2">被產生的資訊／資料的供應</td><td colspan="6">在傳感器 ⟵⟶ 跨站點</td></tr>
<tr><td>直接在傳感器上顯示</td><td>外部安裝（例如信號燈）</td><td>在機器控製或操作面板上端</td><td>通過現場中央服務器</td><td>通過 MES/ERP 系統</td><td>在雲端</td></tr>
<tr><td rowspan="2">感測器數據的訪問權</td><td colspan="6">僅流程 ⟵⟶ 全公司</td></tr>
<tr><td>僅適用於機器／過程（封裝）</td><td>系統操作員</td><td>全部屬於用人公司的 IT 網絡</td><td>機器／安裝製造商</td><td>傳感器製造商</td><td>外部服務提供商（例如維護傳感器數據）</td></tr>
</table>

表 D.4：工業 4.0 工具箱「感測器之資料處理」

資料來源：https://industrie40.vdma.org/documents/4214230/25447567/Guideline+Sensors+for+Industrie+40.pdf/38733825-0274-68d4-0751-1ba0898e7e9a

4. 資訊產生

<table>
<tr><th>層／階段</th><th colspan="7">1</th></tr>
<tr><td>產生與了解數據的步驟</td><td>定義最初數據的產生流程</td><td>初始數據產生</td><td colspan="2">需要數據處理與視覺化</td><td colspan="3">檢查數據合理性</td></tr>
<tr><td>預處理數據的選項</td><td>線性化／量測值得錯誤補償</td><td>需要資料的架構與時間連結</td><td>類比數位轉換（假如需要）</td><td colspan="2">數據轉換（如時域轉頻域）</td><td colspan="2">過濾數據</td></tr>
<tr><td rowspan="2">校正模型的選項</td><td>人為模型（如：統計／物理／基於經驗）</td><td>法則校正與定義的直覺描述</td><td>導出規則的流程物理描述</td><td>決定參考值的干預極限（如：標準差）</td><td colspan="2">決定固定的上下限</td><td>決定可變參數的控制極限</td></tr>
<tr><td>機器、學習（目標）</td><td>數據集分類（如：特殊事件）</td><td>數據集中的異常偵測</td><td colspan="2">相關被量測變數的回歸線描述</td><td colspan="2">降維以選擇要用的數據</td></tr>
<tr><td>評估的步驟</td><td>以數據預處理和解譯模型的感測器系統的現場測試</td><td>感測器數據和解譯模型的相關反應的視覺化</td><td>帶有系統知識的應用的模型校正跟感測器數據的感測器數據的評論</td><td>使用數據品質的評估（如：較差的資料或數據稍微不足）</td><td colspan="2">為更有效率的流程處理的數據減少（如減少取樣速率）</td><td>相關應用的可轉換的評估（參數或新模型得採用？）</td></tr>
</table>

表 D.5：工業 4.0 工具箱「感測器之資訊產生」

資料來源：https://industrie40.vdma.org/documents/4214230/25447567/Guideline+Sensors+for+Industrie+40.pdf/38733825-0274-68d4-0751-1ba0898e7e9a

5. 溝通技術：溝通技術對應表，無階級之分。

D4 內部物流

層／階段	1	2	3	4	5
感測器／制動器整合	沒用到感測器 / 致動器	感測器／致動器被整合	感測器讀取被物流流程處理	資料被發展為物流系統分析	基於獲取數據物流系統獨立反應
機器與機器溝通	沒有溝通	現場匯流排接口	透過工業網路連接	機器接觸到網際網路	Web 網路服務（以 M2M 軟體）
運輸單元做為資訊載體	無功能	個別認證的可能性	存儲系統陳述可能	預定義指令的執行	自主反應運輸單元如同資訊載體
運輸系統	人工運輸	機器伴隨人工運輸方式	手工操作機器運輸	自動運輸	自主運輸
人機界面	人員與機器間沒有資訊交換	使用當地的使用者介面	集中／分散生產監測／控制	使用行動的使用者介面	擴增實境協助
儲存系統	無功能	一個清晰認證的儲物箱能力	儲物箱倉庫的能力	預定義指令的執行	自主彈性儲存系統

表 D.6：工業 4.0 工具箱「內部物流格式」

資料來源：https://www.semanticscholar.org/paper/Generic-Procedure-Model-to-Introduce-Industrie-4.0-Wang-Wang/a6c457489b63c2ee1a38815f2264a62e51f72b2e

D5 物流

層／階段	1	2	3	4	5
供應鏈物流	當地操作架構	全球操作架構	部分全球資源規劃／控制	完整全球資源規劃／控制	開放與彈性操作足跡
內向物流	推式運送流程	推式運送流程／按順序（JIS）	供應商管理庫存	自主庫存管理	預測內向物流管理（大數據）
倉儲管理	無自動化	自動倉儲系統	自動倉儲網路	供應鏈倉網路	供應鏈內無倉儲
內部物流／換線	手動轉向架	手動轉向軌道車	在固定路徑的自主流動運輸服務[1]	在開放路徑的自主流動運輸服務	按製造機器的在開放路徑的自主流動運輸服務
外向物流	推式運送流程	基於命令的運送管理	主動運送管理	自動運送管理	預測運送管理
物流路徑	分散式車輛／設備車隊	集中式車輛／設備車隊	預計畫與集中式車隊	即時路徑與連結導航	自主運輸車輛／設備

表 D.7：工業 4.0 工具箱「物流格式」

資料來源：https://www.i-scoop.eu/industry-4-0/supply-chain-management-scm-logistics/

1. 流動運輸服務 Flow Transport Service，英文縮寫 FTS。

D6 工程開發

層／階段	1	2	3	4	5
產品創造流程虛擬化	無數位表示	3D CAD 模型	數位小模型	虛擬產品	虛擬製造
伺服器架構	整合數據管理應用	從真正應用分離出數據管理	應用區分為客戶流程與伺服器流程	額外介面給網際網路基礎的接觸到伺服器應用	所有使用者互動用基於瀏覽器的技術
製造數據使用	沒有搜集製造數據	製造數據文件儲存	為最佳表現分析製造數據	在開發上使用製造數據	自配置與最佳化產品
數據管理	沒有數據格式管理	在數位文件夾中做版本控制	製造資料管理	xDM 模擬產品，製造，安全數據管理	整合方案
資訊交換	沒有交換資訊	沒有直接系統連結的元數據行政管理	產品開發中所有公司部門的連線	數據與數據檔的主要自主和同步傳輸	從概念到產品完成完全資訊流自動化
協同工程	主要非數據工作	使用電腦工作	地理上分散的虛擬團隊合作	即時合作	在虛擬即時環境中合作

表 D.8：工業 4.0 工具箱「物流格式」

資料來源：https://www.semanticscholar.org/paper/Development-of-a-Toolbox-for-Engineering-in-Project-Wang-Faath/1d179bf9c838d86e204b53f07dcbd384a9540f97

D7 商業模式

工業 4.0 工具箱在商業模式上有 12 面向，這 12 個面向對應到工業 4.0 工具箱的 12 種商業模式：

1. Connection within the value-adding process 連接加值流程
2. Consistent digital engineering 一致的數位工程
3. Product development 產品開發
4. On Demand availability of machines 按照服務需求提供機器設備
5. Lot Size 1 in the after-market 售後市場的批量 1
6. Maintaining efficiency even with small lot sizes 即使小批量也能保持效率
7. Improvement of quality 品質的提高
8. Product Industrie 4.0 solution 工業 4.0 產品解決方案
9. Business models around the product Shortening the delivery time 圍繞產品的商業模式
10. Shortening the delivery time 縮短交貨日期
11. Sales models 銷售模式
12. Revenue models 收益模式

這 12 種商業模式的工業 4.0 工具箱如下，但不能合併在一種情境下使用，而是在 12 種情境下分開使用。

SN	層／階段	1	2	3	4	5
1	連接加值流程	無連接	封閉模型	在加值流程中連接個別參與者	在加值流程中連接所有參與者	對所有市場參與者開放
2	一致的數位工程	沒有數位流程描述	數位化和標準工作流程	數據管理	數據工廠	智慧工廠
3	產品開發	當地團隊無數位	數位流程	開發活動外包	即時同步合作	開源概念
4	按照服務需求提供機器設備	無數據連結	機器對機器狀況監視	機器功能狀況的預測	服務和維護流程自動執行	查詢有空的外部機器容量
5	售後市場的批量	沒有機器監視	監視分析預測診斷	自動行動計畫和維修建議	3D 列印	出售料件許可證
6	即使小批量也能保持效率	以小部分相同的零件和剛性生產系統	以同樣的零件做到彈性生產系統	彈性生產結合產品的模組化設計	在公司內零件驅動，彈性生產模組化產品	在加值網路內零件驅動模組化生產
7	品質的提高	人力品質檢視	自動品質檢視	與傳感器監控連接的即時檢視	基於知識流程偵測錯誤模式	自動化流程介入
8	工業 4.0 產品解決方案	沒有介面	分析執行的溝通能力	預診斷執行	智慧產品	智慧服務
9	圍繞產品的商業模式	利潤從賣產品本身獲得	包含產品的銷售與諮詢	客製以符合客戶規格的銷售、諮詢與修改	賣產品相關加值服務	賣產品功能

10	縮短交貨日期	無運輸定位數據	由駕駛提供定位與狀態資訊	定期自動狀態傳輸	即時自動狀態傳輸	跟其他系統交換和自主物料流最佳化
11	銷售模式	在商店中賣產品的所有權	在線上商店賣產品的所有權	在線上商店賣產品、功能、服務的所有權	在封閉平台上賣產品、功能、服務的所有權	在開放平台上賣產品、功能、服務的所有權
12	收益模式	產品的採購	免費增值 Freemium	訂閱	按使用付費	基於績效的合約模式

表 D.9：工業 4.0 工具箱「商業模式格式」

資料來源：http://www.iaeng.org/publication/WCECS2018/WCECS2018_pp682-690.pdf

D8 勞動力

勞動力[2]有四大面向，每個面向有三個層面：

1. 硬技能：IT 知識、商業流程知識、製造流程知識。

層／階段	1	2	3	4	5
IT 知識	沒有 IT 知識	無方向性資訊流，IT 系統的被動操作	雙向資訊流，IT 系統的主動操作	IT 系統的了解與管理	IT 解決方案的發展與實行
商業流程知識	沒有商業流程	了解自己事業單元的系統操作及流程	了解直接上下游事業單元的系統操作及流程	了解與監督一些數位商業單元流程與系統操作和流程	完整了解一些數位商業單元整體商業流程和協調
製造流程知識	沒有生產流程知識	執行生產子流程	了解生產子流程執行與組態	了解生產子流程執行細節和經驗	了解不同製造操作細節跟長期經驗

表 D.10：工業 4.0 工具箱「勞動力之硬技能格式」

資料來源：Workforce Management 4.0 - Assessment of Human Factors Readiness Towards Digital Manufacturing

2. 資料來源：*Advances in Ergonomics of Manufacturing: Managing the Enterprise of the Future* , p.106-115.

2. 軟技能：個人競爭、社會競爭、方法競爭

層／階段	1	2	3	4	5
個人競爭	沒有自我倡議與自我責任宣告	新工作學習的能力、動	自我發展及獲取新知的能力和動機	激勵他人承擔新工作倡議的能力	創意思考能力以及以身作則
社會競爭	沒有溝通技巧的宣告	簡單的溝通能力	與專家溝通複雜事實的能力	對非專業人士完整陳述複雜事實的能力	跟來自不同商業單元的不同使用者協調群組討論的能力
方法競爭	沒有方法競爭的宣告	執行簡單工作的能力	認知和分析範疇及架構（網路思維）的能力	使用數位媒體、新工作技術與方法來執行工作的能力	使用數位媒體、新工作技術和方法解決問題的能力

表 D.11：工業 4.0 工具箱「勞動力之軟技能格式」

資料來源：Workforce Management 4.0 - Assessment of Human Factors Readiness Towards Digital Manufacturing

3. 使用性與操作性：協助系統、人機介面、決策支援

層／階段	1	2	3	4	5
協助系統	沒有協助系統	以紙本工作指示形式為基礎的被動靜態協助	以數位虛擬形式被動靜態協助系統	以數位虛擬形式採用適應性強主動協助系統	以數位虛擬形式做互動適應性協助系統
人機介面	人機之間沒有資訊交換	使用中央顯示單元	使用當地非集中式顯示單元	使用行動裝置	虛擬實境、增強實境系統

決策支援	沒有決策支援系統，基於個人知識決策	基於電腦查詢做決策	靜態決策支援系統	動態決策支援系統	由智慧系統決策，人類只在緊急時介入

表 D.12：工業 4.0 工具箱「勞動力之使用性與操作性格式」

資料來源：Workforce Management 4.0 - Assessment of Human Factors Readiness Towards Digital Manufacturing

4. 工作環境：安全與隱私、組織彈性、文件化自動化程度

層／階段	1	2	3	4	5
安全與隱私	安全與隱私未被考量	系統以技術方式禁止外界訪問以保護	只有被賦予權限的人或使用者群組才能存取數據	資料交換與儲存使用加密技術來做數據整體保護	對工作者規律的訓練和不斷升級基礎設施安全
組織彈性	固定工作地點、範疇、時間	可以工作輪調	可以移動、遠端工作	依生產需要彈性分配工作人員	彈性、自動和競爭基礎的動態工作人員分配
文件化自動化程度	工作流程未被認證及文件化	工作流程以紙本手冊文件化	工作流程的認證與文件化是手動無紙化	工作流程的認證與文件化是部分自動無紙化	工作流程的認證與文件化是完全自動無紙化

表 D.13：工業 4.0 工具箱「勞動力之工作環境格式」

資料來源：Workforce Management 4.0 - Assessment of Human Factors Readiness Towards Digital Manufacturing

D9 供應商

層／階段	1	2	3	4	5
機間溝通	機器之間沒有通訊	專有通信，例如：現場總線	標準化溝通，例如：端到端乙太網通信	訪問互聯網（特別是供公司內部使用）	Web 服務（M2M軟件），例如 用於機器製造商的遠程訪問
人機溝通	人與機器之間不交換資訊	使用本地顯示設備（例如顯示器，印表機）	監視和控制（在機器或控制站上的固定顯示和輸入）	移動設備的使用（移動顯示和輸入）	具有非觸覺輸入的增強現實
職員接觸資訊	無法直接訪問相關資訊	有關各種用戶界面的資訊可用，並且必須手動合併	可透過個性化的用戶界面訪問資訊	資訊可以透過移動界面，用於選擇相關資訊的預定義過濾器進行訪問	過濾器選擇相關資訊。 事件控制警報
自動化程度	手動機器和測試裝置	數控機器和測試設備	加工和檢驗訂單會在短時間內自動處理	長期自動處理（例如更換工件，拒收次品）	機器和測試設備永久自動地處理組織訂單
設備與生產系統的彈性	專門用於製造產品的剛性，不靈活的生產設施	在生產多種產品方面具有靈活性的設備	模組化且靈活生產各種產品的系統	設備模組化，可以靈活生產各種產品，並可即插即用	無固定結構的模組化，靈活且可即插即用的生產系統
錯誤避免	沒有檢查和發現品質缺陷	員工用目視或手動檢查，發現品質缺陷	支持員工進行錯誤檢測和預防	自動檢測品質缺陷品量缺陷	自動檢測並糾正品質

表 D.14：工業 4.0 工具箱「供應商格式」

資料來源：https://www.researchgate.net/publication/339132818_Process_model_for_the_successful_implementation_and_demonstration_of_SME-based_industry_40_showcases_in_global_production_networks

D10 全球生產網路 GPN

層／階段	1	2	3	4	5
生產、品質和邏輯上的互動	不同的生產，品質和物流系統以及手動數據交換	系統之間定期自動交換數據	共享或完全整合的生產，品質和物流系統	常見系統，帶有實時資訊和警告，以防發生故障／錯誤	可以自動實時響應和調整的通用系統
追溯 Tracing	無可追溯性	具有讀取操作的可追溯性，可輕鬆獲取資訊（例如產品 ID）	透過簡單資訊的讀寫過程可追溯（例如產品 ID）	透過讀寫操作可跟踪複雜資訊（例如產品 ID，時間戳記，參數）	讀寫複雜資訊是產品不可或缺的功能
追蹤 Tracking	無需追踪供應鏈中的零件	在預定的識別點跟踪網絡中的零件	在預定點跟踪零件並處理事件的信息	透過事件的信息處理進行連續跟踪	持續跟踪其他計畫系統和自主實時互動
標準負載屏障的使用	產品和供應商特定的負載搬運器，具有重新包裝且缺乏統一標籤的特點	產品和供應商特定的負載托架，帶有重新包裝但標籤統一	特定於產品的負載架，共同使用的帶有標籤	產品和供應商有相同的承運人，標籤統一	具有擴展功能統一，標準化和智能化的負載載體
計畫資訊的交換	GPN 內部沒有數據交換	根據要求用電子郵件或電話手動交換數據	GPN 內部通過基於 In 網際網路的門戶，與先前輸入的數據進行數據交換	GPN 內部自動，事件驅動，相互交換數據	完全整合的系統支持網絡合作夥伴之間緊密交換，並整合他們的業務流程
解決問題的意願與協作	合作夥伴追求自己的目標。被動解決問題，沒有轉移最佳實踐	追求共同的目標。反應性地、孤立地解決問題。沒有轉移最佳實踐	共同的目標問題共同解決，但沒有轉移最佳實踐	共同目標和積極的雙邊持續改進，以解決 GPN 的問題	共同目標，完全集成的系統支持持續改進。深入交流和轉移最佳實踐

表 D.15：工業 4.0 工具箱「全球生產網路格式」

資料來源：https://www.researchgate.net/publication/339132818_Process_model_for_the_successful_implementation_and_demonstration_of_SME-based_industry_40_showcases_in_global_production_networks

除了 D8 勞動力，以上各個工具箱的英文版文件獲取網址 QR code 列表如下，方便大家掃碼下載：

D1 產品 D2 生產		D3 感測器	
D4 內部物流		D5 物流	
D6 工程開發		D7 商業模式	
D9 供應商 D10 全球生產網路			

表 D.16：工業 4.0 工具箱各種格式對應論文 QR code

附錄 E
TRIZ 相關工具

E1 技術演化法則

技術系統進化原則講到了阿奇舒勒（Altshuller）研究多種專利後發現的八大進化法則，分別是：

1. 增加理想性：有用的功能增加，有害的特性逐漸減少，例如：車輛早期使用煤炭，排放大量黑煙；現今汽車使用汽油，排放量降低，未來使用電、氫等其他燃料，排放汙染機率等於零，但車輛的功能會逐漸增加。
2. 演化階段：

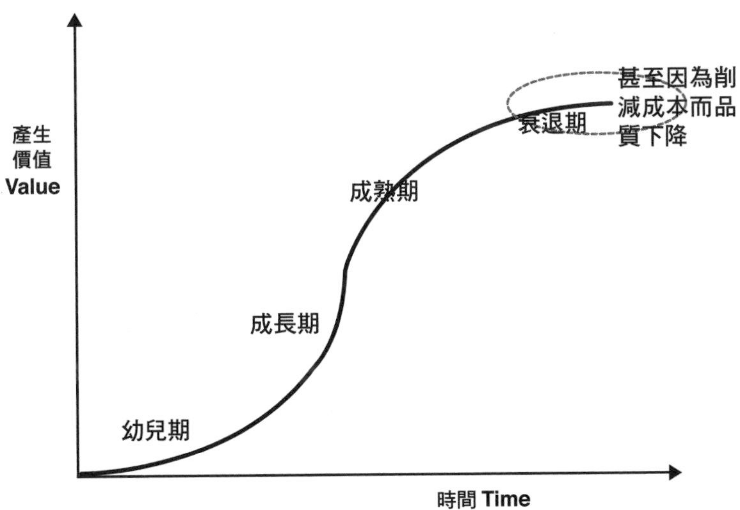

圖 E .1：技術 S 曲線

技術發展為一S曲線，任何技術的改善從一開始是幼兒期，進度很緩慢，直到進入突破點，才能夠進入成長期的高速成長，成長到了成熟期又開始發展進度緩慢，然後進入衰退期，就不再成長，甚至因為削減成本的需求而品質下降。所以技術生命週期演化階段有幼兒期、成長期、成熟期，以及衰退期四大階段。如果舊的技術到了衰退期有新的技術出來，新技術往往會取代舊技術。

3. 系統元件非均衡發展：每一個系統元件有自己的S曲線，而不同的元件會根據自己的時程演化。不同的系統元件會在不同的時間點上達到它們先天的限制點，而形成衝突。首先達到限制點的元件會阻礙整個系統更進一步發展。所以要消除這個「矛盾」，才可以讓系統持續改善。

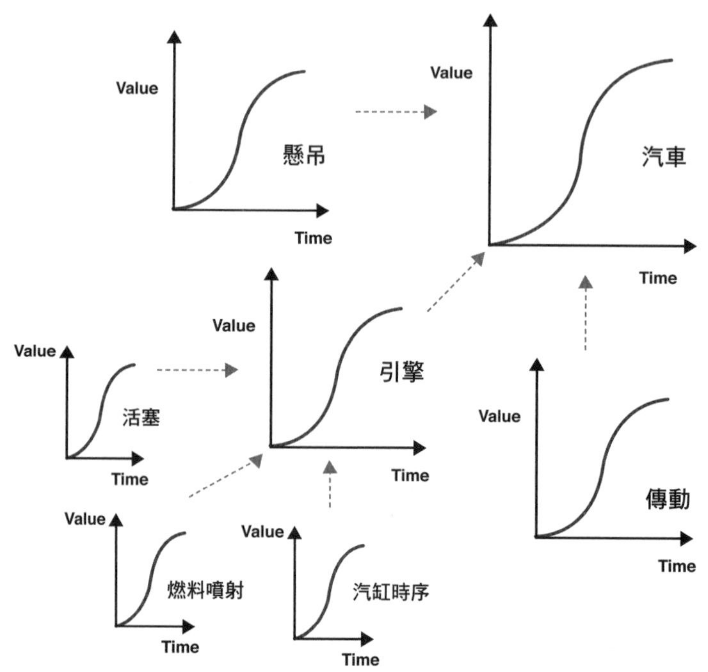

圖E .2：系統元件發展的不均衡例「汽車」

以汽車為例，汽車的燃料噴射、汽缸時序、活塞是引擎的子系統，其 S 曲線的發展各不相同，而對汽車而言，懸吊、引擎、傳動為其子系統，其 S 曲線也各有不同。

4. 增加動態與可控制性：發展往動態、多功能控制性，例如方向盤的演進，由僵硬的連結、萬用軸、彈性軸、液壓控制到自動駕駛。
5. 增加複雜性再簡單化：複雜系統在操作上會越來越簡單，如手機輸入由多按鍵變成手寫，再變成語音輸入。
6. 部分耦合與非耦合：系統元件通常透過耦合與非耦合的方式來改善績效或補償所不希望的效應，如智慧型手機整合麥克風、喇叭、照相機及電腦運算能力等功能，達成可以隨時拍照、自拍、錄音等效果。
7. 過渡至微觀水準與利用場觀念：技術系統會有從巨型系統轉變成微型系統的傾向。在轉變的過程中，會使用各種不同的能量場達到更好的效果與控制。例如：烹飪爐具的第一代是燃燒木材，到了第二代變成燒天然瓦斯，接下來的第三代是電熱式，最近的第四代是微波爐。紡織品早先的第一代只有棉麻的天然材料，到第二代加入石化材料，接下來第三代透過設計達到除臭、發熱等機能，到現在第四代的紡入銀線、石墨烯線，並加入感測器感測人體訊號的智慧紡織品。從其中可以看各種場：機械力場、熱力場、化學場、電場及磁場等應用。
8. 減少人之交互作用增加自動化：發展是人力介入越來越少，例如以前要保持室內溫暖，壁爐生火必須添加柴火來控制溫度；如今暖氣系統不需要人力介入控制溫度，且具備定時，定溫等自動化功能。

E2 矛盾矩陣

矛盾矩陣的兩軸都使用 39 個特性參數，橫軸是惡化系統參數，縱軸是改進的參數。39 個特性參數如表 E.1：

1. 移動件重量	14. 強度	27. 可靠度
2. 固定件重量	15. 移動件耐久性	28. 量測精確度
3. 移動件長度	16. 靜止件耐久性	29. 製造精確度
4. 固定件長度	17. 溫度	30. 物體上有害因素
5. 移動件面積	18. 亮度	31. 有害的副作用
6. 固定件面積	19. 移動件消耗能量	32. 易製造性
7. 移動件體積	20. 固定件消耗能量	33. 使用方便性
8. 固定件體積	21. 動力 / 功率	34. 易修理性
9. 速度	22. 能源浪費	35. 適合性／適應性
10. 力量	23. 物質浪費	36. 裝置複雜性
11. 張力、壓力	24. 資訊喪失	37. 控制複雜度
12. 形狀	25. 時間浪費	38. 自動化程度
13. 物體穩定性	26. 物質的量	39. 生產力

表 E.1：TRIZ 矛盾矩陣的 39 個特性參數 [1]

1. 此為阿奇舒勒發展出來的原始版本，後人有改進與擴充版。

矛盾矩陣兩軸的交集對應的是 40 個發明原理的 1 或多個對應號碼，40 個發明原理如表 E.2：

1. 分割	21. 快速作用
2. 拆出	22. 將有害變有益
3. 局部性質	23. 回饋
4. 不對稱	24. 中介物
5. 合併	25. 自助
6. 多功能	26. 複製
7. 重疊放置	27. 拋棄式
8. 反重力	28. 機械系統替換
9. 預先的反作用	29. 利用液體或氣體結構
10. 預先作用	30. 彈性殼或薄膜
11. 事先的預防	31. 多孔性材料
12. 等位性	32. 改變顏色
13. 逆轉	33. 同質性
14. 曲度	34. 丟棄與再生
15. 動態性	35. 參數改變
16. 部分／過量作用	36. 相變化
17. 轉變至新的維度	37. 熱膨脹
18. 機械振動	38. 使用強氧化劑
19. 週期性動作	39. 惰性環境
20. 連續的有效動作	40. 複合材料

表 E.2：TRIZ 矛盾矩陣對應的 40 個發明原理 [2]

2. 同上。

為了讓大家好查詢，接下來把 39x39 的矛盾矩陣，拆成 8 個表格（表 E.3 至 E.10）。

惡化系統參數 / 改進的參數	1. 移動件重量	2. 固定件重量	3. 移動件長度	4. 固定件長度	5. 移動件面積	6. 固定件面積	7. 移動件體積	8. 固定件體積	9. 速度	10. 力量
1. 移動件重量	+	-	15, 8, 29,34	-	29, 17, 38, 34	-	29, 2, 40, 28	-	2, 8, 15, 38	8, 10, 18, 37
2. 固定件重量	-	+	-	10, 1, 29, 35	-	35, 30, 13, 2	-	5, 35, 14, 2	-	8, 10, 19, 35
3. 移動件長度	8, 15, 29, 34	-	+	-	15, 17, 4	-	7, 17, 4, 35	-	13, 4, 8	17, 10, 4
4. 固定件長度		35, 28, 40, 29	-	+	-	17, 7, 10, 40	-	35, 8, 2,14	-	28, 10
5. 移動件面積	2, 17, 29, 4	-	14, 15, 18, 4	-	+	-	7, 14, 17, 4		29, 30, 4, 34	19, 30, 35, 2
6. 固定件面積	-	30, 2, 14, 18	-	26, 7, 9, 39	-	+	-		-	1, 18, 35, 36
7. 移動件體積	2, 26, 29, 40	-	1, 7, 4, 35	-	1, 7, 4, 17	-	+	-	29, 4, 38, 34	15, 35, 36, 37
8. 固定件體積	-	35, 10, 19, 14	19, 14	35, 8, 2, 14	-		-	+	-	2, 18, 37
9. 速度	2, 28, 13, 38	-	13, 14, 8	-	29, 30, 34	-	7, 29, 34	-	+	13, 28, 15, 19
10. 力量	8, 1, 37, 18	18, 13, 1, 28	17, 19, 9, 36	28, 10	19, 10, 15	1, 18, 36, 37	15, 9, 12, 37	2, 36, 18, 37	13, 28, 15, 12	+
11. 張力、壓力	10, 36, 37, 40	13, 29, 10, 18	35, 10, 36	35, 1, 14, 16	10, 15, 36, 28	10, 15, 36, 37	6, 35, 10	35, 24	6, 35, 36	36, 35, 21
12. 形狀	8, 10, 29, 40	15, 10, 26, 3	29, 34, 5, 4	13, 14, 10, 7	5, 34, 4, 10		14, 4, 15, 22	7, 2, 35	35, 15, 34, 18	35, 10, 37, 40
13. 物體穩定性	21, 35, 2, 39	26, 39, 1, 40	13, 15, 1, 28	37	2, 11, 13	39	28, 10, 19, 39	34, 28, 35, 40	33, 15, 28, 18	10, 35, 21, 16
14. 強度	1, 8, 40, 15	40, 26, 27, 1	1, 15, 8, 35	15, 14, 28, 26	3, 34, 40, 29	9, 40, 28	10, 15, 14, 7	9, 14, 17, 15	8, 13, 26, 14	10, 18, 3, 14
15. 移動件耐久性	19, 5, 34, 31	-	2, 19, 9	-	3, 17, 19	-	10, 2, 19, 30	-	3, 35, 5	19, 2, 16
16. 靜止件耐久性	-	6, 27, 19, 16	-	1, 40, 35	-		-	35, 34, 38	-	
17. 溫度	36,22, 6, 38	22, 35, 32	15, 19, 9	15, 19, 9	3, 35, 39, 18	35, 38	34, 39, 40, 18	35, 6, 4	2, 28, 36, 30	35, 10, 3, 21
18. 亮度	19, 1, 32	2, 35, 32	19, 32, 16		19, 32, 26		2, 13, 10		10, 13, 19	26, 19, 6
19. 移動件消耗能量	12, 18, 28, 31	-	12, 28	-	15, 19, 25	-	35, 13, 18	-	8, 35, 35	16, 26, 21, 2
20. 固定件消耗能量	-	19, 9, 6, 27	-		-		-		-	36, 37

表 E.3：矛盾矩陣惡化系統參數 1-10 對應改進的參數 1-20

改進的參數 ＼ 惡化系統參數	1. 移動件重量	2. 固定件重量	3. 移動件長度	4. 固定件長度	5. 移動件面積	6. 固定件面積	7. 移動件體積	8. 固定件體積	9. 速度	10. 力量
21. 動力／功率	8, 36, 38, 31	19, 26, 17, 27	1, 10, 35, 37		19, 38	17, 32, 13, 38	35, 6, 38	30, 6, 25	15, 35, 2	26, 2, 36, 35
22. 能源浪費	15, 6, 19, 28	19, 6, 18, 9	7, 2, 6, 13	6, 38, 7	15, 26, 17, 30	17, 7, 30, 18	7, 18, 23	7	16, 35, 38	36, 38
23. 物質浪費	35, 6, 23, 40	35, 6, 22, 32	14, 29, 10, 39	10, 28,24	35, 2, 10, 31	10, 18, 39, 31	1, 29, 30, 36	3, 39, 18, 31	10, 13, 28, 38	14, 15, 18, 40
24. 資訊喪失	10, 24, 35	10, 35, 5	1, 26	26	30, 26	30, 16		2, 22	26, 32	
25. 時間浪費	10, 20, 37, 35	10, 20, 26, 5	15, 2, 29	30, 24, 14, 5	26, 4, 5, 16	10, 35, 17, 4	2, 5, 34, 10	35, 16, 32, 18		10, 37, 36,5
26. 物質的量	35, 6, 18, 31	27, 26, 18, 35	29, 14, 35, 18		15, 14, 29	2, 18, 40, 4	15, 20, 29		35, 29, 34, 28	35, 14, 3
27. 可靠度	3, 8, 10, 40	3, 10, 8, 28	15, 9, 14, 4	15, 29, 28, 11	17, 10, 14, 16	32, 35, 40, 4	3, 10, 14, 24	2, 35, 24	21, 35, 11, 28	8, 28, 10, 3
28. 量測精確度	32, 35, 26, 28	28, 35, 25, 26	28, 26, 5, 16	32, 28, 3, 16	26, 28, 32, 3	26, 28, 32, 3	32, 13, 6		28, 13, 32, 24	32, 2
29. 製造精確度	28, 32, 13, 18	28, 35, 27, 9	10, 28, 29, 37	2, 32, 10	28, 33, 29, 32	2, 29, 18, 36	32, 23, 2	25, 10, 35	10, 28, 32	28, 19, 34, 36
30. 物體上有害因素	22, 21, 27, 39	2, 22, 13, 24	17, 1, 39, 4	1, 18	22, 1, 33, 28	27, 2, 39, 35	22, 23, 37, 35	34, 39, 19, 27	21, 22, 35, 28	13, 35, 39, 18
31. 有害的副作用	19, 22, 15, 39	35, 22, 1, 39	17, 15, 16, 22		17, 2, 18, 39	22, 1, 40	17, 2, 40	30, 18, 35, 4	35, 28, 3, 23	35, 28, 1, 40
32. 易製造性	28, 29, 15, 16	1, 27, 36, 13	1, 29, 13, 17	15, 17, 27	13, 1, 26, 12	16, 40	13, 29, 1, 40	35	35, 13, 8, 1	35, 12
33. 使用方便性	25, 2, 13, 15	6, 13, 1, 25	1, 17, 13, 12		1, 17, 13, 16	18, 16, 15, 39	1, 16, 35, 15	4, 18, 39, 31	18, 13, 34	28, 13 35
34. 易修理性	2, 27 35, 11	2, 27, 35, 11	1, 28, 10, 25	3, 18, 31	15, 13, 32	16, 25	25, 2, 35, 11	1	34, 9	1, 11, 10
35. 適合性／適應性	1, 6, 15, 8	19, 15, 29, 16	35, 1, 29, 2	1, 35, 16	35, 30, 29, 7	15, 16	15, 35, 29		35, 10, 14	15, 17, 20
36. 裝置複雜性	26, 30, 34, 36	2, 26, 35, 39	1, 19, 26, 24	26	14, 1, 13, 16	6, 36	34, 26, 6	1, 16	34, 10, 28	26, 16
37. 控制複雜度	27, 26, 28, 13	6, 13, 28, 1	16, 17, 26, 24	26	2, 13, 18, 17	2, 39, 30, 16	29, 1, 4, 16	2, 18, 26, 31	3, 4, 16, 35	30, 28, 40, 19
38. 自動化程度	28, 26, 18, 35	28, 26, 35, 10	14, 13, 17, 28	23	17, 14, 13		35, 13, 16		28, 10	2, 35
39. 生產力	35, 26, 24, 37	28, 27, 15, 3	18, 4, 28, 38	30, 7, 14, 26	10, 26, 34, 31	10, 35, 17, 7	2, 6, 34, 10	35, 37, 10, 2		28, 15, 10, 36

表 E.4：矛盾矩陣惡化系統參數 1-10 對應改進的參數 21-39

改進的參數 \ 惡化系統參數	11. 張力、壓力	12. 形狀	13. 物體穩定性	14. 強度	15. 移動件耐久性	16. 靜止件耐久性	17. 溫度	18. 亮度	19. 移動件消耗能量	20. 固定件消耗能量
1. 移動件重量	10, 36, 37, 40	10, 14, 35, 40	1, 35, 19, 39	28, 27, 18, 40	5, 34, 31, 35	-	6, 29, 4, 38	19, 1, 32	35, 12, 34, 31	-
2. 固定件重量	13, 29, 10, 18	13, 10, 29, 14	26, 39, 1, 40	28, 2, 10, 27	-	2, 27, 19, 6	28, 19, 32, 22	19, 32, 35	-	18, 19, 28, 1
3. 移動件長度	1, 8, 35	1, 8, 10, 29	1, 8, 15, 34	8, 35, 29, 34	19	-	10, 15, 19	32	8, 35, 24	-
4. 固定件長度	1, 14, 35	13, 14, 15, 7	39, 37, 35	15, 14, 28, 26	-	1, 10, 35	3, 35, 38, 18	3, 25	-	
5. 移動件面積	10, 15, 36, 28	5, 34, 29, 4	11, 2, 13, 39	3, 15, 40, 14	6, 3	-	2, 15, 16	15, 32, 19, 13	19, 32	-
6. 固定件面積	10, 15, 36, 37		2, 38	40	-	2, 10, 19, 30	35, 39, 38		-	
7. 移動件體積	6, 35, 36, 37	1, 15, 29, 4	28, 10, 1, 39	9, 14, 15, 7	6, 35, 4	-	34, 39, 10, 18	2, 13, 10	35	-
8. 固定件體積	24, 35	7, 2, 35	34, 28, 35, 40	9, 14, 17, 15	-	35, 34, 38	35, 6, 4		-	
9. 速度	6, 18, 38, 40	35, 15, 18, 34	28, 33, 1, 18	8, 3, 26, 14	3, 19, 35, 5	-	28, 30, 36, 2	10, 13, 19	8, 15, 35, 38	-
10. 力量	18, 21, 11	10, 35, 40, 34	35, 10, 21	35, 10, 14, 27	19, 2		35, 10, 21	-	19, 17, 10	1, 16, 36, 37
11. 張力、壓力	+	35, 4, 15, 10	35, 33, 2, 40	9, 18, 3, 40	19, 3, 27		35, 39, 19, 2	-	14, 24, 10, 37	
12. 形狀	34, 15, 10, 14	+	33, 1, 18, 4	30, 14, 10, 40	14, 26, 9, 25		22, 14, 19, 32	13, 15, 32	2, 6, 34, 14	
13. 物體穩定性	2, 35, 40	22, 1, 18, 4	+	17, 9, 15	13, 27, 10, 35	39, 3, 35, 23	35, 1, 32	32, 3, 27, 16	13, 19	27, 4, 29, 18
14. 強度	10, 3, 18, 40	10, 30, 35, 40	13, 17, 35	+	27, 3, 26		30, 10, 40	35, 19	19, 35, 10	35
15. 移動件耐久性	19, 3, 27	14, 26, 28, 25	13, 3, 35	27, 3, 10	+	-	19, 35, 39	2, 19, 4, 35	28, 6, 35, 18	
16. 靜止件耐久性			39, 3, 35, 23		-	+	19, 18, 36, 40		-	
17. 溫度	35, 39, 19, 2	14, 22, 19, 32	1, 35, 32	10, 30, 22, 40	19, 13, 39	19, 18, 36, 40	+	32, 30, 21, 16	19, 15, 3, 17	
18. 亮度		32, 30	32, 3, 27	35, 19	2, 19, 6		32, 35, 19	+	32, 1, 19	32, 35, 1, 15
19. 移動件消耗能量	23, 14, 25	12, 2, 29	19, 13, 17, 24	5, 19, 9, 35	28, 35, 6, 18	-	19, 24, 3, 14	2, 15, 19	+	-
20. 固定件消耗能量			27, 4, 29, 18	35				19, 2, 35, 32	-	+

表 E.5：矛盾矩陣惡化系統參數 11-20 對應改進的參數 1-20

改進的參數＼惡化系統參數	11. 張力、壓力	12. 形狀	13. 物體穩定性	14. 強度	15. 移動件耐久性	16. 靜止件耐久性	17. 溫度	18. 亮度	19. 移動件消耗能量	20. 固定件消耗能量
21. 動力／功率	22, 10, 35	29, 14, 2, 40	35, 32, 15, 31	26, 10, 28	19, 35, 10, 38	16	2, 14, 17, 25	16, 6, 19	16, 6, 19, 37	
22. 能源浪費			14, 2, 39, 6	26			19, 38, 7	1, 13, 32, 15		
23. 物質浪費	3, 36, 37, 10	29, 35, 3, 5	2, 14, 30, 40	35, 28, 31, 40	28, 27, 3, 18	27, 16, 18, 38	21, 36, 39, 31	1, 6, 13	35, 18, 24, 5	28, 27, 12, 31
24. 資訊喪失					10	10		19		
25. 時間浪費	37, 36,4	4, 10, 34, 17	35, 3, 22, 5	29, 3, 28, 18	20, 10, 28, 18	28, 20, 10, 16	35, 29, 21, 18	1, 19, 26, 17	35, 38, 19, 18	1
26. 物質的量	10, 36, 14, 3	35, 14	15, 2, 17, 40	14, 35, 34, 10	3, 35, 10, 40	3, 35, 31	3, 17, 39		34, 29, 16, 18	3, 35, 31
27. 可靠度	10, 24, 35, 19	35, 1, 16, 11		11, 28	2, 35, 3, 25	34, 27, 6, 40	3, 35, 10	11, 32, 13	21, 11, 27, 19	36, 23
28. 量測精確度	6, 28, 32	6, 28, 32	32, 35, 13	28, 6, 32	28, 6, 32	10, 26, 24	6, 19, 28, 24	6, 1, 32	3, 6, 32	
29. 製造精確度	3, 35	32, 30, 40	30, 18	3, 27	3, 27, 40		19, 26	3, 32	32, 2	
30. 物體上有害因素	22, 2, 37	22, 1, 3, 35	35, 24, 30, 18	18, 35, 37, 1	22, 15, 33, 28	17, 1, 40, 33	22, 33, 35, 2	1, 19, 32, 13	1, 24, 6, 27	10, 2, 22, 37
31. 有害的副作用	2, 33, 27, 18	35, 1	35, 40, 27, 39	15, 35, 22, 2	15, 22, 33, 31	21, 39, 16, 22	22, 35, 2, 24	19, 24, 39, 32	2, 35, 6	19, 22, 18
32. 易製造性	35, 19, 1, 37	1, 28, 13, 27	11, 13, 1	1, 3, 10, 32	27, 1, 4	35, 16	27, 26, 18	28, 24, 27, 1	28, 26, 27, 1	1, 4
33. 使用方便性	2, 32, 12	15, 34, 29, 28	32, 35, 30	32, 40, 3, 28	29, 3, 8, 25	1, 16, 25	26, 27, 13	13, 17, 1, 24	1, 13, 24	
34. 易修理性	13	1, 13, 2, 4	2, 35	11, 1, 2, 9	11, 29, 28, 27	1	4, 10	15, 1, 13	15, 1, 28, 16	
35. 適合性／適應性	35, 16	15, 37, 1, 8	35, 30, 14	35, 3, 32, 6	13, 1, 35	2, 16	27, 2, 3, 35	6, 22, 26, 1	19, 35, 29, 13	
36. 裝置複雜性	19, 1, 35	29, 13, 28, 15	2, 22, 17, 19	2, 13, 28	10, 4, 28, 15		2, 17, 13	24, 17, 13	27, 2, 29, 28	
37. 控制複雜度	35, 36, 37, 32	27, 13, 1, 39	11, 22, 39, 30	27, 3, 15, 28	19, 29, 39, 25	25, 34, 6, 35	3, 27, 35, 16	2, 24, 26	35, 38	19, 35, 16
38. 自動化程度	13, 35	15, 32, 1, 13	18, 1	25, 13	6, 9		26, 2, 19	8, 32, 19	2, 32, 13	
39. 生產力	10, 37, 14	14, 10, 34, 40	35, 3, 22, 39	29, 28, 10, 18	35, 10, 2, 18	20, 10, 16, 38	35, 21, 28, 10	26, 17, 19, 1	35, 10, 38, 19	1

表 E.6：矛盾矩陣惡化系統參數 11-20 對應改進的參數 21-39

改進的參數 \ 惡化系統參數	21. 動力 / 功率	22. 能源浪費	23. 物質浪費	24. 資訊喪失	25. 時間浪費	26. 物質的量	27. 可靠度	28. 量測精確度	29. 製造精確度	30. 物體上有害因素
1. 移動件重量	12, 36, 18, 31	6, 2, 34, 19	5, 35, 3, 31	10, 24, 35	10, 35, 20, 28	3, 26, 18, 31	1, 3, 11, 27	28, 27, 35, 26	28, 35, 26, 18	22, 21, 18, 27
2. 固定件重量	15, 19, 18, 22	18, 19, 28, 15	5, 8, 13, 30	10, 15, 35	10, 20, 35, 26	19, 6, 18, 26	10, 28, 8, 3	18, 26, 28	10, 1, 35, 17	2, 19, 22, 37
3. 移動件長度	1, 35	7, 2, 35, 39	4, 29, 23, 10	1, 24	15, 2, 29	29, 35	10, 14, 29, 40	28, 32, 4	10, 28, 29, 37	1, 15, 17, 24
4. 固定件長度	12, 8	6, 28	10, 28, 24, 35	24, 26,	30, 29, 14		15, 29, 28	32, 28, 3	2, 32, 10	1, 18
5. 移動件面積	19, 10, 32, 18	15, 17, 30, 26	10, 35, 2, 39	30, 26	26, 4	29, 30, 6, 13	29, 9	26, 28, 32, 3	2, 32	22, 33, 28, 1
6. 固定件面積	17, 32	17, 7, 30	10, 14, 18, 39	30, 16	10, 35, 4, 18	2, 18, 40, 4	32, 35, 40, 4	26, 28, 32, 3	2, 29, 18, 36	27, 2, 39, 35
7. 移動件體積	35, 6, 13, 18	7, 15, 13, 16	36, 39, 34, 10	2, 22	2, 6, 34, 10	29, 30, 7	14, 1, 40, 11	25, 26, 28	25, 28, 2, 16	22, 21, 27, 35
8. 固定件體積	30, 6		10, 39, 35, 34		35, 16, 32 18	35, 3	2, 35, 16		35, 10, 25	34, 39, 19, 27
9. 速度	19, 35, 38, 2	14, 20, 19, 35	10, 13, 28, 38	13, 26		10, 19, 29, 38	11, 35, 27, 28	28, 32, 1, 24	10, 28, 32, 25	1, 28, 35, 23
10. 力量	19, 35, 18, 37	14, 15	8, 35, 40, 5		10, 37, 36	14, 29, 18, 36	3, 35, 13, 21	35, 10, 23, 24	28, 29, 37, 36	1, 35, 40, 18
11. 張力、壓力	10, 35, 14	2, 36, 25	10, 36, 3, 37		37, 36, 4	10, 14, 36	10, 13, 19, 35	6, 28, 25	3, 35	22, 2, 37
12. 形狀	4, 6, 2	14	35, 29, 3, 5		14, 10, 34, 17	36, 22	10, 40, 16	28, 32, 1	32, 30, 40	22, 1, 2, 35
13. 物體穩定性	32, 35, 27, 31	14, 2, 39, 6	2, 14, 30, 40		35, 27	15, 32, 35		13	18	35, 24, 30, 18
14. 強度	10, 26, 35, 28	35	35, 28, 31, 40		29, 3, 28, 10	29, 10, 27	11, 3	3, 27, 16	3, 27	18, 35, 37, 1
15. 移動件耐久性	19, 10, 35, 38		28, 27, 3, 18	10	20, 10, 28, 18	3, 35, 10, 40	11, 2, 13	3	3, 27, 16, 40	22, 15, 33, 28
16. 靜止件耐久性	16		27, 16, 18, 38	10	28, 20, 10, 16	3, 35, 31	34, 27, 6, 40	10, 26, 24		17, 1, 40, 33
17. 溫度	2, 14, 17, 25	21, 17, 35, 38	21, 36, 29, 31		35, 28, 21, 18	3, 17, 30, 39	19, 35, 3, 10	32, 19, 24	24	22, 33, 35, 2
18. 亮度	32	13, 16, 1, 6	13, 1	1, 6	19, 1, 26, 17	1, 19		11, 15, 32	3, 32	15, 19
19. 移動件消耗能量	6, 19, 37, 18	12, 22, 15, 24	35, 24, 18, 5		35, 38, 19, 18	34, 23, 16, 18	19, 21, 11, 27	3, 1, 32		1, 35, 6, 27
20. 固定件消耗能量			28, 27, 18, 31			3, 35, 31	10, 36, 23			10, 2, 22, 37

表 E.7：矛盾矩陣惡化系統參數 21-30 對應改進的參數 1-20

改進的參數 \ 惡化系統參數	21. 動力 / 功率	22. 能源浪費	23. 物質浪費	24. 資訊喪失	25. 時間浪費	26. 物質的量	27. 可靠度	28. 量測精確度	29. 製造精確度	30. 物體上有害因素
21. 動力 / 功率	+	10, 35, 38	28, 27, 18, 38	10, 19	35, 20, 10, 6	4, 34, 19	19, 24, 26, 31	32, 15, 2	32, 2	19, 22, 31, 2
22. 能源浪費	3, 38	+	35, 27, 2, 37	19, 10	10, 18, 32, 7	7, 18, 25	11, 10, 35	32		21, 22, 35, 2
23. 物質浪費	28, 27, 18, 38	35, 27, 2, 31	+		15, 18, 35, 10	6, 3, 10, 24	10, 29, 39, 35	16, 34, 31, 28	35, 10, 24, 31	33, 22, 30, 40
24. 資訊喪失	10, 19	19, 10		+	24, 26, 28, 32	24, 28, 35	10, 28, 23			22, 10, 1
25. 時間浪費	35, 20, 10, 6	10, 5, 18, 32	35, 18, 10, 39	24, 26, 28, 32	+	35, 38, 18, 16	10, 30, 4	24, 34, 28, 32	24, 26, 28, 18	35, 18, 34
26. 物質的量	35	7, 18, 25	6, 3, 10, 24	24, 28, 35	35, 38, 18, 16	+	18, 3, 28, 40	13, 2, 28	33, 30	35, 33, 29, 31
27. 可靠度	21, 11, 26, 31	10, 11, 35	10, 35, 29, 39	10, 28	10, 30, 4	21, 28, 40, 3	+	32, 3, 11, 23	11, 32, 1	27, 35, 2, 40
28. 量測精確度	3, 6, 32	26, 32, 27	10, 16, 31, 28		24, 34, 28, 32	2, 6, 32	5, 11, 1, 23	+		28, 24, 22, 26
29. 製造精確度	32, 2	13, 32, 2	35, 31, 10, 24		32, 26, 28, 18	32, 30	11, 32, 1		+	26, 28, 10, 36
30. 物體上有害因素	19, 22, 31, 2	21, 22, 35, 2	33, 22, 19, 40	22, 10, 2	35, 18, 34	35, 33, 29, 31	27, 24, 2, 40	28, 33, 23, 26	26, 28, 10, 18	+
31. 有害的副作用	2, 35, 18	21, 35, 2, 22	10, 1, 34	10, 21, 29	1, 22	3, 24, 39, 1	24, 2, 40, 39	3, 33, 26	4, 17, 34, 26	
32. 易製造性	27, 1, 12, 24	19, 35	15, 34, 33	32, 24, 18, 16	35, 28, 34, 4	35, 23, 1, 24		1, 35, 12, 18		24, 2
33. 使用方便性	35, 34, 2, 10	2, 19, 13	28, 32, 2, 24	4, 10, 27, 22	4, 28, 10, 34	12, 35	17, 27, 8, 40	25, 13, 2, 34	1, 32, 35, 23	2, 25, 28, 39
34. 易修理性	15, 10, 32, 2	15, 1, 32, 19	2, 35, 34, 27		32, 1, 10, 25	2, 28, 10, 25	11, 10, 1, 16	10, 2, 13	25, 10	35, 10, 2, 16
35. 適合性 / 適應性	19, 1, 29	18, 15, 1	15, 10, 2, 13		35, 28	3, 35, 15	35, 13, 8, 24	35, 5, 1, 10		35, 11, 32, 31
36. 裝置複雜性	20, 19, 30, 34	10, 35, 13, 2	35, 10, 28, 29		6, 29	13, 3, 27, 10	13, 35, 1	2, 26, 10, 34	26, 24, 32	22, 19, 29, 40
37. 控制複雜度	18, 1, 16, 10	35, 3, 15, 19	1, 18, 10, 24	35, 33, 27, 22	18, 28, 32, 9	3, 27, 29, 18	27, 40, 28, 8	26, 24, 32, 28		22, 19, 29, 28
38. 自動化程度	28, 2, 27	23, 28	35, 10, 18, 5	35, 33	24, 28, 35, 30	35, 13	11, 27, 32	28, 26, 10, 34	28, 26, 18, 23	2, 33
39. 生產力	35, 20, 10	28, 10, 29, 35	28, 10, 35, 23	13, 15, 23		35, 38	1, 35, 10, 38	1, 10, 34, 28	18, 10, 32, 1	22, 35, 13, 24

表 E.8：矛盾矩陣惡化系統參數 21-30 對應改進的參數 21-39

惡化系統參數 ＼ 改進的參數	31. 有害的副作用	32. 易製造性	33. 使用方便性	34. 易修理性	35. 適合性／適應性	36. 裝置複雜性	37. 控制複雜度	38. 自動化程度	39. 生產力
1. 移動件重量	22, 35, 31, 39	27, 28, 1, 36	35, 3, 2, 24	2, 27, 28, 11	29, 5, 15, 8	26, 30, 36, 34	28, 29, 26, 32	26, 35 18, 19	35, 3, 24, 37
2. 固定件重量	35, 22, 1, 39	28, 1, 9	6, 13, 1, 32	2, 27, 28, 11	19, 15, 29	1, 10, 26, 39	25, 28, 17, 15	2, 26, 35	1, 28, 15, 35
3. 移動件長度	17, 15	1, 29, 17	15, 29, 35, 4	1, 28, 10	14, 15, 1, 16	1, 19, 26, 24	35, 1, 26, 24	17, 24, 26, 16	14, 4, 28, 29
4. 固定件長度		15, 17, 27	2, 25	3	1, 35	1, 26	26		30, 14, 7, 26
5. 移動件面積	17, 2, 18, 39	13, 1, 26, 24	15, 17, 13, 16	15, 13, 10, 1	15, 30	14, 1, 13	2, 36, 26, 18	14, 30, 28, 23	10, 26, 34, 2
6. 固定件面積	22, 1, 40	40, 16	16, 4	16	15, 16	1, 18, 36	2, 35, 30, 18	23	10, 15, 17, 7
7. 移動件體積	17, 2, 40, 1	29, 1, 40	15, 13, 30, 12	10	15, 29	26, 1	29, 26, 4	35, 34, 16, 24	10, 6, 2, 34
8. 固定件體積	30, 18, 35, 4	35		1		1, 31	2, 17, 26		35, 37, 10, 2
9. 速度	2, 24, 35, 21	35, 13, 8, 1	32, 28, 13, 12	34, 2, 28, 27	15, 10, 26	10, 28, 4, 34	3, 34, 27, 16	10, 18	
10. 力量	13, 3, 36, 24	15, 37, 18, 1	1, 28, 3, 25	15, 1, 11	15, 17, 18, 20	26, 35, 10, 18	36, 37, 10, 19	2, 35	3, 28, 35, 37
11. 張力、壓力	2, 33, 27, 18	1, 35, 16	11	2	35	19, 1, 35	2, 36, 37	35, 24	10, 14, 35, 37
12. 形狀	35, 1	1, 32, 17, 28	32, 15, 26	2, 13, 1	1, 15, 29	16, 29, 1, 28	15, 13, 39	15, 1, 32	17, 26, 34, 10
13. 物體穩定性	35, 40, 27, 39	35, 19	32, 35, 30	2, 35, 10, 16	35, 30, 34, 2	2, 35, 22, 26	35, 22, 39, 23	1, 8, 35	23, 35, 40, 3
14. 強度	15, 35, 22, 2	11, 3, 10, 32	32, 40, 25, 2	27, 11, 3	15, 3, 32	2, 13, 25, 28	27, 3, 15, 40	15	29, 35, 10, 14
15. 移動件耐久性	21, 39, 16, 22	27, 1, 4	12, 27	29, 10, 27	1, 35, 13	10, 4, 29, 15	19, 29, 39, 35	6, 10	35, 17, 14, 19
16. 靜止件耐久性	22	35, 10	1	1	2		25, 34, 6, 35	1	20, 10, 16, 38
17. 溫度	22, 35, 2, 24	26, 27	26, 27	4, 10, 16	2, 18, 27	2, 17, 16	3, 27, 35, 31	26, 2, 19, 16	15, 28, 35
18. 亮度	35, 19, 32, 39	19, 35, 28, 26	28, 26, 19	15, 17, 13, 16	15, 1, 19	6, 32, 13	32, 15	2, 26, 10	2, 25, 16
19. 移動件消耗能量	2, 35, 6	28, 26, 30	19, 35	1, 15, 17, 28	15, 17, 13, 16	2, 29, 27, 28	35, 38	32, 2	12, 28, 35
20. 固定件消耗能量	19, 22, 18	1, 4					19, 35, 16, 25		1, 6

表 E.9：矛盾矩陣惡化系統參數 31-39 對應改進的參數 1-20

改進的參數 \ 惡化系統參數	31. 有害的副作用	32. 易製造性	33. 使用方便性	34. 易修理性	35. 適合性／適應性	36. 裝置複雜性	37. 控制複雜度	38. 自動化程度	39. 生產力
21. 動力／功率	2, 35, 18	26, 10, 34	26, 35, 10	35, 2, 10, 34	19, 17, 34	20, 19, 30, 34	19, 35, 16	28, 2, 17	28, 35, 34
22. 能源浪費	21, 35, 2, 22		35, 32, 1	2, 19		7, 23	35, 3, 15, 23	2	28, 10, 29, 35
23. 物質浪費	10, 1, 34, 29	15, 34, 33	32, 28, 2, 24	2, 35, 34, 27	15, 10, 2	35, 10, 28, 24	35, 18, 10, 13	35, 10, 18	28, 35, 10, 23
24. 資訊喪失	10, 21, 22	32	27, 22				35, 33	35	13, 23, 15
25. 時間浪費	35, 22, 18, 39	35, 28, 34, 4	4, 28, 10, 34	32, 1, 10	35, 28	6, 29	18, 28, 32, 10	24, 28, 35, 30	
26. 物質的量	3, 35, 40, 39	29, 1, 35, 27	35, 29, 25, 10	2, 32, 10, 25	15, 3, 29	3, 13, 27, 10	3, 27, 29, 18	8, 35	13, 29, 3, 27
27. 可靠度	35, 2, 40, 26		27, 17, 40	1, 11	13, 35, 8, 24	13, 35, 1	27, 40, 28	11, 13, 27	1, 35, 29, 38
28. 量測精確度	3, 33, 39, 10	6, 35, 25, 18	1, 13, 17, 34	1, 32, 13, 11	13, 35, 2	27, 35, 10, 34	26, 24, 32, 28	28, 2, 10, 34	10, 34, 28, 32
29. 製造精確度	4, 17, 34, 26		1, 32, 35, 23	25, 10		26, 2, 18		26, 28, 18, 23	10, 18, 32, 39
30. 物體上有害因素		24, 35, 2	2, 25, 28, 39	35, 10, 2	35, 11, 22, 31	22, 19, 29, 40	22, 19, 29, 40	33, 3, 34	22, 35, 13, 24
31. 有害的副作用	+					19, 1, 31	2, 21, 27, 1	2	22, 35, 18, 39
32. 易製造性		+	2, 5, 13, 16	35, 1, 11, 9	2, 13, 15	27, 26, 1	6, 28, 11, 1	8, 28, 1	35, 1, 10, 28
33. 使用方便性		2, 5, 12	+	12, 26, 1, 32	15, 34, 1, 16	32, 26, 12, 17		1, 34, 12, 3	15, 1, 28
34. 易修理性		1, 35, 11, 10	1, 12, 26, 15	+	7, 1, 4, 16	35, 1, 13, 11		34, 35, 7, 13	1, 32, 10
35. 適合性／適應性		1, 13, 31	15, 34, 1, 16	1, 16, 7, 4	+	15, 29, 37, 28	1	27, 34, 35	35, 28, 6, 37
36. 裝置複雜性	19, 1	27, 26, 1, 13	27, 9, 26, 24	1, 13	29, 15, 28, 37	+	15, 10, 37, 28	15, 1, 24	12, 17, 28
37. 控制複雜度	2, 21	5, 28, 11, 29	2, 5	12, 26	1, 15	15, 10, 37, 28	+	34, 21	35, 18
38. 自動化程度	2	1, 26, 13	1, 12, 34, 3	1, 35, 13	27, 4, 1, 35	15, 24, 10	34, 27, 25	+	5, 12, 35, 26
39. 生產力	35, 22, 18, 39	35, 28, 2, 24	1, 28, 7, 10	1, 32, 10, 25	1, 35, 28, 37	12, 17, 28, 24	35, 18, 27, 2	5, 12, 35, 26	+

表 E.10：矛盾矩陣惡化系統參數 31-39 對應改進的參數 21-39

E3 質場分析對應發明標準表

質場分析可以根據問題種類來決定使用哪種標準解，以下是圖 E.3 對應流程。

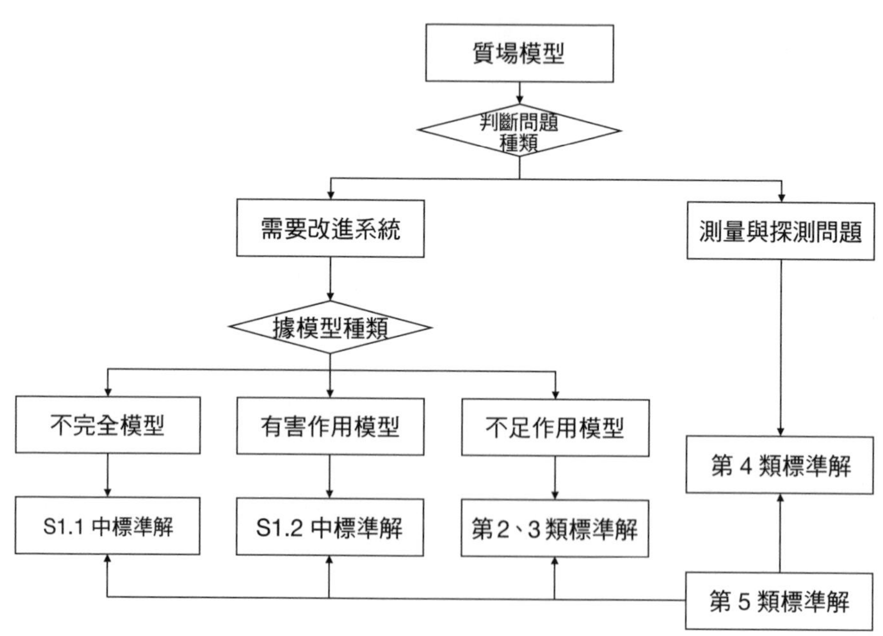

圖 E.3：標準解系統的一般應用流程

接下來將五類標準解表格以表 E.11 到表 E.15 來說明：

第一類、質場模型的建立與分解（含 13 個標準解）：

子系統	名稱（標準解號碼）	概述
1.1	改善不足系統的性能	
1.1.1	建立質場模型（1）	完成一個不完整的模型。如果只有一個對象 S1，則添加第二個對象 S2 和一個交互作用。
1.1.2	內部合成性質場模型（2）	無法更改系統，但是可以接受永久性或臨時性添加劑。 S1 或 S2 中加入內部添加劑 S3。
1.1.3	外部合成性質場模型（3）	與 1.1.2 中的相同，但是使用永久或臨時外部添加劑 S3 來更改 S1 或 S2。
1.1.4	含環境的外部質場模型（4）	像 1.1.2 中一樣，但是使用來自環境的資源作為內部或外部的添加劑 S3。
1.1.5	含環境與添加物的質場模型（5）	與 1.1.2 中的相同，但修改或更改系統的環境。
1.1.6	最小模式（6）	難以實現少量的精確控制。透過應用和刪除剩餘來控制少量。
1.1.7	最大模式（7）	如果可以施加不足以達到預期效果的中等磁場，並且較大的磁場會損壞系統，則可以將較大幅度的磁場應用於可以與原始元素鏈接的另一個元素。同樣的，可以使用不能直接發揮全部作用，但可以透過與另一種物質連接而達到所需效果的物質。
1.1.8	選擇的最大模式（8）	需要大／強和小／弱效應的模式。需要較小作用的位置可以用物質 S3 保護。示例：小玻璃安瓿瓶被火焰密封，但是火焰產生的熱量會使藥物降解。將安瓿浸入水中以保持藥物處於安全溫度。 子類別 1.1.8 有 2 個子群組 1.1.8.1 及 1.1.8.2。

1.2	消除或中和有害效應	
1.2.1	引入物質 S3，消除兩者之間的有害相互作用（9）	當前設計中存在有用和有害的影響。S1 和 S2 不必直接接觸。透過引入 S3 消除有害影響。
1.2.2	引入修改過後的物質 S1 或／和 S2，消除兩者之間的有害相互作用（9）	與 1.2.1。相似，但是不能添加新物質。透過修改 S1 或 S2 消除有害影響。該解決方案包括添加「無」——空隙，空洞，真空，空氣，氣泡，泡沫等，或添加充當附加物質的字段。
1.2.3	脫去有害行動（10）	有害動作是由田野引起的。引入元素 S3 以吸收有害影響。
1.2.4	用 F2 來抵消有害行為（11）	在元素 S1 和 S2 必須接觸的系統中存在有用和有害的影響。透過使 F2 中和有害作用來抵消 F1 的有害作用或獲得其他有用的作用。
1.2.5	關閉電磁影響（12）	由於系統中元素的磁性，可能存在有害影響。可以透過將磁性物質加熱到居里點以上，或透過引入相反的磁場來消除這種影響。

表 E.11：質場分析標準表第一類

資料來源：曾念民老師「質場分析與 76 標準解講義」及 TRIZ Journal [3]

3. 出處：https://triz-journal.com/seventy-six-standard-solutions-examples-section-one/

第二類、強化質場模型（23 個標準）：

子系統	名稱	概述
2.1	**合成質場模型強化**	
2.1.1	鏈結質場模型（13）	透過將 S2 和 F1 應用於 S3，從而將 F2 應用於 S1，將單個模型轉換為鍊式模型。兩個模型的順序可以獨立控制。
2.1.2	雙質場模型（14）	控制不力的系統需要改進，但不能更改現有系統的元素。可以將第二場應用於 S2
2.2	強化質場模型	
2.2.1	使用更容 控制的場（15）	用更容易控制的字段替換，或添加到控制不佳的字段。從重力場到機械場，就像從機械手段到電氣或從機械到磁場，都提供了更多的控制。這是系統從物理接觸的對象發展為由字段完成的動作的進化模式之一。
2.2.2	S2 的分割（16）	將 S2 從宏觀級別更改為微觀級別，即，代替岩石，考慮使用粒子。該標準實際上是從宏觀到微觀的演進模式。
2.2.3	應用具有毛細管或多孔的物質（17）	將 S2 更改為允許氣體或液體通過的多孔或毛細管材料通過。
2.2.4	動態化（18）	使系統更具靈活性或適應性；變得更有活力是進化的另一種模式。常見的過渡是從實心系統到鉸接系統再到連續柔性系統。
2.2.5	結構場（19）	將不受控制的場更改為具有可能是永久或臨時的預定模式的場。
2.2.6	結構物質（20）	將均勻物質或不受控制的物質更改為具有預定空間結構的非均勻物質，該空間結構可以是永久性或臨時性的。
2.3	**控制頻率以匹配或不匹配一個或兩個元素的固有頻率以提高性能**	

2.3.1	場 F 與物質 S1 和 S2 的匹配節奏（21）	在產品或工具的自然頻率上匹配或不匹配。
2.3.2	物質 S1 和 S2 的匹配節奏（22）	匹配 F1 和 F2 的節奏，一個動作暫停會讓另一個有用的動作盈滿。
2.3.3	匹配互不相容或之前獨立的動作（23）	通過在彼此的停機時間內運行每個不兼容或獨立的動作，可以完成兩個動作。
2.4	**引入磁性添加物強化質場模型**	
2.4.1	預鐵場模型（24）	向系統中添加鐵磁材料和／或磁場。
2.4.2	鐵場模型（25）	組合 2.2.1（進入更多受控磁場）和 2.4.1（使用鐵磁材料和磁場）。
2.4.3	磁性液體（26）	使用磁性液體強化鐵場模型。
2.4.4	應用毛細管（或多孔）結構的鐵場模型（27）	使用包含磁性顆粒或液體的毛細管結構。
2.4.5	合成鐵場模型（28）	使用添加劑（例如塗層）賦予非磁性物體磁性。可以是臨時的或永久的。
2.4.6	結合環境的鐵場模型（29）	如果不可能使物體磁性，則將鐵磁粒子引入環境，通過磁場來改變環境，從而實現對系統的控制。
2.4.7	利用自然現象和效應（30）	使用自然現象（例如，物體與磁場對齊或鐵磁性在居里點上方消失）。
2.4.8	動態化（31）	將系統結構轉化為柔性的、可變的（或可自適應的）來提高系統的動態性。
2.4.9	結構化（32）	透過引入鐵磁粒子來修改材料的結構，然後施加磁場以移動粒子。更一般地，根據情況從非結構化系統到結構化系統的轉換，反之亦然。

2.4.10	在鐵場模型中匹配節奏（33）	匹配鐵場模型中的節奏。在宏觀系統中，這是利用機械振動來增強鐵磁粒子的運動。在分子和原子水平上，可以透過響應於變化的磁場頻率的電子共振頻率的頻譜來識別材料成分。
2.4.11	利用電場模型（34）	引入電流，利用電磁場與電流效應，建構電場模型。
2.4.12	流變的液體（35）	對禁止使用磁性液體的場合，可用變液體來代替。變液體具有通過電場控制的黏度。它們可以結合此處的任何方法使用。可以模擬液相／固相轉變。

表 E.12：質場分析標準表第二類

資料來源：曾念民老師「質場分析與 76 標準解講義」及 TRIZ Journal [4]

4. 出處：https://www.metodolog.ru/triz-journal/archives/2000/03/d/index.htm

第三類、過渡到宏觀層面和微觀層面（6 個標準）

子系統	名稱	概述
3.1	**過渡到宏觀層面**	
3.1.1	系統進化 1a：創建雙、多系統（36）	建構系統跟其他系統，以創建雙系統和多系統。
3.1.2	強化雙、多系統間的連接（37）	改善雙系統和多系統中的鏈接。
3.1.3	系統進化 1b：加大元素間的差異性（38）	由同樣的元素到具備轉移特性的元素，到倒置特性的結合。
3.1.4	雙、多系統的簡化（39）	首先是犧牲輔助部件，完整地簡化雙、多系統再變成單系統，然後整個循環重複在新階段。
3.1.5	系統進化 1c：使系統部分與整體具有相反的特性（40）	藉由分離系統間不完整的特性，整個系統最後具備特性，但是部分相反的特性。
3.2	**過渡到微觀層面**	
3.2.1	系統進化 2：過渡到微觀層面（41）	發展過渡到微觀層面的產品／系統。

表 E.13：質場分析標準表第三類

資料來源：曾念民老師「質場分析與 76 標準解講義」及 TRIZ Journal [5]

5. 出處：https://www.metodolog.ru/triz-journal/archives/2000/05/b/index.htm

第四類．測量與檢測的標準解（17 個標準解）

子系統	名稱	概述
4.1	**間接方法**	
4.1.1	改變系統，替代檢測或測量（42）	改變系統，使檢測或測量不再需要。
4.1.2	應用複製品（43）	如果無法使用 4.1.1，請測量副本或圖像。
4.1.3	兩次檢測來替代測量（44）	如果無法使用 4.1.1 或 4.1.2，請使用 2 次檢測而不是連續測量。
4.2	**改善測量系統**	
4.2.1	測量質場模型（45）	如果無法檢測或測量不完整的質場系統，則會創建一個以場為輸出的單或雙質場系統。如果現有場不足，請在不干擾原始系統的情況下更改或增強該字段。新的或增強的場應具有易於檢測的參數，該參數與我們需要知道的參數相關。
4.2.2	合成測量質場模型（46）	測量引入的添加劑。引入對原始系統中的更改有反應的添加劑，然後測量該添加劑中的更改。
4.2.3	測量含環境的質場模型（47）	如果什麼都不能添加到系統中，則檢測或測量由於環境引入添加物後產生的變化
4.2.4	獲取環境中的添加物（48）	如果不能按照 4.2.3 中的方法將添加劑引入系統的環境中，請透過分解或更改環境中已有物質的狀態來創建它們，並測量系統對這些已創建的添加劑的影響。
4.3	**測量系統的增強**	
4.3.1	利用物理效應和現象（49）	應用自然現象。使用已知在系統中發生的科學效應，並透過觀察效應的變化來確定系統的狀態。

4.3.2	測量系統整體或部分的固有震盪頻率（51）	如果無法直接或透過磁場確定系統中的變化，請測量系統或元件的激發諧振頻率以測量變化。
4.3.3	應用引入物質的共振震盪（52）	如果 4.3.2 不可能，則測量與另一個已知屬性連接的對象的共振頻率。
4.4	**測量鐵磁場**	
4.4.1	測量預鐵場模型（53）	添加或利用系統中的鐵磁物質和磁場（借助於永磁體或電流迴路）以方便測量。
4.4.2	測量鐵場模型（54）	將磁性顆粒添加到系統中或將物質更改為鐵磁性顆粒，以透過檢測所產生的磁場來促進測量。
4.4.3	合成測量鐵場模型（55）	如果無法將鐵磁顆粒直接添加到系統中，或者無法用鐵磁顆粒替代某種物質，請透過將鐵磁添加劑放入該物質中來構建複雜的系統。
4.4.4	測量含環境的鐵場模型（56）	如果無法將鐵磁粒子添加到環境中，請將它們添加到環境中。
4.4.5	應用與磁性效應和現象（57）	測量與磁性有關的自然現象的影響，例如居里點、磁滯、超導的猝滅，霍爾效應等。
4.5	**測量系統的發展方向**	
4.5.1	向雙系統和多系統轉化（58）	過渡到雙系統和多系統。如果單個測量系統不能提供足夠的精度，請使用兩個或多個測量系統，或者進行多次測量。
4.5.2	發展方向（59）	利用測量時間或空間的一階或二階導數來代替直接參數的測量。

表 E.14：質場分析標準表第四類

資料來源：曾念民老師「質場分析與 76 標準解講義」及 TRIZ Journal [6]

6. 出處：https://www.metodolog.ru/triz-journal/archives/2000/06/e/index.htm

第五類、申請標準解的標準（17 個標準）

子系統	名稱	概述
5.1	**物質的引入**	
5.1.1	間接方法（60）	
5.1.1.1		什麼都不要使用：添加空氣、真空、氣泡、泡沫、空隙、空心、毛細管等等。
5.1.1.2		使用場代替物質。
5.1.1.3		使用外部添加劑代替內部添加劑。
5.1.1.4		使用少量非常活潑的添加劑。
5.1.1.5		將添加劑濃縮在特定位置。
5.1.1.6		暫時引入添加劑。
5.1.1.7		如果原件中不允許添加添加劑，請使用可在其中使用添加劑的對象的副本或模型，而不是原始對象。在現代用途中，這將包括使用模擬和添加劑的副本。
5.1.1.8		引入發生反應的化學化合物，生成所需的元素或化合物，而引入所需的材料將是有害的。
5.1.1.9		透過分解環境或物體本身來獲得所需的添加劑。
5.1.2	分解物質（61）	將元素分成較小的單元。
5.1.3	自消失的物質（62）	添加物在使用後會自行消除。
5.1.4	引入大量物質（63）	應用充氣結構或泡沫等「虛無物質」的添加物。
5.2	**場的引入**	
5.2.1	已存在的場的多重使用（64）	使用一個場導入以創建另一個場。
5.2.2	引入環境中已存在的場（65）	試著去應用環境中已存在的場。

5.2.3	應用可以創造場的物質（66）	使用在環境或系統中的可以產生場的物質。
5.3	**使用相變**	
5.3.1	相變 1：變換狀態（67）	既有存在物質的相變化。
5.3.2	相變 2：動態相位狀態（68）	應用能夠按照工作狀態動態化變換的物質。
5.3.3	相變 3：利用伴隨的現象（69）	利用相變過程中伴隨的現象。
5.3.4	相變 4：過渡到兩相狀態（70）	實現系統由單一特性向雙特性的轉換。
5.3.5	階段的相互作用（71）	各階段的相互作用。透過在系統的各個元素之間或系統的各個階段之間進行交互，來提高系統的效率。
5.4	**使用物理效應**	
5.4.1	自我控制的過渡（72）	如果一個對象必須處於幾種不同的狀態，它本身應該從一種狀態過渡到另一種狀態。
5.4.2	加強輸出場（73）	輸入場較弱時加強輸出場。 通常透過在相變點附近工作來完成。
5.5	**生成更高或更低形式的物質**	
5.5.1	透過分解獲得物質粒子（74）	透過分解更高階物質獲得粒子（離子，原子，分子等）。
5.5.2	透過結合獲得物質顆粒（75）	透過結合低階粒子獲得顆粒。
5.5.3	兼用 5.5.1 和 5.5.2 獲得物質粒子（76）	應用標準解決方案 5.5.1 和 5.5.2。如果必須分解高結構水平的物質，而又不能分解，則從下一個最高水平的物質開始。同樣的，如果某種物質必須由低結構水平的材料形成，而不能由低結構水平的材料形成，則從下一個較高的結構水平開始。

表 E.15：質場分析標準表第五類

資料來源：曾念民老師「質場分析與 76 標準解講義」及 TRIZ Journal [7]

7. 出處：https://www.metodolog.ru/triz-journal/archives/2000/07/b/index.htm

最後為了方便大家從案例中多了解作法，這裡列出 TRIZ Journal 中各類系統對應的案例網頁 QR code，用手機掃描就可以看到。

類別系統	案例說明網頁
第一類、質場模型的建立與分解	
第二類、強化質場模型	
第三類、過渡到宏觀層面和微觀層面	
第四類、測量與檢測的標準解	
第五類、申請標準解的標準	

表 E.16：質場分析案例查詢的 TRIZ Journal 網頁 QR code 表

E4 ARIZ 85c 資料

ARIZ 85c 的相關資料有以下連結

說明	連結
法國國立斯特拉斯堡應用科學學院提供的 ARIZ Theory and Practice 簡報 其中第 56 頁到 74 頁為空白，可直接印出一步接一步第按照步驟執行的 ARIZ 85c 工作書。	
ARIZ 85c 中文流程（含各部分英文內容說明連結）	

11 項分離原理說明連結網頁	
牛津科學效應資料庫免費連結網頁	

表 E.17：ARIZ 85c 相關資料連結網頁 QR code 表

物理矛盾的 11 項分離原則中文說明：

序號	原理敘述	案例說明
1	空間分離衝突的屬性	為了抑制礦井在山區作業期間中的粉塵，提出透過由大液滴形成的「錐體」包圍小液滴的噴射。
2	時間分離衝突的屬性	機翼幾何形狀在不同需求時間下變化的飛機，見發明標準 1.2.3。
3	系統過渡 1a：超級系統中同類或異構系統的組合	在同一個網路中的電腦，可以用聯網連接使用一台印表機，見發明標準 3.1.1
4	系統過渡 1b：從系統過渡到反系統或系統與反系統的組合	為了止血，使用了具有不同組有血的餐巾，見發明標準 3.1.3
5	系統轉換 1c：整個系統的屬性為 X，而其部分的屬性與 X 相反（反 X）	用來抓握複雜形狀元件的老虎鉗的工作部件是由能夠相對移動的分段襯套製成，而各種形狀的物品都可以快速輕鬆地抓住。本身具備零件堅固，但固定裝置柔軟的特性。
6	系統過渡 2：過渡到可在微觀水平上使用的系統	為了提高精度，代替「機械絲攻」（mechanical tap），轉而使用具有不同的熱膨脹係數「熱攻絲」（thermal tap）的零件。
7	相變 1：替換系統部分或外部環境的相態	建議使用液化氣，而不是礦井中的氣動系統使用壓縮氣，見發明標準 5.3.1。

8	相變 2：系統部件的雙相狀態（使用能夠根據工作條件從一種轉換為另一種的物質	為了提高熱交換器的性能，使用了用鎳鈦合金製成「花瓣」（表面上有小的扁平部件）的方法。當溫度升高時，「花瓣」並沒有彎曲，而是增加了熱交換器的工作區域（因為形狀記憶效應），見發明標準 5.3.2。
9	相變 3：使用與相變相關的現象	因為融冰減少摩擦，使用冰條做為支撐運輸冷凍的貨物，見發明標準 5.3.3。
10	相變 4：取代具有雙相態的單相物質	為了拋光某些元素，拋光介質由熔化的鉛和鐵磁磨料顆粒組成，發明標準 5.3.4、5.3.5。
11	物理化學轉變：由於分解－結合，電離－結合而導致的物質出現－消失	木製軸承的摩擦表面透過氨塑化。為了提高生產率並降低製程成本，使用在加工過程中受熱分解的銨鹽，見發明標準 5.51、5.5.2。

表 E.18：物理矛盾的 11 項分離原理中文說明，資料來源：Altshuller, ARIZ 85c 一書表 2。

附錄 F
中華亞太智慧物聯發展協會成員及合作夥伴提供的服務

台灣有 96% 的企業是中小企業，中華亞太智慧物聯發展協會是為了協助台灣中小企業數位轉型成立的協會，此協會有很多會員來自台灣人工智慧學校校友。協會現有四大榮譽顧問：前行政院長張善政、二代大學校長李紹唐、新漢股份有限公司董事長林茂昌（也是本會智慧製造首席顧問），以及台灣人工智慧學校代執行長蔡明順。

為了方便大家更進一步了解，下面就協會成員及重要合作夥伴公司的能力，分為數位轉型輔導與教練、智慧場域，以及智慧產品三個類別做說明：

類別	公司：提供服務方向
一、數位轉型輔導與教練	昱創企管顧問有限公司：AIoT、智慧製造、智慧物流、智慧照護、智慧零售。 智能演繹股份有限公司：AI 顧問、智慧零售。
二、智慧場域	新漢智能系統股份有限公司及創博股份有限公司：智慧工廠、智慧農業、智慧零售、智慧城市、資訊安全。 精誠資訊股份有限公司：AI+、智慧製造、資訊安全。 至德科技有限公司：智慧製造。 先知科技股份有限公司：智慧製造。 慧穩科技有限公司：智慧製造。 谷林運算股份有限公司：智慧製造。 智能演繹股份有限公司：AI 顧問、智慧零售。 鍠麟機械有限公司：智慧農業。 智慧價值股份有限公司：AI 服務。 群邁通訊股份有限公司：智慧醫療、物聯網。
三、智慧產品	桓竑智聯股份有限公司：IOEX 去中心化組網。 智來科技股份有限公司：智慧家庭、機器人。 品感覺：家電跟 AIoT。 新聚能科技公司：專利相關服務。

中華亞太智慧物聯發展協會的 QR code 如下，歡迎大家上網查詢最新資訊：

一、數位轉型輔導與教練

昱創企管顧問有限公司

昱創企管顧問有限公司成立於 2015 年，是本書作者裴有恆理事長成立的公司。目前針對各行各業提供數位轉型輔導服務，其所提供的輔導架構為書中所提，目前已經輔導與教練過中華郵政、晶睿通訊、台灣康健雜誌、新北市工業會、東大輪胎、神經元科技、亞司媒體、矽爵，以及美商訊能集思智能科技。

智能演繹股份有限公司

智能演繹股份有限公司為一針對零售業之 AI 顧問服務公司，其服務項目有兩種：

1. 協助企業收集資料，依據描述性分析、診斷性分析、預測性分析，階段產生分析數據。
2. 協助客戶將所有企業內無法量化的資料化為數據，儲存於 CDP 平台，協助客戶經由數位儀錶板做好關鍵決策，降低決策風險，提高企業獲利率。

二、智慧場域

新漢智能系統股份有限公司及創博股份有限公司

新漢股份有限公司於 1992 年成立，1995 年跨入工業電腦領域，2012 年成立智能監控事業部，並於 2014 年成立新漢智能系統股份有限公司，2018 年成立創博股份有限公司。

新漢智能的 IoT Automation Solution 解決方案包含「工業 4.0 諮詢與專案執行」、「SCADA[1] 自動化產線」、「智能化邊緣運算及網關閘道方案」、「企業私有雲及戰情室建構」，以及「工業電腦及人機介面」等。以 iAT2000 為解決方案主體，並建置工業物聯網大中台。

創博股份有限公司以 iRPA2000 為解決方案，提供「工業機器人及控制器」、「教育型機器人及教育方案」、「EtherCAT 運動控制及 CNC」、「雲端機器聯網解決方案」，以及「機器人智能產線方案 RPA」等系統整合服務。

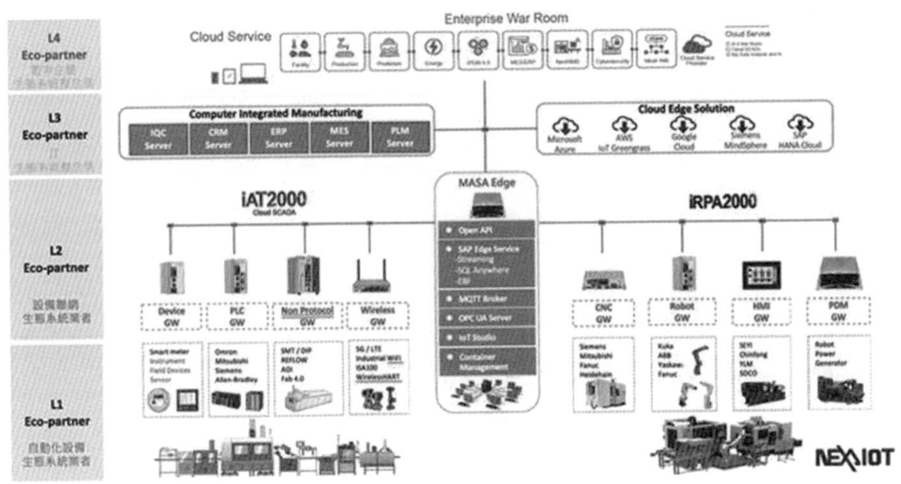

圖 F.1：新漢智能的工業物聯網大中台，圖源：新漢智能

1. SCADA：Supervisory Control And Data Acquisition，資料採集與監控系統，一般是有監控程式及資料收集能力的電腦控制系統。可用在工業程式、基礎設施或是裝置中。

新漢智能目前已在石化業、工具機業、電子業、印刷業、玩偶橡膠業、半導體業，以及養殖業有不錯實績。

精誠資訊股份有限公司

精誠資訊股份有限公司成立於 1997 年，為台灣資訊服務產業龍頭企業，擁有豐富的產業服務經驗與多元解決方案，近年來協助多家製造業轉型升級，是企業信賴的長期合作夥伴。

精誠資訊的智慧製造解決方案：

1. 全方位智慧營運戰情室：為企業打造 3D/2D 數位工廠環境，以多維度可視化方式，即時呈現各地工廠生產營運狀況，讓管理者能即時洞悉整體營運，展現精準決策力。支援本地部署和雲端部署模式。效益：縮短產線人員上線時間 50%，異常排除時間提升 30%。代表客戶：工業電腦之市場領導業者、知名聚酯工業原料供應業者等。
2. 品質管理（QC）智慧化平台：協助企業落實生產線品質管理，即時與定時回饋品質管理數據，落實產線品質管控能力。效益：QC 報表彙整工時節省 95%，品管問題解決效率提升 50%。代表客戶：TFT-LCD 表面貼裝技術生產之市場領導業者、知名多晶模組封裝之領導業者等。
3. 生產資訊管理（PIS）與原物料管理（MMS）：協助製造業在短時間內提升產線掌握度與透明度，達到生產履歷透明化，並可與庫存量進行交叉比對。效益：稼動率提升 20%、即時顯示庫存與儲位規劃、盤點作業簡化、縮減人力成本、作業員工時有效掌控。代表客戶：羽絨市場領導業者、筆電與顯示器樞紐領導業者。
4. 全球經銷商詢議價系統（Trading System）：整合 ERP 採購訂單等資

訊，納入工廠管理平台交期與成本管理，協助擁有海外經銷商的企業之經銷體系彈性化。效益：回應經銷商詢議價時間從 12 小時縮減為 10 秒、商品價目表更新從 30 天進階為即時更新的全 e 化管理。代表客戶：自動辨識產品和系統的設計製造之市場領導業者等。

5. 智慧 ERP 解決方案：提供 IT 基礎架構的硬體採購、建置規劃、導入實現到維運的一站式 end-to-end 服務，透過創新應用與加值服務，完善部署資訊架構，以滿足企業對 IT 的所有需求。代表客戶：晶圓代工製造之市場領導業者、電源供應器之市場領導業者等。

精誠智慧製造解決方案如下圖：

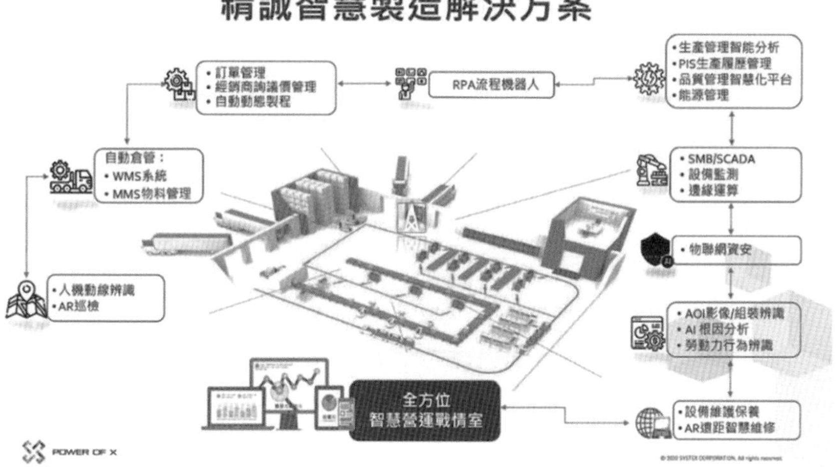

圖 F.2：精誠資訊的智慧製造解決方案，圖源：精誠資訊

至德科技有限公司

至德科技成立於 2014 年 7 月，為一提供工業 4.0 解決方案的新創公司，針對新呈工業這個線材業的場域，已完成布建工業 4.0 製造平台，包含以下功能：

1. 雲端 CAD [2]+PLM [3]即時設計
2. RPA 業務流程自動化
3. 工單自動派工及 AI 解決方案
4. AIoT、線束加工和檢測設備代理
5. 雲端設計即時工單生產 + 數位戰情
6. 雲端 MES [4]、OEE [5]+，ABC [6]分析

這套方案適用於規模不大的中小企業。

2. CAD：Computer Aided Design，電腦輔助設計，用電腦來協助相關設計工作。
3. PLM：Product Lifecycle Management 產品生命週期管理，從產品誕生到消亡的產品生命週期全過程應用方案。
4. MES：Manufacture Execution System，製造執行系統，在產品從工單發出到成品完工的過程中，管理傳遞信息以優化生產活動的系統。
5. OEE：Overall Equipment Efficiency，整體設備效率，評量生產設施有效運作的指標。
6. ABC：Activity Based Cost，作業基礎成本法，製造產品或提供服務需要耗費「作業」，成本以作業為基礎計算。

圖 F.3：至德科技的工業 4.0 製造平台，圖源：至德科技

先知科技股份有限公司

先知科技股份有限公司於 2009 年 10 月成立，現提供預測性維護、原料組合最佳化、品質保證、自動流程控制／製程優化，以及瑕疵檢測等五大 AI 智慧製造服務。

1. 預測性維護：可協助客戶利用 AI 技術進行設備的預測性維護，再藉由擴增實境及虛擬實境大幅增進人員效率。
2. 原料組合最佳化：利用 AI 演算法，再藉由歷史資料、先知科技即可為客戶計算出產品的最佳原料組合，提升產品良率。
3. 品質保證：透過自動虛擬量測可利用生產過程中的機台資訊預測出產線上的量測項目，達成 100% 即時全檢。

4. 自動流程控制／製程優化：結合自動虛擬量測模型和控制技術，與客戶系統進行前傳或後傳應用，為客戶可找出生產線中影響良率的關鍵站點，進行製程優化，協助客戶確保產品品質，同時達到產品零缺陷。
5. 瑕疵檢測：利用卷積神經網路，精準地為客戶進行 AOI [7] 分類瑕疵與檢測。

目前已在半導體產業、光電產業及扣件產業導入其解決方案。

圖 F.4：先知科技 AI 智慧製造應用服務模式，圖源：先知科技

---

7. AOI：Automated Optical Inspection，自動光學檢查，為高速高精度光學影像檢測系統，運用機器視覺做為檢測標準技術。

慧穩科技有限公司

慧穩科技成立於 2016 年，深耕於視覺影像應用，採用深度學習為 AI 技術核心。為客戶提供客製化的視覺影像應用方案，業務包含 AI 視覺影像辨識軟體開發、產線自動化軟硬體整合、設備監控軟體客製化，以及人臉辨識應用。

慧穩科技服務模式是透過討論及了解客戶需求，然後收集內外部資料整理與量化，將資料轉為數據並做分析，以此建立數據分析平台，並訓練及驗證人工智慧模式，最後擬定策略，並提供人工智慧軟硬體解決方案。

慧穩科技已幫助很多廠商完成工廠導入視覺辨識，包括高爾夫球製造商、鞋類製造商、紡織布料製造商等。

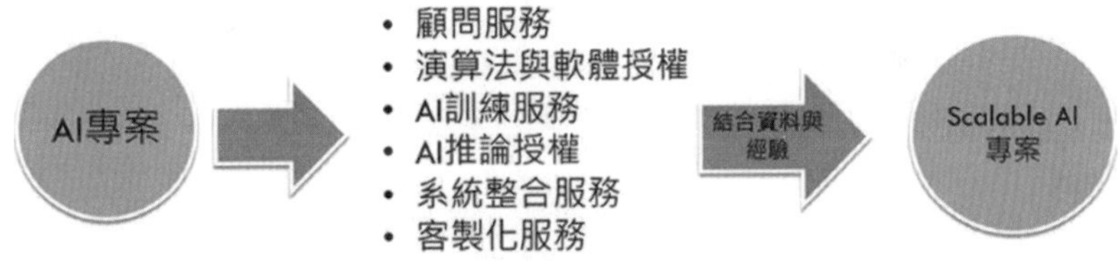

圖 F.5：慧穩科技服務模式，圖源：慧穩科技

谷林運算股份有限公司

谷林運算（GoodLinker）是一家於 2018 年成立的新創公司，以邊緣運算技術打造可靠、友善互動系統，能快速將產線機台運作資料視覺化，讓企業主可以隨時隨地掌握工廠狀況。

目前使用 AWS 雲服務，提供雲端 SCADA 系統。所開發的邊緣運算系統 LASSIE 能主動將感測器搜集的訊號經 AWS IoT Core 加密協議上傳至 AWS 雲端伺服器，具分擔雲端負載量功能及做雙向溝通設定之用，安全可靠。目前已具備「燈塔監控解決方案」、「面板監控解決方案」、「動作監控解決方案」，以及「溫濕度／電流監控解決方案」。具備不挑機台、極速導入、隨時掌握的特點。

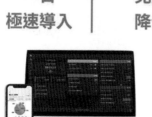

圖 F.6：谷林運算 LASSIE 設備智慧監控系統，圖源：谷林運算

智能演繹股份有限公司

智能演繹股份有限公司除了做數位轉型輔導外，也提供 AI 會員系統，協助餐飲業快速進入新零售的世界。這套系統使用 AI 人臉辨識結合會員系統、提供 Line 訂位服務系統、雲端租賃方式，並依照大數據分析客戶喜好，來決定行銷模式等功能。

也就是說，這套系統具備六大線上系統，包含線上訂位、會員管理、人臉辨識、紅利回饋，和問卷調查與後台分析等。

圖 F.7：智能演繹的 AI 會員系統，圖源：智能演繹

鍠麟機械有限公司

鍠麟機械有限公司成立於 2013 年，提供智慧農業的解決方案。

Greenbelt 智慧環控專家系統為鍠麟機械有限公司與智慧價值股份有限公司合作產出的系統。智慧價值負責雲端軟體平台與人工智慧相關軟體，其餘部分由鍠麟機械負責。

Greenbelt 系統主要為農業設施生產物聯網系統（感測層、網路層、平台層及應用層等），透過對生長環境、施肥、施藥、病蟲害等之網路監測與監控。並分析作物生長模式之大數據，達成對作物生理管理及行銷管理。[8]

8. 資料來源：鍠麟機械有限公司官網

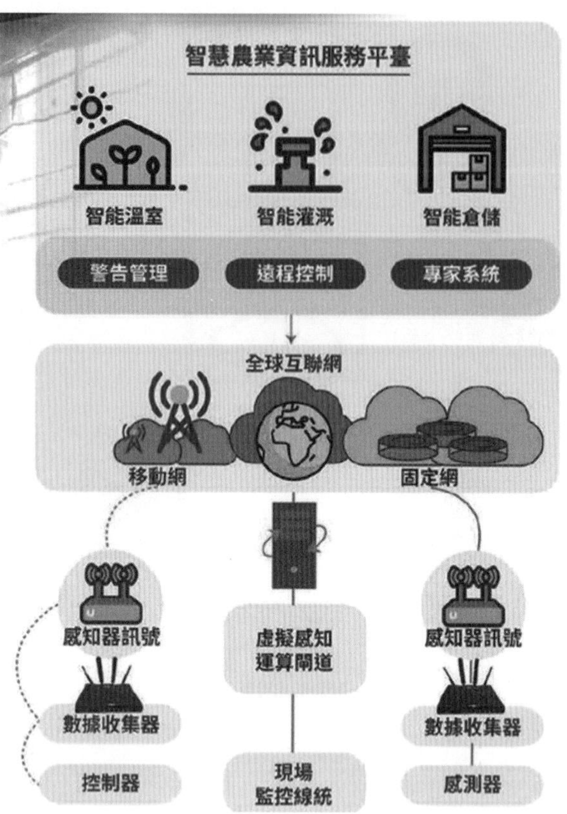

圖 F.8：Greenbelt 農業資訊服務平台

鍠麟機械目前已經有農業試驗所、神來牧場、桃園農博、ADI 公司等實證客戶。

智慧價值股份有限公司

智慧價值股份有限公司為一客製化的研發服務中心：

1. 雲端軟體平台整合開發／ AI 導入 ,UX 體驗 設計／收費模式設計

2. 提供客戶強大堅實且多元化配合方案的專業研發服務

3. 協助客戶把舊有產品轉換開發成 SaaS 軟體服務

4. 專業的研發能力，提供全客製化的研發團隊服務

5. 整合研發服務提供／平台開發／軟體開發／ AI 研發／智能 CRM

現有 IOT ／ AI ／數據 BI ／資安／ CRM 相關客戶。

群邁通訊股份有限公司

鴻海集團子公司群邁通訊提供了 FUX 智慧醫療 AIoT 系統，是利用低功耗藍芽（BLE）室內定位為核心，融合人工智慧與物聯網的應用。目前已進入台大癌醫中心、台大金山分院、馬偕醫院、雙和醫院等多家大型醫院。

如圖 F.9 顯示，這個系統在醫院可應用在醫療暴力防治、傳染病管制、病患求救定位、餐車定位及溫濕度記錄管理、護理站交換設備設備

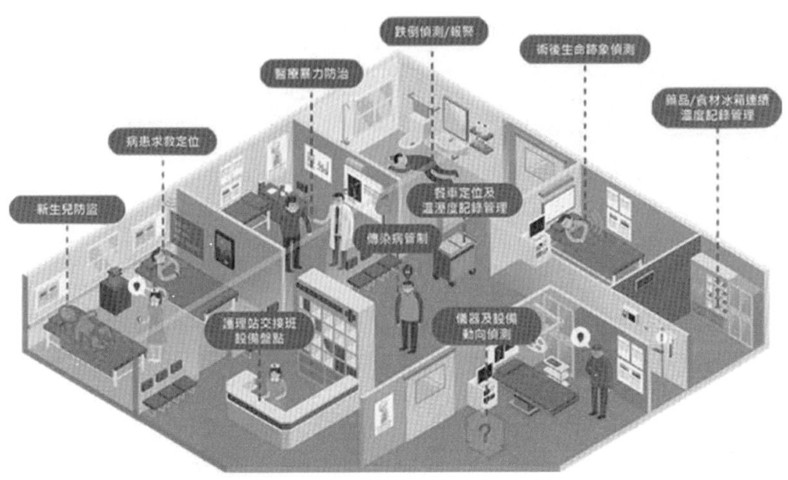

圖 F.9：FUX 使用場景與功能描述

圖源：鴻海 FUX AIoTPlatform 智匯網－物聯智慧管理新生態簡報

盤點、儀器及設備動向偵測、術後生命跡象偵測、新生兒防盜、跌倒偵測／報警，藥品／食材冰箱連續溫度記錄管理。

這個系統在室內定位方面，有利用大數據演算法來推算出可能的 X 和 Y 坐標，而在跌倒偵測方面，利用 AI 演算法來計算跌倒的姿勢。

三、智慧產品

桓竑智聯股份有限公司

桓竑智聯股份有限公司提出「以分布式 AIoT 設備為節點搭建出來的去中心化組網」(Decentralized Network of Distributed Smart-Device-Node) 為解決方案「IOEX 組網」。IOEX 組網以「公網節點」(Bootstrap nodes) 及「設備節點」(Peer nodes) 的串連和通訊，在既有的網際網路基礎上構建直接連接通訊網路架構，搭建一套可 AIoT 設備業者、應用服務業者、內容提供業者，提供傳遞與分布式存儲服務的安全網路。

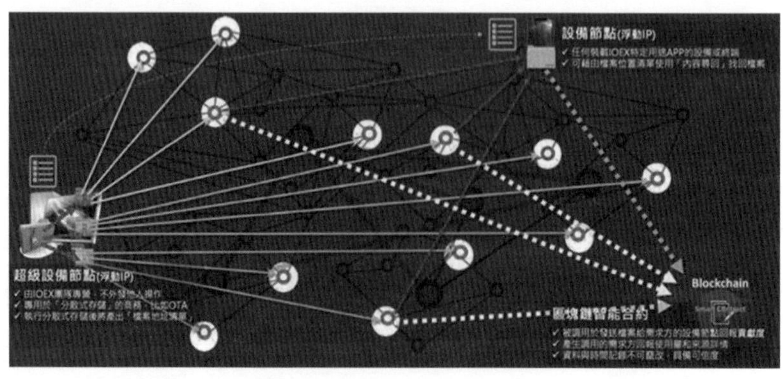

圖 F.10：IOEX 組網分散儲存架構，圖由桓竑智聯股份有限公司提供

IOEX 目前已獲得多家直播系統商、晶片商、解決方案供應商、設備商採用與支持，形成新型態物聯網生態體系， 物聯網落地使用情境帶來龐大效益。

智來科技股份有限公司

智來科技股份有限公司是專注於機器人雲端控制系統，智慧語音助理服務系統，以及 Line/FB Chatbot 服務的軟體開發商。

其 ZENBO 機器人居家環控系統搭配 GATEWAY 與智慧插座，以及既有的機械式家電，進行 ZENBO 機器人居家環控系統連動。這些家電藉由智慧插座可以變成智慧化的設備，接上智慧插座，就可以遠端或語音遙控開啟或關閉電源，小套房內用於立燈的開關控制及電扇的啟閉。若忘記關閉，可以用手機遠端關閉；智慧插座能記錄耗電量，並儲存於雲端，便於掌握用電記錄。在展示中心進行導覽時，可以用 ZENBO 語音命令開啟電視，開關電扇，開關立燈，讓民眾不需要更換現有的機械式家電，就能達到便利的智慧化生活。

品感覺

品感覺為一針對年輕族群思考的家電品牌，主要的定位是家電（包括 IOT/AIOT）的新品集資平台，還有後續的中長委銷售都是其所擅長。在產品開發階段，便和市場用戶溝通和調整，做出真正「從使用者出發」的產品，包括市場的測試、驗證、到網紅行銷、口碑、關鍵字，會在產品上市前都鋪好。也在家電領域 SEO 布局。

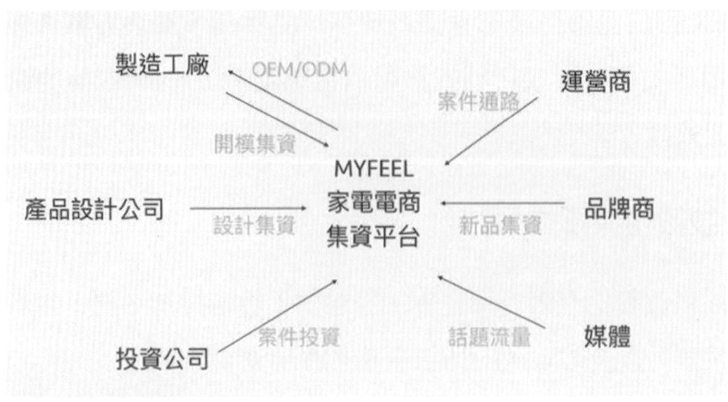

圖 F.11：品感覺的盈利模型

新聚能科技公司

新聚能科技專精於專利，結合產學研資深的專家顧問協助產業創造、管理並保護屬於他們獨特的智慧資產，以期能夠在創新的競賽中取得競爭優勢。與國內外知名廠商以及研究團隊合作，研究及開發系統工具、方法論及諮商課程，透過最佳實務方案的導入，讓創新成果可以快速引進企業，並使效益擴及全體員工。服務如圖。

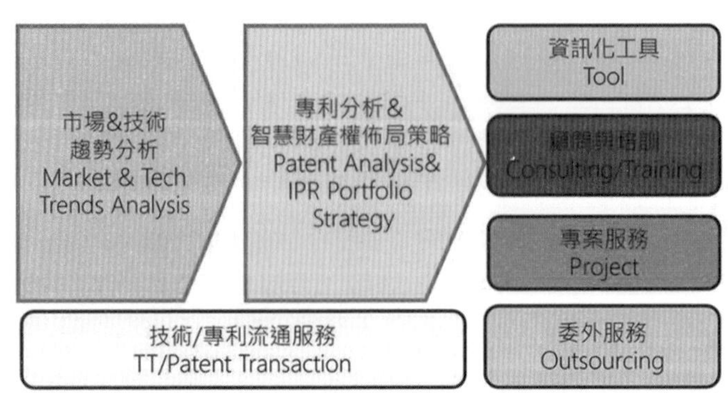

圖 F.12：新聚能科技的服務項目

國家圖書館出版品預行編目資料

AIoT數位轉型策略與實務——從市場定位、產品開發到執行，升級企業順應潮流 / 裴有恆著. -- 初版. -- 臺北市：商周出版：家庭傳媒城邦分公司發行, 2020.11
面； 公分. -- (Live & Learn ; 74)

ISBN 978-986-477-938-3 (平裝)

1.網路產業 2.產業發展

484.6　　109016007

AIoT 數位轉型策略與實務——從市場定位、產品開發到執行，升級企業順應潮流

作　　者／裴有恆
企劃選書／程鳳儀
責任編輯／余筱嵐

版　　權／劉鎔慈、吳亭儀
行銷業務／王瑜、林秀津、周佑潔
總 編 輯／程鳳儀
總 經 理／彭之琬
發 行 人／何飛鵬
法律顧問／元禾法律事務所 王子文律師
出　　版／商周出版
台北市 104 民生東路二段 141 號 9 樓
電話：(02) 25007008　傳真：(02)25007759
E-mail：bwp.service@cite.com.tw
Blog：http://bwp25007008.pixnet.net/blog
發　　行／英屬蓋曼群島商家庭傳媒股份有限公司 城邦分公司
台北市中山區民生東路二段 141 號 2 樓
書虫客服服務專線：02-25007718；25007719
服務時間：週一至週五上午 09:30-12:00；下午 13:30-17:00
24 小時傳真專線：02-25001990；25001991
劃撥帳號：19863813；戶名：書虫股份有限公司
讀者服務信箱：service@readingclub.com.tw
城邦讀書花園：www.cite.com.tw
香港發行所／城邦（香港）出版集團有限公司
香港灣仔駱克道 193 號東超商業中心 1 樓；E-mail：hkcite@biznetvigator.com
電話：(852) 25086231　傳真：(852) 25789337
馬新發行所／城邦（馬新）出版集團 Cite (M) Sdn. Bhd.
41, Jalan Radin Anum, Bandar Baru Sri Petaling, 57000 Kuala Lumpur, Malaysia.
Tel: (603) 90578822　Fax: (603) 90576622　Email: cite@cite.com.my

封面設計／李東記
圖　　表／張瀅渝
排　　版／極翔企業有限公司
印　　刷／韋懋實業有限公司
總 經 銷／聯合發行股份有限公司
電話：(02)2917-8022　傳真：(02)2911-0053
地址：新北市 231 新店區寶橋路 235 巷 6 弄 6 號 2 樓

■ 2020 年 11 月 19 日初版　　Printed in Taiwan
定價 550 元

 ISBN 978-986-477-938-3

廣　告　回　函
北區郵政管理登記證
北臺字第000791號
郵資已付，免貼郵票

104　台北市民生東路二段141號2樓

英屬蓋曼群島商家庭傳媒股份有限公司城邦分公司　收

請沿虛線對摺，謝謝！

書號：BH6074	書名：AIoT數位轉型策略與實務	編碼：

請於此處用膠水黏貼

讀者回函卡

不定期好禮相贈！
立即加入：商周出
Facebook 粉絲團

感謝您購買我們出版的書籍！請費心填寫此回函卡，我們將不定期寄上城邦集團最新的出版訊息。

姓名：＿＿＿＿＿＿＿＿＿＿＿＿＿＿＿＿＿ 性別：□男　□女

生日：西元＿＿＿＿＿＿＿年＿＿＿＿＿＿＿月＿＿＿＿＿＿＿日

地址：＿＿＿＿＿＿＿＿＿＿＿＿＿＿＿＿＿＿＿＿＿＿＿＿＿＿

聯絡電話：＿＿＿＿＿＿＿＿＿＿＿＿ 傳真：＿＿＿＿＿＿＿＿＿＿＿

E-mail ：

學歷：□ 1. 小學 □ 2. 國中 □ 3. 高中 □ 4. 大學 □ 5. 研究所以上

職業：□ 1. 學生 □ 2. 軍公教 □ 3. 服務 □ 4. 金融 □ 5. 製造 □ 6. 資訊

□ 7. 傳播 □ 8. 自由業 □ 9. 農漁牧 □ 10. 家管 □ 11. 退休

□ 12. 其他＿＿＿＿＿＿＿＿＿＿＿＿＿＿＿＿＿＿＿＿

您從何種方式得知本書消息？

□ 1. 書店 □ 2. 網路 □ 3. 報紙 □ 4. 雜誌 □ 5. 廣播 □ 6. 電視

□ 7. 親友推薦 □ 8. 其他＿＿＿＿＿＿＿＿＿＿＿＿＿＿＿

您通常以何種方式購書？

□ 1. 書店 □ 2. 網路 □ 3. 傳真訂購 □ 4. 郵局劃撥 □ 5. 其他＿＿＿

您喜歡閱讀那些類別的書籍？

□ 1. 財經商業 □ 2. 自然科學 □ 3. 歷史 □ 4. 法律 □ 5. 文學

□ 6. 休閒旅遊 □ 7. 小說 □ 8. 人物傳記 □ 9. 生活、勵志 □ 10. 其他

對我們的建議：＿＿＿＿＿＿＿＿＿＿＿＿＿＿＿＿＿＿＿＿＿＿＿

＿＿＿＿＿＿＿＿＿＿＿＿＿＿＿＿＿＿＿＿＿＿＿＿＿＿＿＿＿

＿＿＿＿＿＿＿＿＿＿＿＿＿＿＿＿＿＿＿＿＿＿＿＿＿＿＿＿＿

請於此處用膠水黏貼